오름오름

특별한 제주여행
오름오름

초판 1쇄 발행일 2018년 5월 18일
개정판 1쇄 발행일 2020년 11월 20일
개정판 2쇄 발행일 2021년 10월 10일

지은이 박선정
펴낸이 허주영
펴낸곳 미니멈
디자인 황윤정

주소 서울시 종로구 부암동 332-19
전화 · 팩스 02-6085-3730 / 02-3142-8407
등록번호 제 204-91-55459

ISBN 979-11-87694-18-2 13980

가격은 뒤표지에 있습니다.
잘못된 책은 바꾸어 드립니다.

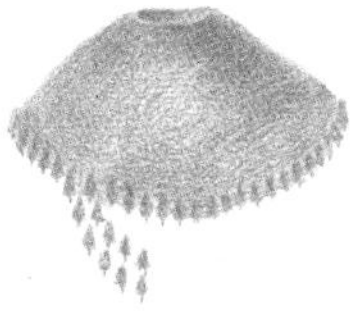

특 별 한
제 주 여 행

오름오름

박선정 지음

minimum

나의 No1. 아끈다랑쉬오름

Prologue

제주를 살다, 오름을 오르다

다랑쉬, 지그리, 따라비, 노꼬메, 영아리, 바굼지… 어쩜 이렇게도 이름이 예쁜지!

55, 98, 101, 76, 160, 120m… 높이까지 아담한, 볼수록 정감 있고 사랑스런 제주 오름!

제주에는 짧으면 5~6분, 길어도 20~30분이면 정상에 오를 수 있는 크고 작은 오름이 많다. 대부분의 오름은 도로에서 올려다보면 지극히 평범하다. 그러나 겉모습만 봐서는 모르는 법, 사람도 그렇지만 제주 오름은 더더욱 그렇다. 오름은 저마다의 매력을 꽁꽁 감춰두었다가 한 걸음 두 걸음 다가오는 여행자에게 인심 후하게 보여주고, 정상에 오르면 감동에 감동을 더해주는 수많은 선물을 아낌없이 내어준다. 시원하고 향긋한 바람, 탁 트인 제주의 넓은 들판, 옹기종기 앉아있는 수많은 주변 오름, 한가로이 노니는 소떼, 길섶의 앙증맞은 들꽃과 들풀….

마음에 드는 오름에 오르면 몇 시간이고 주변 경치를 감상하며 여유롭게 머물러도 좋다.

어떤 오름은 숲길이 너무나도 아름다워서,
어떤 오름은 전망이 너무 멋져서,
어떤 오름은 굼부리가 너무 신기해서,
어떤 오름은 등성이 능선길이 너무 고와서,
어떤 오름은 바람이 너무나도 시원하고 좋아서,
어떤 오름은 노을이 너무나도 예뻐서,
어떤 오름은 너무너무 앙증맞고 사랑스러워서,
콩닥콩닥, 배시시, 으흐흐, 주체할 수 없이 심장이 요동치고 표정관리가 힘들어진다.

혼자 보기에는 너무 벅차서 사랑하는 사람이 생각나고, 온갖 머뭄의 핑계거리가 생겨나서 쉬이 내려오기가 힘들다. 하늘이 더 맑으면 어떨까? 비 오는 날에는 어떤 모습일까? 이른 아침은? 해질 무렵엔? 다른 계절엔? 끊임없는 궁금증으로 같은 오름을 몇 번이나 오르고 또또 오르게 된다. 같은 오름이라도 사계절 모두 다르고, 날씨에 따라 시간에 따라 빛깔과 향기가 다 다르기 때문이다.

어떤 이는 오름을 몇 개나 올라봤냐고 묻기도 하고, 제주 오름이 360여 개니까 하루에 하나씩 오르면 1년이면 다 오르겠다 말하기도 하는데, 벌써 제주에서 살아보기를 8년째 하며 부지런히 오름을 찾고 있지만, 아직도 가보지 않은 오름이 상당수다. 지금 인연을 맺고 사랑에 빠진 오름만으로도 너무 벅차서 새로운 오름에 관심 둘 겨를이 없기 때문이다. 반면 가보지 않은 미지의 오름이 아직 많다는 것은 제주에 머무는 좋은 구실거리가 되니 좀 더 천천히 다른 오름을 만나볼 생각이다.

제주도는 사방이 바다로 둘러싸인 섬이라 바다를 좋아하는 이들이 흡족해할 바다 풍광을 아낌 없이 선물해주기도 하지만, 제주도 전체 면적의 48%를 숲이 차지하고 있어 숲을 좋아하는 이에게도 초록에너지를 넘치게 선물해준다. 특히 한라산은 물론, 제주 오름은 울창한 숲으로 무장한 곳이 많기 때문에 숲길 트레킹에 더할 나위 없이 좋다. 오래 전 촬영한 빛바랜 흑백사진 속 제주의 민둥 오름을 보면 지금의 숲이 얼마나 큰 노력의 결과물인지 짐작할 수 있다. 오늘날 제주 숲은 1960년대 시작된 산림녹화사업을 계기로 지금까지 제주인의 무한한 노력으로 탄생했다. 그 덕분에 제주 오름에는 다양한 동식물이 서식하게 되었고, 목재와 땔감, 약초 등도 풍부한, 제주사람에게 없어서는 안 될 소중한 삶의 터전이 되었다.

특히 숲을 좋아하고 트레킹을 즐기는 나 같은 사람에게는 제주 오름은 천국이나 다름없다. 76미터, 101미터… 높이로만 보면 보잘것없지만, 걸음걸음 무한한 에너지를 공급

해주며, 정상에 오르면 그 벅찬 감동과 성취감은 이루 말할 수 없다. 그래서 자꾸 오름을 찾게 되고, 점점 오름 트레킹에 중독된다. 정말이지 오름 없는 제주는 상상할 수조차 없다.

나는 '용감한 겁쟁이'라는 별명이 붙을 정도로 굉장히 겁이 많으면서도 한편으로는 무모할 정도로 탐험정신이 강한 탓에 궁금한 오름은 기어이 올라봐야 직성이 풀리는데, 새로운 오름을 찾을 때마다 소심하게 고민 또 고민하고, 몇 번이나 시도하려다 겁이 나서 돌아서길 반복한다. 그 과정에서 심장이 쪼그라드는 경험을 수없이 했지만, 궁금증을 해소했을 때의 성취감과 기쁨 때문에 무모한 도전은 계속되고 있다.

잘 모르는 오름에 오를 때마다 가장 걱정인 것이 '혼자서 무섭지는 않을까?' '탐방로가 어떻게 생겼을까?' '얼마나 걸릴까?' 등이었다. 그럴 때 오름 입구에서 오름 조감도와 탐방동선 및 소요시간이 정리된 친절한 안내판이 있으면 든든한 길잡이를 만난 듯 얼마나 감사하고 안심이 되는지!

그런데 상당수 오름이 진입로 찾기가 쉽지 않고, 탐방 안내판도 없고, 탐방로에 매트도 깔려있지 않다. 때문에 처음 찾는 오름일수록 더 많은 용기와 정확한 정보가 필요하다.

이 책은 나처럼 오름을 처음 찾는 이들에게 좀 더 쉽게 오름을 찾아갈 수 있게, 트레킹을 시작하기 전 머릿속으로 탐방로를 시뮬레이션해보고 실제 트레킹에 조금이나마 보탬이 되었으면 하는 바람에서 만들었다. 아울러 제주의 오름이 얼마나 근사하고 아름다운지, 얼마나 매력적인 오름이 많은지 알리고 싶었다. 그래서 비교적 접근이 쉽고, 탐방로가 주기적으로 관리되고, 또한 전망도 멋지고 탐방로도 아름다워 탐방객이 꾸준히 찾는 오름 위주로 구성했다.

모쪼록 이 책이 편리하고 든든한 가이드가 될 수 있길 바라고, 부디 제주의 귀중한 환경자원인 오름 보전을 위한 관심과 애정을 나눠줄 수 있길 바란다.

Contents

Part2 동부권 중산간 오름

Part3 서부권 중산간 및 한라산국립공원 오름

INDEX

오름을 오르기 전에

이 책에 수록된 모든 정보는 2021년 9월 1일 현재 기준이다. 버스노선이나 탐방로 상태 등이 달라질 수도 있다.

오름 구성은 오름의 위치에 따라 해안, 동부 중산간, 서부 중산간, 한라산국립공원, 크게 네 지역으로 구분했다. 각 오름을 소개하는 첫 장에는 오름의 높이를 가늠해보도록 표고와 비고를 표기했고, 접근성과 트레킹 난이도, 정상에서의 뷰, 분화구 뷰, 탐방로 관리 상태 등을 간단히 소개했다. 다음 장에는 오름 소개, 오름 약도, 트레킹 소요시간, 기타 정보를 담았다.

〈How to go〉와 〈Trekking Map & Tip〉의 약물은 다음을 뜻한다.

🚗 자동차 🚌 버스 ⛰ 트레킹 코스 🕒 소요시간 👁 탐방가능시간

💼 준비물 🍸 편의시설 ☆ 특이사항 👫 누구랑? ⛔ 주의 Ⓦ 입장료

Ⓑ 버스정류장 Ⓟ 주차장 Ⓣ 화장실

접근성 승용차가 아닌 버스를 타고 접근하는 시점으로 상, 중, 하로 구분했다.

트레킹 난이도 최상, 상, 중, 하 네 단계로 구분했다.

난이도는 전체 오름에 대한 상대 비교이므로 개인별 절대 난이도는 될 수 없다.

정상 뷰 정상에 올랐을 때 조망되는 풍광에 대한 별점 표기로 다섯 개가 최고 별점이다.

시야가 가려 잘 보이지 않는 곳은 별점이 낮고, 시야가 탁 트인 곳은 별점이 높은데 특히, 주변 풍광이 뛰어난 곳은 최상의 별점을 주었다.

분화구 뷰 오름 입구 또는 정상에서 쉽게 분화구를 식별할 수 있는지에 대한 별점이다.

탐방로 탐방로 관리 상태를 별점으로 표기한 것으로 별점이 높을수록 정비 상태가 좋다는 의미로 탐방로의 매력도와는 무관하다. 별점이 낮을수록 자연 그대로의 길에 가깝다는 뜻으로 누군가에게는 오히려 더 매력적인 길이 될 수도 있다. 또한 같은 탐방로라도 매트를 새로 교체한 시기에 찾으면 상태가 좋다고 느껴질 수 있고, 낡아서 새로 정비해야 하는 시기나 여름철 풀이 무성하게 자랐을 때 방문하는 경우에는 상태가 좋지 않다고 생각될 수 있다.

트레킹 소요시간 소요시간은 개인차가 크기 때문에 모두에게 절대적인 시간이 될 수 없다. 다만 보통 걸음의 평균 시간이므로 트레킹을 준비하는 데 참고만 하면 되겠다.

누구랑 트레킹은 혼자 가야 편한 사람이 있고, 여럿이 가야 편한 사람이 있다. 이 항목은 지극히 개인적인 편견이 가미된 항목이기 때문에 여성 혼자 트레킹할 때 참고하면 좋겠다.

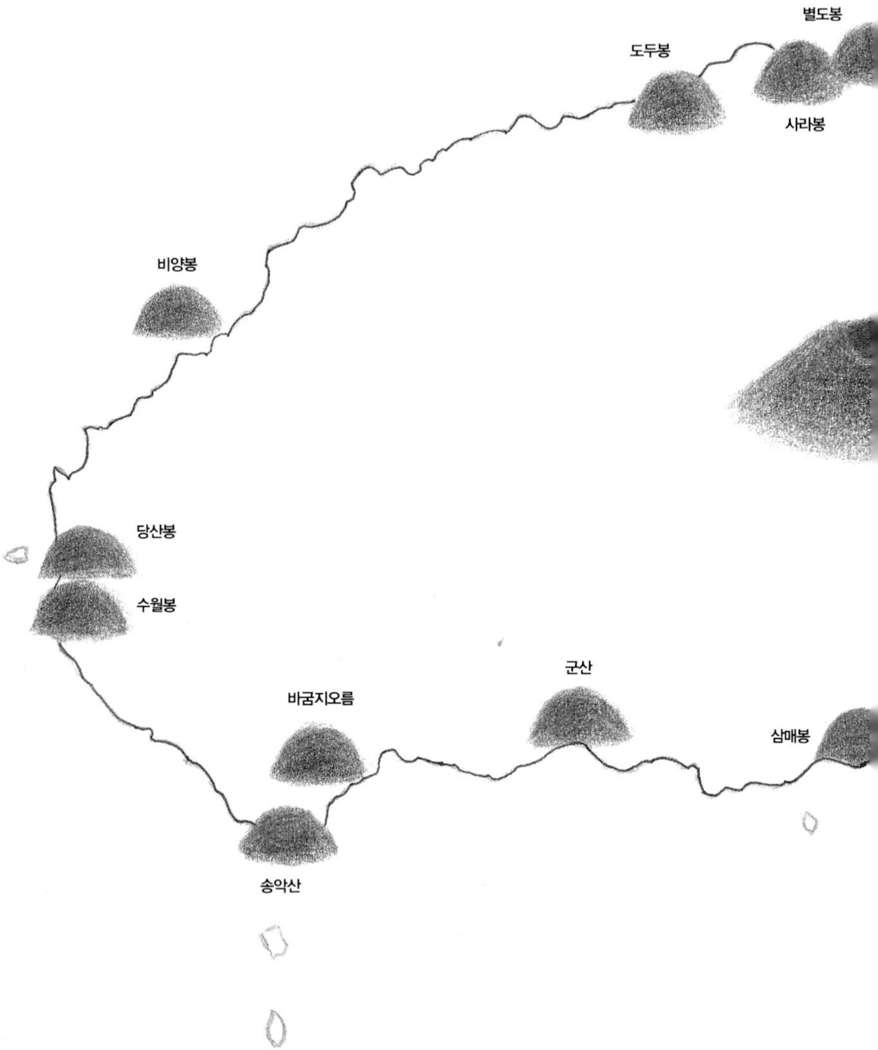
별도봉
도두봉
사라봉
비양봉
당산봉
수월봉
군산
바굼지오름
삼매봉
송악산

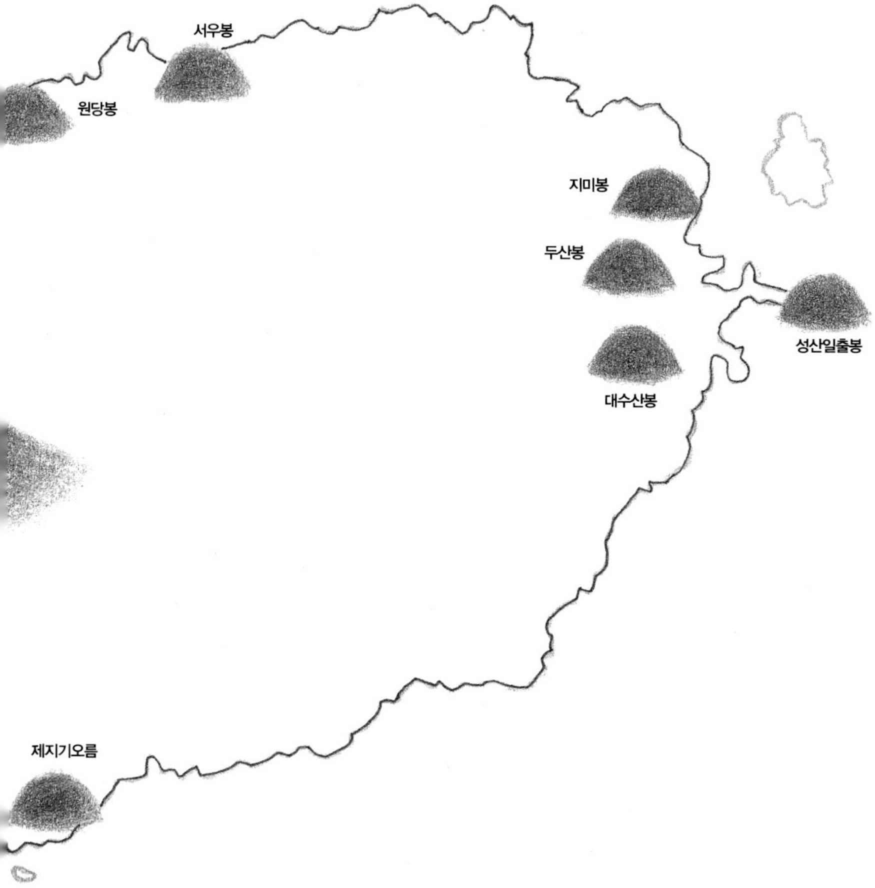

PART1 해안 지역 오름

1132번 일주도로를 타고 제주도 해안을 한바퀴 돌다 보면, 해안가에 자리한 마을과 함께 크고 작은 여러 오름을 만나게 된다. 해안 지역 오름은 인근 마을 주민의 체력단련장이자 산책로로 인기가 좋아서 대부분의 탐방로가 잘 정비되어 있다. 오름 주변에는 마을이 형성되어 있고 전망이 좋아서 옛 시절에는 봉수대 역할을 해 이름에 '오름' 대신 '봉'을 붙여 부르는 경우가 많다. 해안에 위치해 푸르른 바다와 함께 올망졸망 마을 풍경을 감상하기에도 좋고, 특히 한라산 조망이 좋을 뿐 아니라 일출 및 노을 풍경이 일품이다. 또한 해안 지역에 자리한 대부분의 오름이 올레길과 연결되어 있고, 대중교통으로 쉽게 접근이 가능할 뿐만 아니라, 해안도로를 드라이브하다 잠깐 멈춰서 가볍게 들러보기에도 좋다. 상시 오름을 찾는 사람이 많아서 혼자서도 무섭지 않고 외롭지 않게 트레킹하기에도 제격이다.

제주시민이 즐겨 찾는 도심 공원

사라봉

접근성 상
난이도 하
추천계절 9월~5월

정상 뷰 ★★★
분화구 뷰 ★
탐방로 상태 ★★★★

별칭 사라오름
트레킹 포인트 숲길, 노을
함께 트레킹 별도봉, 올레18코스

주소 제주시 사라봉동길 74
표고해발 높이 148.2m
비고순수한 오름의 높이 98m

사라봉은 해가 지는 모습이 장관이라 하여 영주제주의 옛 명칭십이경 중 하나인 사봉낙조로 유명하다. 그 때문에 왠지 해질 무렵에만 올라야 할 것 같아 한낮에는 선뜻 끌리지 않은 곳인데, 어느 봄날 유치원생들의 병아리걸음을 따라 사라봉에 처음 오르게 되었다. 탐방로 양쪽으로 연분홍 벚꽃이 활짝 피어있는 것이 어찌나 예쁘던지 넋 놓고 벚꽃바라기를 하며 느릿느릿 오르다보니 어느새 정상에 이르고, 주변 풍경이 그림처럼 펼쳐진다. 푸르디푸른 망망대해를 바라보며 시원한 바닷바람을 만끽하고 있노라니 상쾌하기 그지없다.

그런데 사라봉 아래 제주항에서 울려 퍼지는 소리가 꽤나 요란하다. 다른 해안가 오름에 오르면 파도 소리와 바람 소리에 매료되는데, 사라봉은 생각지도 못한 항구의 소음을 선사한다. 그 소음 위로 제주공항을 향해 날아드는 비행기 행렬까지 더해지니 괜히 마음까지 부산스럽다. 비행기 꽁무니를 쫓아 시선을 옮기니 숨이 턱 막힐 정도로 빽빽하게 건물이 들어찬 제주도심 풍경과 마주한다. 벌써 여러 해 제주에서 살고있지만, 이토록 복잡한 도심에서 살고있다는 게 믿기지 않을 정도다. 여행자를 가득 실은 비행기가 끊임없이 이착륙하는 저 복잡한 도심에 수많은 제주시민이 묵묵히 오늘을 살아가고 있다. 아름다운 제주는 누군가의 여행지이기에 앞서 누군가의 삶의 터전이고 일터이고 일상을 영위하는 곳이다.

그렇게 일상을 살아가는 제주시민에게 이곳 사라봉은 훌륭한 숲 산책로와 최고의 운동 장소를 제공한다. 사라봉의 해송숲은 몇 해 전 아름다운 숲 전국대회에서 '아름다운 시민의 숲' 부문을 수상한 이력이 있는데, 과연 그 명성답게 도심 공원치고는 상당히 울창하고 운치가 있다. 조명이 설치되어 있어 이른 아침부터 늦은 밤까지 공원 이용에 불편함이 없으며, 식수대와 자판기, 화장실 등 편의시설이 갖춰져 있고, 탐방로가 잘 정비되어 있어 구두와 슬리퍼를 신고도 편안히 걸을 수 있다. 또한 초등학생에게는 신나는 놀이터, 유치원생에게는 신기한 자연학습장이 되어준다.

망양정 전망대에 오르니 나뭇가지 사이로 한라산 봉우리가 보일락 말락 한 것이 못내 아쉽지만, 바로 옆에 자리한 별도봉과 그 너머로 펼쳐지는 제주 북동부 지역의 아름다운 풍경에 숨통이 트인다. 해질녘이 되니 모두 약속이라도 한 듯 서쪽 하늘을 향해 돌아서고, 노을을 감상하는 이들의 뒷모습에서 여유로움이 느껴진다. 최고의 노을이 아니어도 좋다. 이렇게 아름다운 공원이 도심에 있어서 언제든 쉽게 찾고, 편안히 쉬어갈 수 있다는 것만으로도 감사하다.

How to Go

내비게이션에 '사라봉' 입력

제주공항에서 동쪽 해안으로 5km 위치, 약 15분 소요, 사라봉 주차장 이용

제주공항 1층 2, 3번 게이트 – 용담, 시청 방면(3번) 정류장 이용

316, 325, 326번 승차(20~25분) → 사라봉 정류장 하차 → 길 건너 사라봉 입구까지 약 430m, 도보로 5~6분 이동

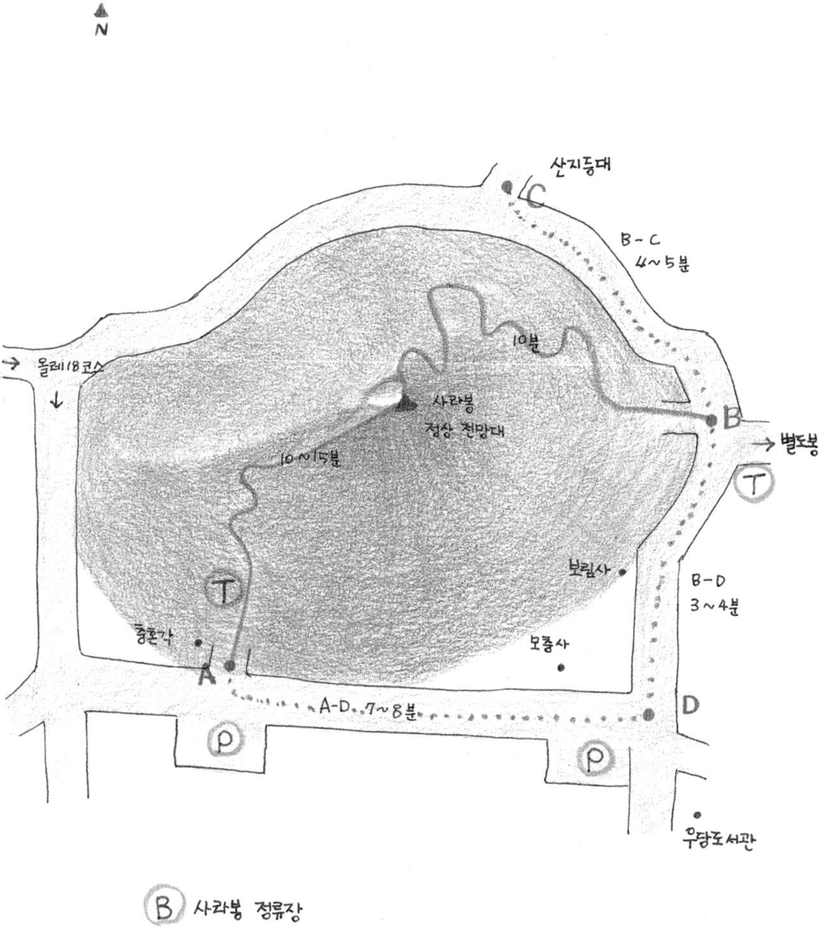

사라봉 정상 코스, 산지등대 코스(A 사라봉 입구, B 사라봉, 별도봉 출입로 갈림길, C 산지등대 입구)
트레킹은 A, B, C 세 군데서 시작해 정상까지 오를 수 있음
가장 일반적인 코스는 A→정상→B→C이고, 휠체어나 유모차를 이용할 경우 B나 C에서 시작해 정상까지 갔다가 다시 B, C로 하산하는 것이 좋음

- 어느 곳에서 시작해도 정상까지 오르는 데 10~15분이면 충분하지만, 여유를 갖고 천천히 산책하면 좋음
- 시간 제한 없음
- 편안한 차림, 슬리퍼나 구두도 가능
- 오름 입구 및 정상 화장실 이용, B구역 음료자판기 이용
- 올레18코스 일부 구간이 사라봉 A→정상→B 방향으로 진행됨
- 유모차 탄 아기와도 가능, 혼자서도 무섭지 않음
- 6~7월 장마철 바람 없는 날 모기 주의

1

2

3

+ **산지등대** 사라봉 북쪽 해안 기슭에 자리잡은 제주 최초 산지등대로 입구까지 승용차로 올라갈 수 있고, 등대 전망대에서의 조망이 시원하고 아름답다. 제주 시가지 풍경은 물론 제주항과 멀리 동쪽 해안 풍경까지 한눈에 들어와 사라봉 정상에서의 전망보다 오히려 나은 편이다. 노을 또한 아름다워 느긋하게 감상하기에도 좋다. 산지등대는 제주항을 통해 여객선을 타고 오갈 때 가까이 볼 수 있는 곳으로 여객선에서 바라보는 풍경도 아주 멋지다.

1 사라봉 정상 노을 **2** 산지등대 입구 **3** 사라봉 기슭 산지등대 **4** 벚꽃 활짝 핀 봄날 탐방로
5 사라봉 정상 소나무숲길 **6** 한여름 탐방로 **7** 아이들 놀이터가 된 사라봉 정상 **8** 한겨울 탐방로

접근성 상
난이도 중
추천계절 사계절

정상 뷰 ★★★★
분화구 없음
탐방로 상태 ★★★★

별칭 베리오름
트레킹 포인트 전망, 둘레길
함께 트레킹 사라봉, 올레18코스

제주해변의 숨은 보석

별도봉

주소 제주시 화북동 4472번지 일대

표고 136m

비고 101m

별도봉은 사라봉과 함께 알오름을 사이에 두고 북쪽 해안가에 나란히 자리한 오름으로, 사라봉처럼 화려한 수식어가 있는 것도 아니고 관광객에게 많이 알려진 오름도 아니다. 생김새는 지극히 평범해 보이지만, 탐방로 안으로 들어가면 사라봉과는 전혀 다른 느낌으로 마치 숨은 보석을 찾은 것처럼 두근두근 기분 좋아지게 하는 곳이다.

잘 정비된 사라봉 탐방로가 도심 공원을 걷는 느낌이라면, 흙 내음 폴폴 풍기는 별도봉 탐방로는 편안한 시골길을 걷는 느낌이랄까. 소나무숲을 지나 오름 중턱쯤 올라서면 풀밭 오름 특유의 완만한 능선과 함께 주변 전망이 거침없이 펼쳐진다. 뭉게구름 사이로 쉴 새 없이 비행기가 날아가고, 푸른 바다를 배경으로 제주항에 정박된 수많은 배와 대형유람선이 포착된다. 남쪽으로 우뚝 솟은 한라산은 오르는 내내 밀당 없이 바라봐주니 흐뭇한 미소가 피어나고, 동남쪽으로 수많은 오름 그림까지 더해지니 연달아 방실방실 웃음꽃이 피어난다. 제주시내에 이렇게도 멋진 오름이 있다니! 봄에는 온갖 들꽃 향기에 취해, 가을에는 억새 향기에 취해 걷다보면 어느새 정상에 올라서는데, 산불초소 옆 나무그늘에 앉아 시원한 바닷바람을 만끽하며 풍경놀이를 하고있노라면 세상을 다 가진 듯 행복해진다.

인근 마을 주민들의 산책로로 각광받는 별도봉 둘레길은 해안 쪽으로는 시원한 바다 풍광과 함께 신기한 기암괴석을, 우당도서관 옆쪽으로는 과거 일본군이 제주 북부 해안으로 상륙하는 미군을 저지하고 제주 동비행장(진드르비행장)과 서비행장(현재 제주공항)을 방어하기 위해 구축한 일제 동굴진지를 볼 수 있다. 또한 바다 내음 향긋한 해안 산책로로 내려가면 하늘로 쭉쭉 뻗은 신기한 주상절리대를 감상할 수 있고, 4.3의 아픔을 간직한 잃어버린 마을 곤을동까지 맞닿아 있다. 오름 사면으로 크고 작은 다양한 나무가 서식하고, 능선은 억새와 풀밭으로 덮여있어 사계절 어느 때라도 좋지만, 특히 싱그러운 초록빛이 물드는 봄날에는 아찔할 정도로 아름답다.

예전에는 '바닷가 쪽 낭떠러지'라는 뜻으로 베리오름이라 불렀으나 현재는 화북동의 옛 마을명別刀을 따라 별도봉이라 부르고 있다. 베리는 벼ㄹ〉벼루〉버리〉베리의 과정을 거친 제주말로 '벼ㄹ' '벼루'는 벼랑의 옛말이라고 한다.

별도봉은 정상까지 매트가 깔려있어 아이와 함께 올라도 좋고, 별도봉 둘레길을 지나는 올레18코스를 따라 화북포구, 삼양검은모래해변, 원당봉까지 이어 트레킹해도 좋다.

How to Go

내비게이션에 '우당도서관' 입력

제주공항에서 동쪽 해안으로 5.5km 위치, 약 10~15분 소요, 우당도서관 입구 도로변 주차장 또는 모충사 입구 주차장 이용

제주공항 1층 2, 3번 게이트 – 용담, 시청 방면(3번) 정류장 이용

316, 325, 326번 승차(20~25분) → 우당도서관 입구 정류장 하차 → 길 건너 별도봉 입구까지 약 1.1km, 도보로 10~15분 이동

Trekking Map & Tip

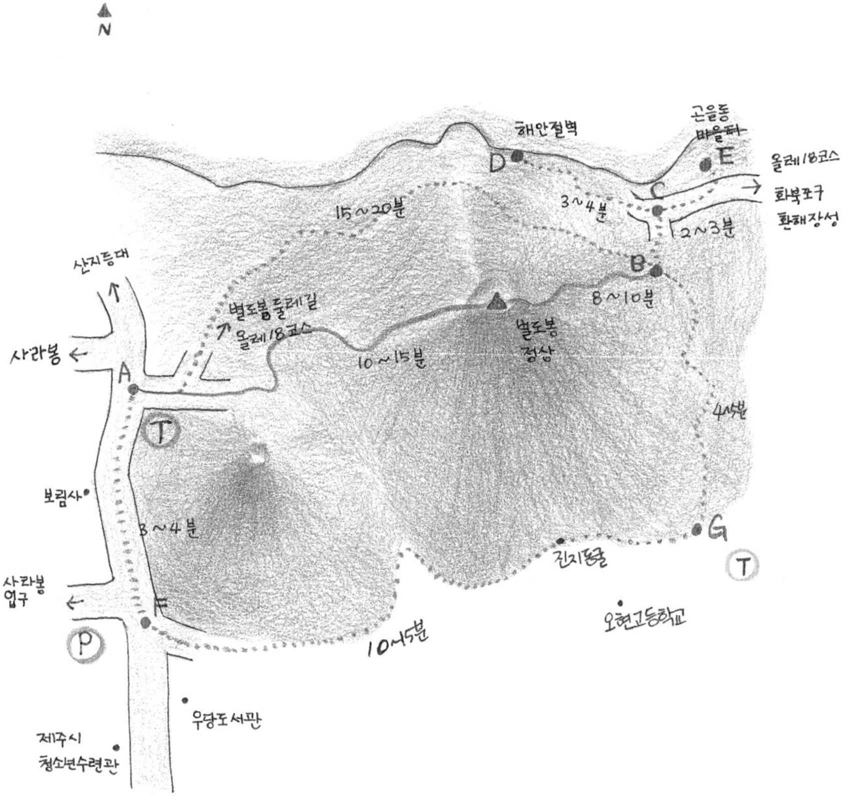

정상 코스, 둘레길 코스, 해안 산책로 코스(A 별도봉 입구, B 정상, 둘레 갈림길, C 해안 산책로 갈림길, D 해안 절벽, E 곤을동 마을터, F 우당도서관 옆 둘레길 입구, G 오현고등학교 방면 출입로)

1. 정상 코스 A→별도봉 정상→B→해안 방면 둘레길→A순으로 트레킹

2. 둘레길 코스 F→G→B→A→F순으로 트레킹

3. 해안 산책로 코스 A→해안 방면 둘레길→B→C→D→C→E→C→B→A순으로 트레킹

4. 별도봉 전체 코스 A→정상→B→C→D→C→E→C→B→해안 둘레길→A순으로 트레킹

정상까지 오르는 진입로는 A, B 두 곳으로, A가 경사도 완만하고 좌우 풍광이 좋은 편임

F~G 구간은 일제 동굴진지를 볼 수 있고, 오르막이 부담스럽다면 둘레길만 돌아봐도 좋음

정상과 둘레길 코스 모두 돌아보려면 최소 50분~1시간 30분 소요

시간 제한 없음

운동화, 식수, 모자, 선글라스, 선크림

오름 입구 화장실 이용, A구역 음료자판기 이용

별도봉 해안절벽과 곤을동 마을터로 지나는 길은 낙석 주의

아이들과 함께 가도 좋고, 혼자도 좋음

여름철 한낮, 비가 와 탐방로가 미끄러운 날

1 한여름 정상 쉼터 **2** 별도봉 정상에서 보이는 동쪽 해안 마을 풍경 **3** 온갖 꽃 내음으로 가득한 봄날 별도봉 탐방로
4 둘레길에서 내려다보이는 제주항과 유람선 **5** 한겨울 둘레길 **6** 곤을동 마을터 **7** 해안 절벽 **8** 애기 업은 돌

7

8

+ 애기 업은 돌과 해안 절벽 애기를 업고있는 것 같다 하여 '애기 업은 돌'이라는 이름의 신기한 기암괴석은 보는 위치에 따라 다르게 보이는데, 동쪽에서 서쪽 방향으로 바라볼 때 형상이 더 또렷하다. 또한 해안 산책로 끝자락에는 서귀포 존모살해안의 갯깍 주상절리대를 닮은 수직 돌기둥 절벽이 병풍처럼 늘어서 있고, 산책로 반대편으로는 제주 4.3사건 때 폐동되어 잃어버린 마을의 상징이 된 곤을동이, 집터와 올레 등 옛 모습을 간직한 채 4.3의 아픔을 웅변해주고 있다.

접근성 상
난이도 중
추천계절 사계절

정상 뷰 ★★
분화구 뷰 ★★★
탐방로 상태 ★★★★

별칭 원당오름
트레킹 포인트 둘레길 전망, 숲길
함께 트레킹 별도봉, 올레18코스

신기한 굼부리 연못

원당봉

주소 제주시 삼양일동 산 1-1
표고 170.7m
비고 120m

원당봉은 삼양검은모래해수욕장 뒤편에 자리해서 해변에 갈 때마다 올려다보게 되는데, 덩치가 워낙 큰데다 울창한 숲으로 둘러싸여 속내를 알 수 없는지라 선뜻 찾아가볼 엄두가 나지 않았다. 오르는 것을 차일피일 미루던 어느 날, 올레18코스를 따라 걷다보니 자연스레 원당봉 입구에 이르게 되었는데 진입로에 세워진 유난히 많은 표지석이 눈길을 끈다.

원당사, 문강사, 불탑사, 불탑사 오층석탑. 이 많은 사찰이 이곳에 다 있단 말이야?

많은 건 사찰만이 아니다. 표지석 옆에 세워진 오름 안내판을 보니, 이곳은 원당봉과 함께 앞오름, 망오름, 펜안오름, 도산오름, 동부나기, 서부나기의 일곱 봉우리를 품고 있어 원당칠봉이라 부르는데, 그 중 대표격인 주봉이 원당봉이다. 게다가 주봉 분화구 안에 커다란 연못이 있다는 사실!

이렇게도 독특한 오름은 처음이라 도저히 확인해보지 않고서는 못 배기겠는데, 때마침 산책하러 올라가는 사람들이 있어 쫄래쫄래 따라갔다. 원당봉 입구로 들어서니 과연 시원하게 트인 말굽형 분화구 안에 문강사라는 사찰이 있고, 그 앞으로 커다란 원형 연못이 보인다. 연못은 흙탕물에 가까워 조금은 실망스러웠으나, 이곳에 사찰이 생기기 오래 전부터 자연연못이 있었으며 논으로 이용되기도 했다니 존재 자체만으로도 신기하다. 오름 주변을 살펴보니 연못과 문강사를 가운데 두고 원당봉의 든든한 능성이가 양팔로 포근하게 감싸고 있는 형상이라 왠지 명당에 선 것 같은 기분이 들고 마음이 편안해진다. 원나라 때 이곳 오름 허리에 원나라의 당인 원당元堂이 세워진 데서 연유하여 원당오름이라 한다는데, 아득히 오래 전으로 타임머신을 타고 들어온 것 같은, 약간은 비현실적인 느낌마저 드는 곳이다.

분화구 옆 정상으로 향한 탐방로를 따라 올라가면 여느 숲 오름 못지않게 산책하기 좋은 길이 펼쳐진다. 울창한 소나무에 시야가 가려 전망이 살짝 아쉽지만, 오름 허리를 한 바퀴 돌 수 있는 둘레길로 내려오면 아쉬운 전망을 확실하게 보상받을 수 있다. 삼양 해변을 향한 탁 트인 전망대도 아주 좋고, 둘레길 중간에 내다보이는 한라산과 멀리 함덕까지 펼쳐지는 전망 또한 훌륭하다.

올레18코스는 원당봉 초입에서 바로 원당사 쪽으로 이어져 있으니 잠시 올레길에서 벗어나 원당봉 깊숙이 들어가 멋진 숲길과 신기한 굼부리 연못을 만나보자. 특히 여름철에 가면 연꽃 가득한 아름다운 연못을 구경할 수 있어 좋다.

How to Go

내비게이션에 '원당봉' 입력

제주공항에서 동쪽 해안으로 11.3km, 약 20~25분 소요, 원당봉 둘레길 입구 주변 또는 문강사 입구 주차장 이용

제주공항 1층 2, 3번 게이트 – 용담, 시청 방면(3번) 정류장 이용

316, 331번 승차(40~45분) → 삼양종점 정류장 하차 → 원당봉(문강사) 입구까지 약 700m, 도보로 10분 이동

Trekking Map & Tip

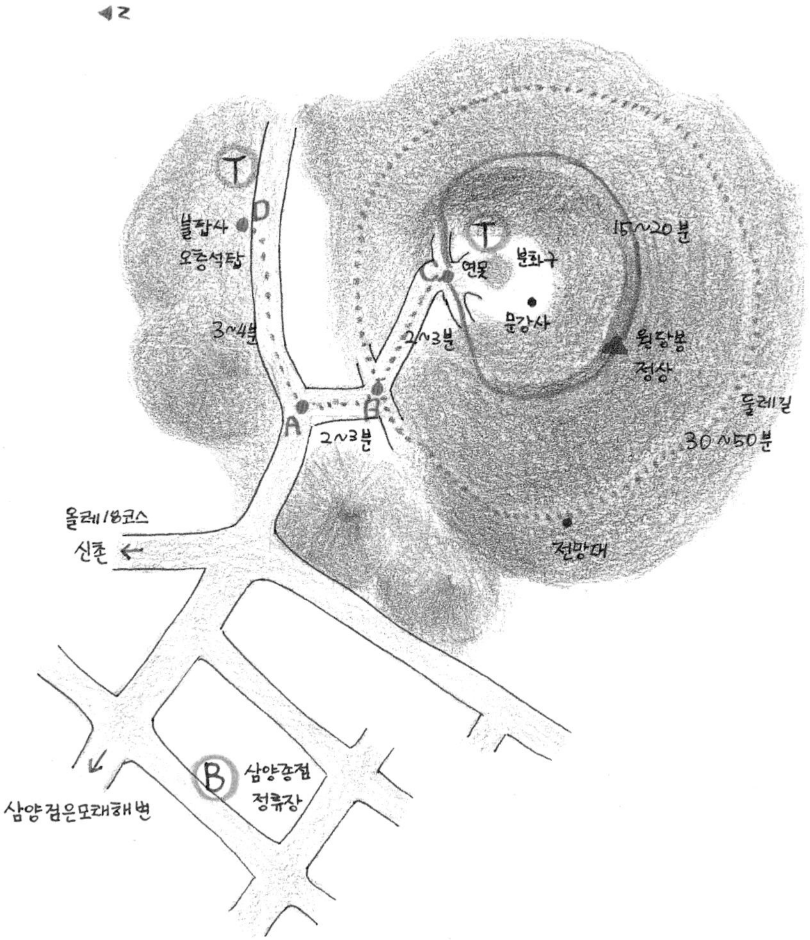

정상 코스, 둘레길 코스, 오층석탑 코스(A 원당봉 입구 삼거리, B 둘레길 좌우 갈림길, C 문강사 입구(좌우 오름 정상 가는 탐방로), D 불탑사 오층석탑)

정상과 둘레길, 오층석탑 코스 중 어디를 먼저 트레킹해도 무방

A→B→둘레길 한 바퀴→B→C→원당봉 정상→C→B→A→D→A순으로 트레킹

정상 코스는 20~30분, 둘레길 코스는 30~40분, 오층석탑 코스는 10~15분 정도 소요

시간 제한 없음

운동화, 식수

문강사와 불탑사 화장실 이용

숲이 우거져 나무들 사이로 보이는 주변 풍광이 아름답고, 특히 노을 질 무렵 둘레길 전망대에서 보는 뷰가 멋짐

혼자도 좋지만, 아이들과 함께 가면 더 좋음

6~7월 장마철 바람 없는 날 모기 주의

1 강아지와 산책하기 좋은 한여름 원당봉 둘레길 2 원당봉 정상 소나무숲 3 삼양해변에서 바라본 원당봉
4 전망 좋은 둘레길 전망대 5 불탑사 오층석탑 6 느긋하게 노을 감상하기 좋은 둘레길 전망대

2

3

4

5

6

\+ **불탑사 오층석탑** 원당봉 초입에서 올레18코스를 따라 걸으면 원당사, 불탑사, 불탑사 오층석탑을 볼 수 있다. 특히 불탑사 오층석탑은 제주도에 있는 유일한 불탑으로, 고려 후기에 현무암으로 축조된 탑으로 1층 기단과 5층 몸돌이 심하게 좁아진 특이한 양식으로 만들어졌다. 각 층의 몸돌이나 지붕돌은 단일석으로 이루어져 있고, 특별한 문양도 없이 지붕돌의 네 귀퉁이 끝만 살짝 올려져 있는데도 멋스럽고 아름답다.

바다 내음 숲 향기 물씬

사라 원당 코스 사라봉–별도봉–원당봉

제주시내에 위치한 사라봉, 별도봉은 제주시민이 즐겨 찾는 산책 코스로, 제주공항에서 가까워 대중교통 이용이 편리하고, 편의시설이 잘 갖춰져 있는데다 이른 새벽부터 늦은 저녁까지 탐방객의 발길이 끊이지 않는 곳으로, 혼자서도 트레킹하기 좋다. 또한 올레18코스를 따라 화북포구, 환해장성과 별도연대, 삼양검은모래해수욕장, 원당봉까지 짧은 시간에 다양한 장소를 트레킹할 수 있어 당일치기 여행 코스로도 안성맞춤이다. 특히 사라봉과 원당봉은 숲이 아름다운 오름으로, 바다 내음은 물론 숲 향기까지 만끽하며 편안하게 트레킹하기 좋다. 사라 원당 코스는 북쪽 해안에 자리잡고 있어서 육지와 제주를 오가는 비행기와 유람선의 움직임을 구경할 수 있고, 북쪽으로 드넓게 펼쳐진 푸른 바다와 제주시내 풍경을 조망하기에도 아주 좋다.

사라봉(20~30분)

420m
5~6min

산지등대(5~10분)

480m
6~7min

별도봉(30~40분)

380m
5~6min

곤을동 마을터(5~10분)

1.3km
20~25min

화북포구(5~10분)

700m
10~15min

환해장성과 별도연대
(5~10분)

2.2km
40~50min

삼양검은모래해변
(5~10분)

1.1km
15~20min

원당봉과 불탑사
(1시간~1시간 20분)

소요시간
4~5시간

Trekking Tip

- 🚌 장시간 트레킹하려면 버스를 이용하는 것이 편리하다. 사라봉 버스정류장에 하차하여 트레킹을 시작한다.
- 🚗 마지막 지점인 원당봉 입구 버스정류장 부근에 주차하고, 버스를 타고 사라봉으로 이동하여 트레킹을 시작해도 좋고, 사라봉 주차장에 주차하고 트레킹을 시작해도 좋다.

Tip
1. 사라봉 주차장에 주차한 경우, 원당봉 트레킹을 마치고 삼양종점 버스정류장에서 316번을 타고 사라봉오거리 정류장에서 하차, 사라봉 주차장으로 이동한다.
2. 별도봉에서 원당봉 입구까지 올레18코스를 따라가면 편리하다.
3. 사라봉, 화북포구, 삼양검은모래해수욕장 근처 편의점, 식당, 카페 등을 이용할 수 있다.

1 Day Trekking

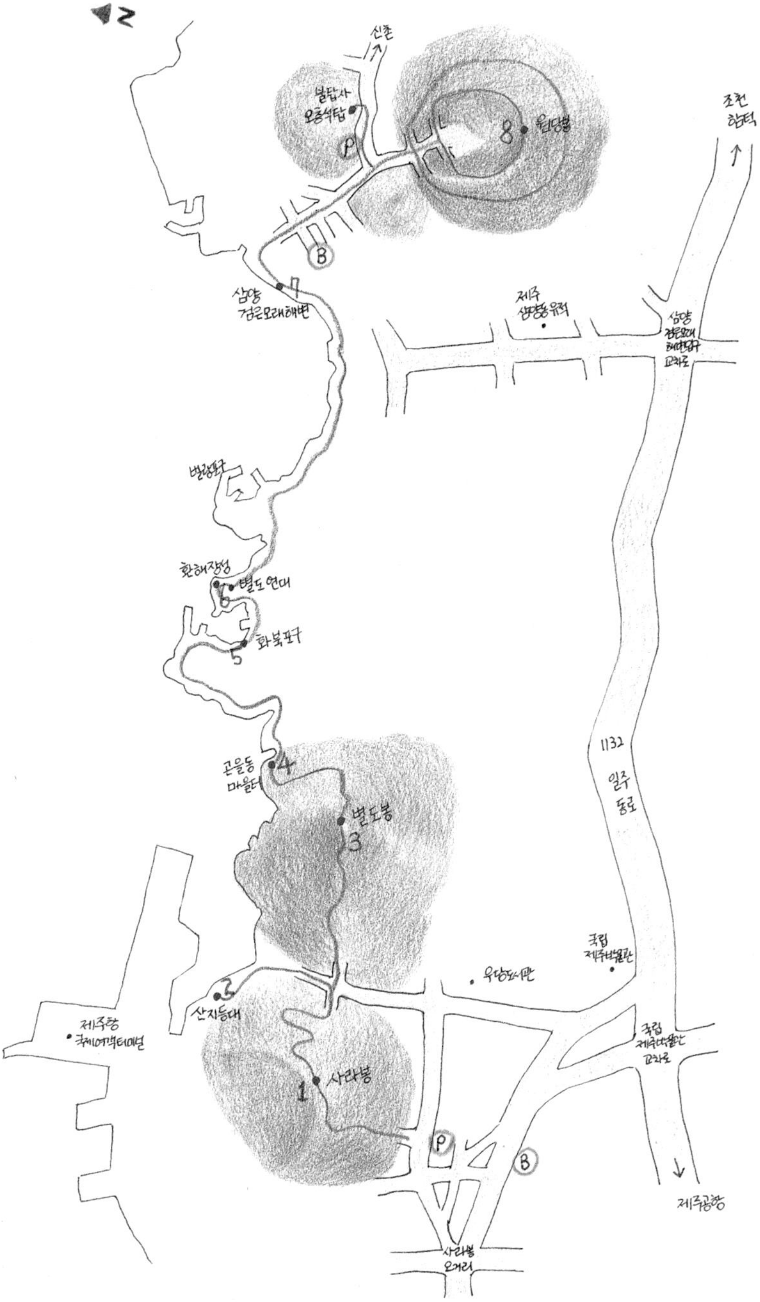

망오름과 서모봉 두 봉우리

서우봉

접근성 상
난이도 하
추천계절 사계절

정상 뷰 ★★
분화구 없음
탐방로 상태 ★★★★

별칭 서모오름
트레킹 포인트 해안산책로, 숲길
함께 트레킹 올레19코스

주소 제주시 조천읍 함덕리 169-1
표고 111.3m
비고 106m

함덕해수욕장 동편에는 함덕과 북촌의 경계 지점 해변에 길게 가로누운 서우봉이 있는데, 멀리서 보면 하나의 오름 같지만, 가까이 가보면 남쪽과 북쪽 두 개의 봉우리를 가진 오름이다. 더 높은 남쪽 봉우리를 서모봉, 조금 낮은 북쪽 봉우리를 망오름이라 하는데 서우봉이라 통칭한다. 오름 사면의 상당부분을 개간하여 밭으로 사용하고 있고, 생김도 길쭉하여 겉에서 얼핏 보기에는 딱히 매력적으로 느껴지지 않지만, 워낙 바다 빛깔이 아름답기로 소문난 함덕해변에 있어서 자연스레 오름까지 발걸음이 이어진다.

깔끔하게 포장된 널찍한 경사로를 따라 몇 걸음만 오르면 등뒤로 양손 엄지 척척 세워줄 만큼 멋진 풍광이 펼쳐지고, 그 길을 따라 조금만 더 오르면 해안 산책로와 정상 숲길로 오르는 갈림길에 서게 된다. 경사로 걸음이 쉽지 않은 아이나 연세 많으신 부모님과 함께 왔다면 편안하게 산책하며 바다 풍경을 조망할 수 있는 해안 산책로를, 서우봉의 울창한 숲길을 한적하게 걷고 싶다면 정상 오르는 길을 선택하면 좋겠다.

서우봉 숲길은 다른 계절보다 겨울에 그 감동이 훨씬 큰데, 보통 '겨울 숲' 하면 왠지 스산하고 무채색 이미지가 떠오르는데, 솔숲으로 덮인 서우봉은 한겨울에도 초록에너지를 듬뿍 발산해 육지의 겨울 숲과는 비교할 수 없을 만큼 상쾌하고 포근하다. 정상으로 향하는 길에는 푹신푹신 향긋한 솔잎 양탄자가 깔려있고, 우거진 나뭇가지 사이로는 어찌나 햇살이 숭숭 잘 스며드는지 환하고 따스하여 마음까지 편안하고 포근해져 걸음걸음에 콧노래가 더해진다.

비록 울창한 숲에 가려 주변 시야는 답답하지만, 전망은 북쪽 망오름과 둘레길에서 충분히 보상해주니 숲길 트레킹만으로 충분한 곳이다. 서우봉은 갈림길이 많아서 종종 어느 길을 선택해야 할지 고민하는데, 규모가 그리 크지 않으니 시간 여유만 있다면 모든 길을 다 걸어봐도 좋다. 특히 한겨울에 포근한 봄날 같은 숲길이 그립다면 꼭 서우봉에 들러보자.

서우봉 탐방로는 함덕리 주민이 직접 낫과 호미로 약 2년에 걸쳐 조성한 길이라고 한다. 덕분에 전망 좋은 둘레길과 아름다운 숲길을 편안하게 트레킹할 수 있다. 진심으로 감사드린다.

How to Go

내비게이션에 '서우봉 주차장' 입력

제주공항에서 동쪽 해안으로 19.2km, 약 35분 소요, 서우봉 입구 주차장 이용

제주공항 1층 2번 게이트 – 일주동로, 516로 방면(2번) 정류장 이용

101번 승차(40분) → 함덕환승정류장(함덕해수욕장) 하차 → 길 건너 함덕해수욕장 주차장을 지나 서우봉 입구까지 약 900m, 도보로 10~15분 이동

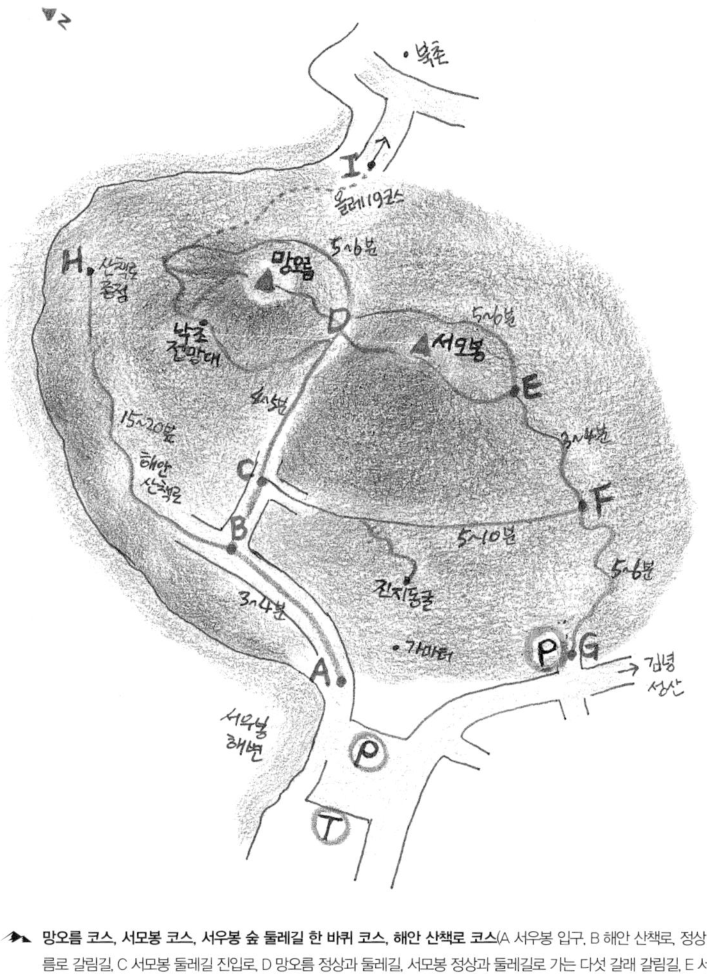

망오름 코스, 서모봉 코스, 서우봉 숲 둘레길 한 바퀴 코스, 해안 산책로 코스(A 서우봉 입구, B 해안 산책로, 정상 오름로 갈림길, C 서모봉 둘레길 진입로, D 망오름 정상과 둘레길, 서모봉 정상과 둘레길로 가는 다섯 갈래 갈림길, E 서모봉 둘레길, 정상 갈림길, F 서모봉 둘레길, 출입로 갈림길, G 서모봉 입구, H 해안 산책로 종점, I 북촌 방면 망오름 입구)

1. 망오름 코스 A→B→C→D→망오름 정상→낙조전망대→D→C→B→A순으로 트레킹

2. 서모봉 코스 G→F→E→서모봉 정상→D→C→F→G순으로 트레킹

3. 서우봉 숲 둘레길 한 바퀴 코스 A→B→C→D→낙조전망대→D→E→F→C→B→A순으로 트레킹

4. 해안 산책로 코스 A→B→H→B→A순으로 트레킹

전체 트레킹하는 데 약 1시간 30분 소요

시간 제한 없음

운동화, 식수 / 해안 산책로는 그늘이 없어 모자, 선글라스 필요

서우봉 해변 입구 화장실 이용, 함덕 서우봉 해변 근처 편의점 및 식당, 카페 이용

서모봉 정상 숲길과 둘레길이 특히 아름답고, 올레19코스가 망오름을 지나 북촌으로 이어짐

혼자서도 좋고, 아이들과 함께 해도 좋음

비 오는 날은 서모봉 숲길이 미끄러우니 조심

1

2

+ 서우봉 해변 해안에 위치한 오름은 바다를 가까이 볼 수 있어서 매력적인데, 특히 서우봉은 오름 출입로가 해수욕장과 이어져 있어 오름 트레킹은 물론 해변에서의 쉼도 아주 좋다. 파도가 얕아 아이와 해수욕하기도 좋고, 모래놀이도 좋다. 또한 노을과 야경이 아름다워 온종일 멋진 풍경을 선사한다. 함덕 서우봉 해변은 워낙 유명해 여행자의 발길이 끊이지 않는 곳이지만, 한여름만 피하면 제법 여유로운 휴식을 즐길 수 있다.

1 사계절 걷는 재미가 쏠쏠한 서우봉 둘레길 **2** 서우봉 해변 **3** 겨울날의 서우봉 해안산책로
4 서우봉 해변의 노을 **5** 사계절 푸르른 서우봉 숲길

동쪽 땅끝 전망대

지미봉

접근성 상
난이도 중
추천계절 사계절

정상 뷰 ★★★★
분화구 뷰 ★★★
탐방로 상태 ★★★

별칭 땅끝, 지미오름
트레킹 포인트 전망, 숲길
함께 트레킹 두산봉, 올레21코스

주소 제주시 구좌읍 종달리 산 3-1
표고 165.8m
비고 160m

지미봉은 동쪽 해안 종달리 입구에 봉긋 솟은 오름으로 다른 오름에 비해 꽤 가파르긴 하지만, 중간중간 멈춰 서서 주변 풍경을 감상하며 호흡을 가다듬고 오르다보면 어느새 정상에 이른다.

정상에는 위아래 두 개의 전망대가 있는데, 그 중 위쪽 전망대는 시야가 탁 트여 거침없이 360도 파노라마 뷰가 펼쳐진다. 가장 먼저 시선을 사로잡는 것은 푸른 바다를 사이에 두고 양옆으로 자리한 우도와 성산일출봉이다. 어찌나 황홀한 풍경인지 눈을 떼기가 쉽지 않고, 산간 쪽으로 시선을 옮기면 동부 중산간의 수많은 오름이 멀리 한라산까지 펼쳐지는데, 그 풍광에 취해 꼼짝하기 싫어진다. 어디 그뿐이랴. 발아래로는 종달리 마을의 알록달록 지붕들이 동화책 속 한 장면처럼 앙증맞고, 마을을 감싸고 있는 주변 풍경은 정겹기 그지없다. 게다가 바다에서 휘몰아치는 바람은 어찌나 시원한지 온몸에 소름이 돋는다. 오직 지미봉만이 내어줄 수 있는 최고의 풍광에 반해 순수 높이 160m를 극복하면서 매번 오르내린다.

제주섬의 꼬리에 해당한다고 해서 땅끝, 땅끝 한모퉁이에 외떨어져 있어서 지미봉이라고 부른다. 지미봉은 북쪽과 남쪽에서 보는 생김새가 전혀 달라 서로 다른 오름인가 생각될 정도로 반전 외형을 지닌 오름이다.

지미봉의 멋을 제대로 만끽하며 트레킹하려면 북쪽 하도리 해변에서 지미봉까지 올레21코스를 따라 올라가는 게 좋다. 오밀조밀 밭담길이 멋스러운 지미봉 밭길을 지나면 지미봉이 점점 가까워지며 그 실체를 드러내는데, 북쪽 방향으로 시원하게 벌어진 말굽형 분화구가 단번에 눈길을 사로잡는다. 화구가 벌어진 안쪽 기슭에는 해송이 조림되어 숲이 울창하다.

북쪽에서 바라보면 두 개의 봉우리가 선명한데, 원뿔 모양의 동쪽 봉우리가 지미봉의 주봉 정상이다. 북쪽 탐방로 또한 경사가 몹시 심해서 오르긴 힘들어도 솔숲 사이로 불어오는 황홀하도록 시원한 바람 소리와 향긋한 바람 내음, 솔 내음에 취해 지루할 틈이 없다. 정말이지 지미봉은 딱 1시간이면 동쪽 최고의 전망을 넉넉하게 구경할 수 있는 땅끝 최고 전망대다.

How to Go

내비게이션에 '지미봉' 입력

제주공항에서 동쪽으로 44.1km, 약 1시간 소요, 지미봉 주차장 이용

제주공항 1층 2번 게이트 – 일주동로, 516로 방면(2번) 정류장 이용

101번 승차(1시간) → 세화환승정류장(세화리)에서 711-2번으로 환승(20분) → 지미봉 입구 정류장 하차 → 지미봉 입구까지 400m, 4~5분 이동

세화환승정류장(세화리)에서 201번으로 환승(10분) → 종달리 정류장 하차 → 지미봉 입구까지 1.2km, 10~15분 이동

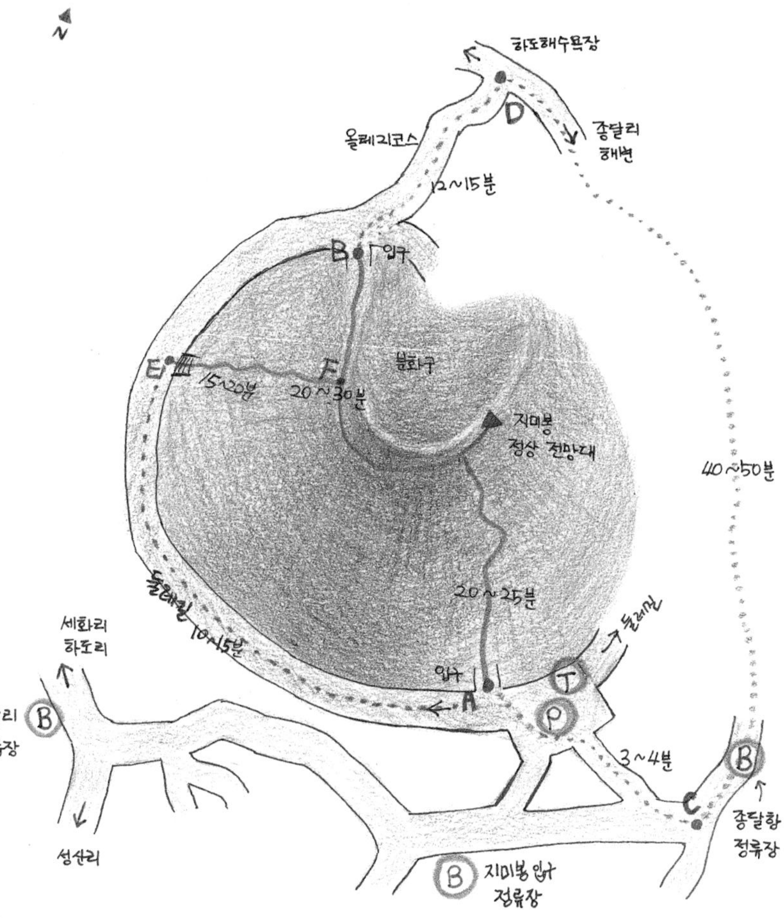

정상 코스, 지미봉 분화구 뷰 종달리 해변 코스, 둘레길 코스(A 종달리 쪽 지미봉 입구, B 하도리 쪽 지미봉 입구, C 종달항 삼거리 갈림길, D 하도해변 쪽 올레길 출입로, E 둘레길, 정상 오르막 계단 진입로, F 능선 갈림길)

1. 접근이 쉬운 정상 코스 A→지미봉 정상 전망대→A순으로 트레킹

2. 종달리 해변 코스 D→B→F→정상 전망대→A→C→D순으로 트레킹

3. 둘레길 코스 A→정상 전망대→F→E→A순으로 트레킹

1번 코스는 왕복 40~50분, 2번 코스는 1시간 30분~2시간, 3번 코스는 50분~1시간 소요

시간 제한 없음

운동화, 식수

오름 입구 화장실 이용, 주변 식당 및 카페 이용

지미봉의 분화구를 보려면 D지점에서 올레21코스를 따라 B지점까지 걷는 길을 추천
E~F 구간은 수풀이 무성하여 여름은 피하고, 반드시 동행과 함께 트레킹

유아랑 오르기엔 다소 힘들고, 혼자보다는 동행이 좋음. 특히 화장실 우측 둘레길은 반드시 동행 필요

여름철 한낮, 비 오는 날

1 하도해변에서 올레21코스를 따라 걸으면 볼 수 있는 지미봉 분화구 **2** 지미오름 입구 **3** 지미봉 전망대
4 전망대에서 보이는 종달 마을 **5** 새해 첫날 지미봉 탐방로에서 일출을 맞이하는 사람들

+ **지미봉 일출** 성산일출봉에서 바라보는 일출도 멋지지만, 지미봉에 올라 우도와 성산일출봉 사이로 솟아오르는 일출을 보는 것 또한 환상적이다. 새해 일출을 보려고 새벽부터 지미봉을 오르는 이가 많은데, 정상까지 오르는 길이 경사지고 높아서 만만치 않으므로 반드시 라이트를 챙겨 천천히 올라가야 한다. 정상에 오르면 종달 마을과 성산 마을의 화려한 불빛이 어둠을 밝혀주고, 서서히 아침 태양이 떠오르며 온 세상이 태양빛으로 물들면 추위에 얼어붙은 몸도 마음도 따스해지고 평온해진다.

거대한 성

성산일출봉

접근성 상
난이도 하
추천계절 사계절

정상 뷰 ★★★★
분화구 뷰 ★★★★
탐방로 상태 ★★★★

별칭 성산, 일출봉
트레킹 포인트 전망, 분화구
함께 트레킹 대수산봉, 올레1코스

주소 서귀포시 성산읍 일출로 284-12
표고 179m
비고 174m

제주를 찾는 여행자라면 누구나 한번쯤은 들러봤을 성산일출봉. 꽤 오래 전 첫 제주여행 때 찾아간 곳이 성산일출봉이었는데, 그 당시에도 어찌나 관광객이 많던지 대충 둘러보고 인증사진만 찍고 다음 장소로 이동했던 기억이 있다. 그 후로도 수없이 제주를 드나들었지만, 성산일출봉만큼은 기피 대상 1호였다. 무슨 좋지 않은 기억이 있는 것이 아니라 단지 많은 관광객이 찾는 유명 관광지라는 이유 때문이었다. 그런데 최근 오름의 매력에 푹 빠지면서, 성산일출봉을 다시 바라보게 되었다.

단체 관광객 물결에 휩싸여 차분히 살펴보지도, 여유 있게 머물지도 못한다는 것이 최대 단점이기는 하지만, 그 어떤 오름보다도 빼어난 경관과 압도적 외형을 지닌 것만은 틀림없다. 굳이 오르지 않고 입구에서 올려다보고만 있어도 경외감이 느껴지는 것이 보면 볼수록 탄복하게 된다.

성산일출봉은 해저분출로 생긴 수중화산체로 성산을 감싸고 있는 외벽 측면은 바다에서 직립한 암벽으로 둘러싸였고, 정상 분화구 전망대에 올라서면 아흔아홉 개의 날카로운 기암이 분화구를 병풍처럼 에워싼 광경을 만나게 되는데, 그 자체로 천연 산성山城의 모습이라 하여 예로부터 성산城山이라 일컫게 되었다.

또한 성산의 위치가 제주섬 최동단에 있다보니 이곳에서 일출을 보는 것이 영주십경 중 으뜸이라 하여 '일출봉'이라 부르게 되었다는데, 일출봉보다는 그 이름만으로 무게가 느껴지는 '성산'이라는 이름이 훨씬 잘 어울린다. 지금은 이 두 단어를 합쳐 성산일출봉으로 통칭하여 부른다. 분화구 안은 바닥이 그리 깊지 않고 초지라 예전에는 농사를 짓기도 했다는데, 지금은 억새를 심어 관리하는 듯하다. 맑은 날에 오르면 주변 전망 또한 훌륭하다.

성산일출봉은 천연기념물로 지정되었을 뿐 아니라, 유네스코 세계자연유산에도 등재되어 있고, 유네스코 세계지질공원으로 인증된, 여전히 제주를 대표하는 명소다. 직접 오르지 않더라도 주변 올레길을 트레킹하면서도 충분히 감상할 수 있다.

How to Go

내비게이션에 '성산일출봉' 입력

제주공항에서 성산일출봉까지 49.5km, 약 1시간 5분 소요, 성산일출봉 주차장 이용

제주공항 1층 1번 게이트 – 표선, 성산, 남원 방면(1번) 정류장 이용

111번(1시간 9분), 112번(1시간 25분) 승차 → 성산일출봉 입구 정류장 하차 → 성산일출봉 매표소까지 400m, 5~6분 소요

유료 입장(탐방안내문의 : 064-783-0959)

Trekking Map & Tip

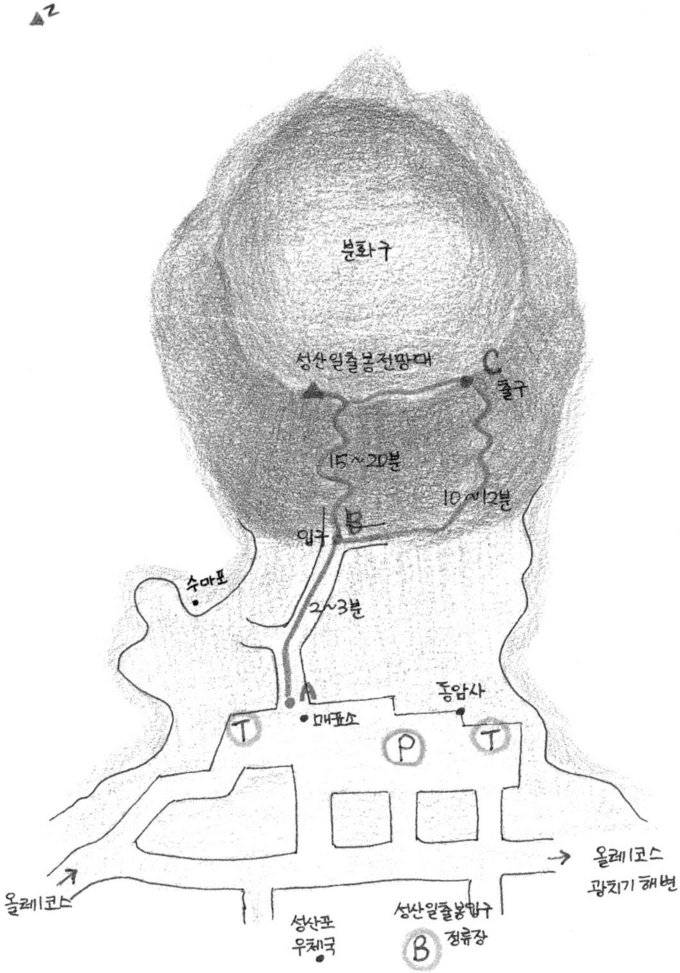

정상 전망대 코스(A 일출봉 매표소, B 입출구 갈림길, C 출구 진입로)
A→B→정상 전망대→C→B→해안 산책로→A순으로 트레킹

왕복 30~40분 소요

오전 7시 30분부터 오후 7시 / 계절별 이용시간이 다르므로 정확한 시간은 관리사무소에 문의

운동화, 모자, 선글라스

오름 입구 편의점 및 화장실 이용

상시 외국인 단체관광객이 많으니 이른 아침이나 늦은 오후 트레킹이 좋음
우도가 보이는 수마포 해안 산책로도 아름다워서 연이어 걸으면 좋음

혼자도 좋고, 온 가족 함께도 좋음

여름철 한낮, 비 오는 날

1

2

+ 광치기 해변 성산일출봉은 정상에 올라가서 보는 것도 멋지지만, 주변에서 감상하는 것도 좋다. 종달 해변에서 올레 1코스를 따라 성산일출봉 매표소를 지나 광치기 해변까지 걸어보자. 푸른 바다와 함께 펼쳐진 정겨운 올레길도 좋지만, 위치에 따라 다르게 보이는 성산일출봉의 근사한 생김새를 감상하는 재미가 쏠쏠하다. 특히 성산일출봉으로 오르기 직전 올레길의 풍경이 아름답고, 광치기 해변에서 느긋하게 바라보는 성산의 웅장한 모습은 가히 일품이다.

1 웅장한 성산일출봉과 아름다운 해변 **2** 광치기 해변 **3** 성산일출봉 전망대에서 내려다본 성산마을과 주변 풍경
4 한겨울 성산일출봉 입구 **5** 성산일출봉 정상 전망대 **6** 올레1코스 성산일출봉 입구

한겨울에도 초록 풍성한

대수산봉

접근성 중
난이도 하
추천계절 사계절

정상 뷰 ★★★★
분화구 뷰 ★
탐방로 상태 ★★★

별칭 큰물뫼, 큰물미, 물미오름
트레킹 포인트 전망, 숲길
함께 트레킹 성산일출봉, 올레2코스

주소 서귀포시 성산읍 고성리 2039
표고 137.3m
비고 97m

봄여름에 보는 초록잎은 너무도 당연한데, 한겨울에 보는 초록잎은 첫눈만큼이나 놀랍고 반갑다. 대수산봉을 처음 찾은 그날은 마침 한겨울 추위가 매섭도록 기승을 부린 날이었다. 광치기 해변부터 올레2코스를 따라 트레킹하는데, 어찌나 바람이 매서운지 자꾸만 몸은 움츠러들고, 훌쩍훌쩍 콧물까지 흐르고, 이러다 감기라도 걸리면 어쩌나 걱정되어 트레킹을 중단할까 고민하던 차에 대수산봉 입구에 이르렀다. 이왕 온 김에 보고 가자 싶어 입구로 들어서는데, 성큼성큼 몇 걸음 오르니 방금 전까지 불어대던 사나운 바람은 온데간데없고, 갑자기 따뜻한 실내로 들어선 것처럼 포근하다. 바깥은 바람이 쌩쌩 부는데, 바람 한 점 없는 대수산봉은 마치 별천지 같다. 초록초록 탐방로에 따스한 햇살까지 비추니 때 아닌 봄날 같은 분위기에 홀딱 반해 룰루랄라 콧노래를 흥얼거리며 정상까지 올랐다. 나중에 안 사실인데 대수산봉은 삼나무와 소나무 숲으로 이루어진 오름이라 다른 계절에도 한결같은 초록 경치를 선사해준다. 그런데 다른 계절의 초록은 그 겨울 감동에 미치지 못하니 역시 초록빛은 한겨울에 봐야 더욱 특별하고 감동적이다.

대수산봉은 정상에서 조망되는 주변 풍경 또한 근사하다. 인근에 자리한 지미봉 정상에서 바라본 우도와 성산일출봉 풍경도 멋지지만, 대수산봉에서는 우도, 성산일출봉은 물론 섭지코지가 덤으로 보이고, 고성, 오조, 성산 마을 풍경까지 다채롭게 펼쳐진다. 또한 산간 쪽으로 펼쳐지는 한라산과 오름 풍경 역시 빼놓을 수 없이 멋지다. 대수산봉 정상부에는 봉수대가 있었는데, 지금은 그 흔적만 남아있고 여유롭게 쉬어갈 수 있는 벤치가 놓여있다. 정상 부근에는 조그만 원형 굼부리가 있는데, 잡목과 덤불에 뒤덮여 눈여겨보지 않으면 알아채기 어렵다. 4~5분이면 분화구 둘레를 돌아볼 수 있으므로 한바퀴 걸어도 좋겠다.

대수산봉은 예전에 오름에서 물이 솟아나 못을 이뤘다고 하여 '물메물뫼, 물미'라 했으나 동쪽에 이웃한 작은 물메와 구별하여 '큰 물메'라 부르게 되었고, 지금은 한자명인 대수산봉大水山峰으로 불린다. 한겨울에 초록빛이 그립거나 멋진 풍경놀이를 하고 싶으면 대수산봉에 올라보자.

How to Go

내비게이션에 '대수산봉 주차장' 입력

내비게이션에 따라 A지점 or D지점 or 빛의 벙커로 상이하게 안내하므로 지도 참조

제주공항에서 대수산봉 주차장까지 약 51km, 1시간 10분 소요, 대수산봉 주차장 이용

정상 부근까지 차로 올라갈 경우에는 대수산봉 주차장에서 고성리신양공동묘지 입구까지 찾아간 다음, 묘지 입구 우측 도로(4~5분) 이용

제주공항 1층 1번 게이트 – 표선, 성산, 남원 방면(1번) 정류장 이용

111번 승차(1시간 8분) → 고성환승정류장(고성리 회전교차로) 하차 → 고성리 성산농협정류장까지 도보로 이동(260m, 3~4분) → 201, 722-1, 722-2번 승차(2~3분) → 신양리 입구 정류장 하차 → 대수산봉 주차장까지 약 800m, 8~10분 소요

올레2코스 진입로, D지점을 이용할 경우 111, 121, 131번 승차(20~25분) → 봉개동 정류장에서 211번 환승(40분) → 고성리 장만이동산 정류장 하차 → 100m 직진 우회전 → 올레2코스 따라 대수산봉 입구까지 520m, 7~8분 소요

Trekking Map & Tip

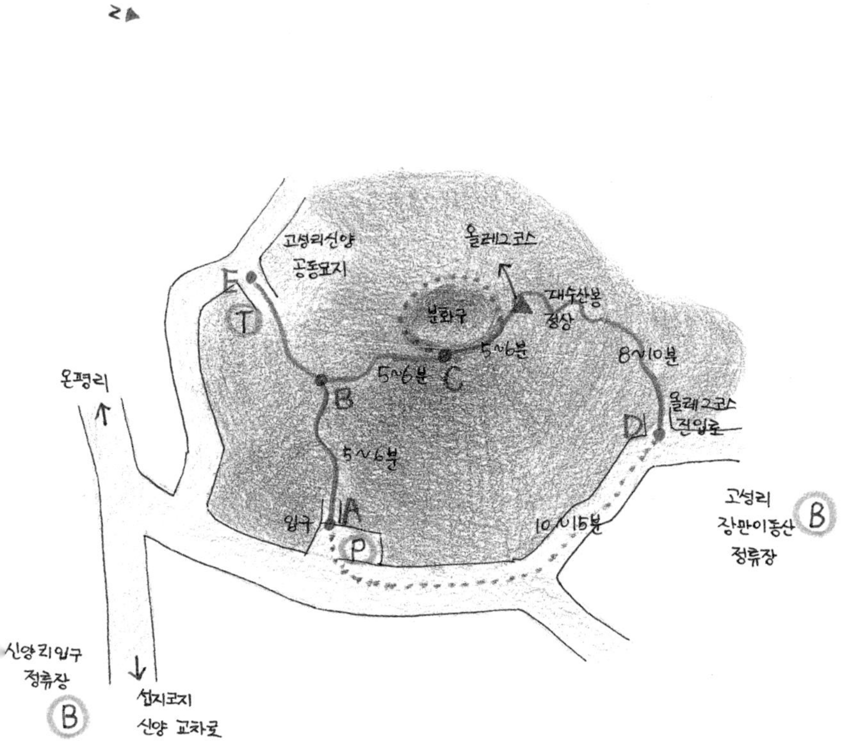

대수산봉 정상 코스(A 대수산봉 입구, B 묘지 갈림길, C 둘레 갈림길, D 올레2코스 진입로, E 묘지 입구)

1. 전망, 숲길 모두 느끼고 싶다면 A→B→C→대수산봉 정상→D→A순으로 트레킹

D에서 A로 이동할 때 여성 혼자라면 조금 돌아가더라도 진우파크빌 방향 선택, 버스를 이용한다면 D지점으로 내려와 장만이동산 정류장 쪽 도로로 곧장 진입

2. 정상 전망만 보고 내려오려면 A→B→C→정상→C→B→A순으로 트레킹

3. 차로 정상 부근까지 올라간다면 E→B→C에 주차→정상→C→B→E순으로 트레킹

정상 부근의 분화구 둘레길은 좌우 어느 쪽 길로 돌아도 무방(4~5분 소요)

- 최소 35~50분 소요
- 시간 제한 없음
- 운동화, 식수
- 묘지 쪽 입구 화장실 이용
- 정상 봉우리 산불초소에서 올레2코스를 따라 연이어 트레킹할 수 있음
- 혼자보다는 일행 동반이 좋음
- 6~7월 장마철 바람 없는 날, 비 오는 날

1 올레2코스 대수산봉 진입로 **2** 사계절 푸르른 대수산봉 굼부리 둘레길
3 대수산봉 정상에서 바라본 한겨울 제주 동해안 풍경 **4** 대수산봉 정상
5 한겨울에도 초록 풍경을 자랑하는 대수산봉 탐방로 **6** 차량통행이 가능한 탐방로

6

+ **차량통행이 가능한 탐방로** 오름은 발로 올라야 제 맛이지만, 가끔은 직접 올라갈 수 없는 상황이 발생한다. 대수산봉은 차로 정상 부근까지 올라갈 수 있어 오래 걷기 불편한 이들에게 좋다. 주차장 시설은 없지만 여유 공간에 주차가 가능하다. 차량을 이용할 경우 중턱 공동묘지에서 우측 진입로를 통해 올라간다.

제주 동해안 풍경이 그림처럼 펼쳐지는

종달 성산 코스 지미봉–성산일출봉–대수산봉

'제주 동쪽 해변' 하면 제일 먼저 떠오르는 곳은 성산일출봉과 우도다. 꼬불꼬불 동쪽 해안길을 따라 걷다보면 바다 위에 납작 엎드린 우도가 어서 건너오라고 손짓하고, 거대한 성산일출봉이 가까워졌다 멀어졌다를 반복하며 그 위용을 뽐내는 종달 성산 코스는 제주시와 서귀포시가 교차하는 지점이기도 하고, 올레길의 처음과 끝인 올레1코스와 21코스가 만나는 지점이기도 하다.

아름다운 바다를 실컷 보면서 걸을 수 있어 좋고, 각 오름 정상에서 그림처럼 펼쳐지는 성산일출봉과 우도 뷰를 감상하기에도 그만이고, 오름 주변에 옹기종기 자리한 종달, 시흥, 오조, 고성리 마을 풍경을 바라보는 것 또한 일품인 최고의 트레킹 코스다. 발바닥이 아플 정도로 오름과 해변을 실컷 걸으면서 질리도록 바다 향기를 느껴보고 싶은 이들에게 강력 추천한다.

START

하도리 마을길

1.8km
25~30min

하도 해변(5~10분)

1km
15~20min

지미봉 밭길

1km
15~20min

지미봉(40~50분)

440m
6~7min

종달~시흥 해변 올레길

7km
90~100min

성산일출봉(30~40분)

1.1km
15~20min

광치기 해변(10~20분)

3.6km
50~60min

GOAL

대수산봉(30~40분)

소요시간
5~6시간

Trekking Tip

제주공항(일주동로, 516도로) 정류장에서 101번 승차(1시간 4분) → 세화 환승정류장에서 201번으로 환승(8분) → 하도리 창흥동 버스정류장에 하차하여 길 건너 하도리 마을길을 통해 트레킹을 시작한다.

마지막 지점인 대수산봉 근처에 주차하고 하도리 창흥동까지 버스로 이동해 트레킹을 시작해도 좋고, 시작 지점인 하도리 창흥동 버스정류장 근처에 주차하고 트레킹을 시작해도 좋다.
하도리 창흥동에 주차한 경우, 대수산봉 트레킹을 마치고 신양리 입구 정류장에서 201번을 타고 하도리 창흥동 정류장으로 이동(20분 소요).

Tip
1. 하도 해변에서부터 지미봉과 종달 해변까지는 올레21코스를, 종달 해변에서부터 광치기 해변까지는 올레1코스를 따라가면 편리하다.
2. 지미봉에서 종달 해변 쪽으로 내려가면 식당이나 카페를 이용할 수 있고, 시흥 해변에서 성산일출봉 가는 길에도 편의점, 식당, 카페 등을 이용할 수 있다.

1 Day Trekking

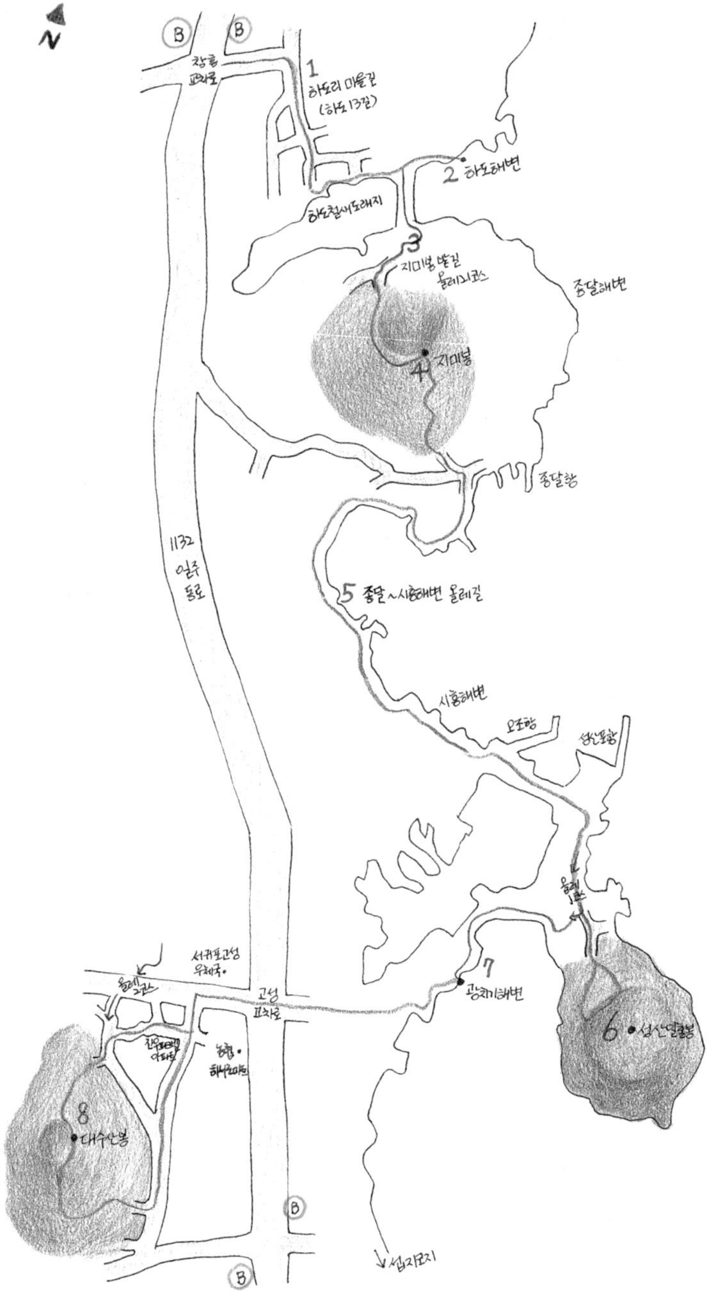

제주 올레길의 시작

두산봉

접근성 상	**정상 뷰** ★★★★	**별칭** 말미오름
난이도 하	**분화구 뷰** ★★	**트레킹 포인트** 전망
추천계절 사계절	**탐방로 상태** ★★★★	**함께 트레킹** 올레1코스

주소 서귀포시 성산읍 시흥리 산 1-5 / 제주시 구좌읍 종달리 산 13-1
표고 126.5m
비고 101m

오래 전 제주올레가 처음 개장되면서 올레1코스를 따라 두산봉을 처음 올랐다. 그 당시만 해도 오름이 뭔지도 모르고, 오름이라는 단어 자체도 생소하던 때였다. 시흥초등학교에서 시작된 올레길을 따라 들어서니 어마어마한 기암절벽으로 이루어진 덩치 큰 산이 시선을 사로잡는다. 깎아지른 듯한 거대한 바위 주변으로 수풀이 무성한데, 어떻게 이런 들판에 저런 험준한 절벽이 자리하고 있는지 신기해서 멍하니 올려다본다. 설마 저 위로 오르는 건 아니겠지? 걱정하며 길을 걷는데, 정말 두산봉 표지판이 놓인 오름 입구로 올레길이 이어져 있다. 두근두근 긴장하며 탐방로로 들어서는데, 생각만큼 험하지 않고 오히려 오솔길처럼 정겹고 편안하여 걱정이 무색할 정도였다.

소나무숲 사이로 향긋한 바람이 살랑거려 오르막의 땀을 닦아주고, 능선 위로 올라서니 우뚝 솟은 한라산과 주변 오름이 반갑게 맞아준다. 정상에는 성산 앞바다까지 내다볼 수 있는 경치 좋은 전망대가 반겨주는데, 발아래로 아슬아슬 기암절벽이 내려다보여 현 위치를 실감케 한다. 이웃한 지미봉보다는 바다 전망이 조금 멀지만, 다소곳이 앉은 지미봉을 조망해볼 수 있어 좋고, 우도와 성산일출봉, 옹기종기 모여 앉은 종달, 시흥, 성산 마을 풍경은 물론, 조각보를 이어붙인 듯한 다채로운 들판 풍경까지 눈에 담을 수 있으니 더할 나위 없이 만족스럽다.

두산봉은 얕은 바닷속 화산 분출활동으로 만들어진 수성화산체다. 응회환의 퇴적층이 형성된 후에 융기바다 밑의 지면이 해수면 위로 솟아오르는 현상활동에 의해 수중에서 육상으로 변화된 것으로 추정하는데, 다시 그 분화구 안에서 화산이 터져 '알오름'까지 품게 된 전형적인 이중화산체다. 바다에서 탄생하여 지금은 들판 한가운데 자리잡고 있으니 볼수록 신기하다.

두산봉의 진면목을 보려면 분화구 중앙에 자리한 알오름까지 올라야 하는데, 올레1코스를 따라 분화구 안쪽으로 들어가면 이곳이 분화구인지 의심스러울 정도로 빼곡하게 개간된 농지가 나온다. 알오름 정상에 오르면 웅장한 굼부리를 조망해볼 수 있는데, 수십만 년 전에 바다였을 이곳에 형성된 두산봉과 들판을 번갈아보고 있노라니 자연과 인간에 대한 경외심이 든다.

말미오름이라고도 불리는 두산봉의 어원은 의견이 분분한데, 동물의 머리를 닮았다고 하여 머리두, 頭로 표현, '머리 산'에서 두산봉頭山峰으로 유래된 것으로 보인다.

How to Go

내비게이션에 '두산봉' 또는 '말미오름' 입력

제주공항에서 두산봉까지 46.6km, 약 1시간 5분 소요

입구를 쉽게 찾지 못할 경우, 시흥초등학교 또는 올레1코스로 검색, 시흥초등학교 근처나 올레1코스 입구 주변에 주차

제주공항 1층 1번 게이트 – 표선, 성산, 남원 방면(1번) 정류장 이용

111번(1시간 5분) or 112번(1시간 15분) 승차 → 고성환승정류장(고성리 회전교차로)에서 201번으로 환승(11분) → 시흥리 정류장 하차 → 두산봉 입구까지 1.3km, 15~20분 소요

Trekking Map & Tip

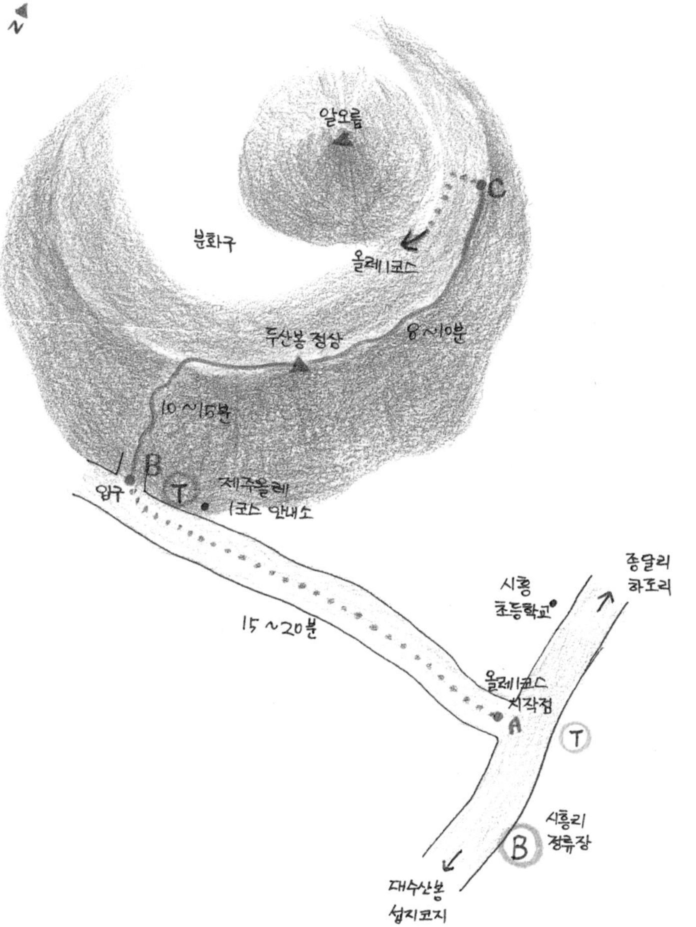

두산봉 정상 능선 코스, 분화구 알오름 코스(A 올레1코스 시작 지점, B 두산봉 입구, C 분화구 안쪽 출입로)

1. 두산봉 정상 능선길 코스 A→B→두산봉 정상→C→정상→B→A순으로 트레킹

2. 분화구 알오름 코스 A→B→두산봉 정상→C→알오름→C→정상→B→A순, 또는 알오름에서 곧장 올레1코스를 따라 연이어 트레킹

올레1코스 시작 지점부터 두산봉 능선길만 트레킹할 경우 약 1시간 10분 소요, 알오름까지 트레킹하고 돌아올 경우 약 1시간 40분 소요, 두산봉 입구에서 시작해 능선길만 트레킹할 경우 30~40분 소요

시간 제한 없음

운동화, 식수, 모자, 선글라스

오름 입구 올레1코스 안내소 화장실 이용

두산봉 분화구 쪽은 숲이 울창하지만, 바깥 쪽은 암벽으로 이루어져 있음
올레1코스 시작 지점에서 두산봉을 지나 올레1코스 끝까지 걸어도 좋음

혼자보다 둘 이상이 더 좋음

여름철 한낮

1

2

3

4

5

1 한라산과 주변 오름이 훤히 보이는 두산봉 산불초소 옆길 **2** 알오름 정상 **3** 알오름 탐방로
4 두산봉의 기암 **5** 한겨울 올레1코스 밭담길 **6** 쉬어가기 좋은 두산봉 능선 **7** 두산봉에서 내려다본 해안(시흥리 들판)
8 정상으로 오르는 소나무숲길 **9** 눈 쌓인 두산봉 **10** 두산봉의 굼부리 올레길

6

7

8

9

10

+ 올레1코스 밭담길 올레1코스는 시흥초등학교에서 시작해 두산봉과 알오름 정상을 거쳐 종달 마을로 이어지는데, 두산봉을 제대로 감상하려면 올레1코스를 따라 트레킹하면 좋다. 올레1코스의 농로 밭담길을 따라 걷다보면 두산봉이 점점 가까워지는데, 평범하지 않은 생김새에 놀라고, 아름다운 기암절벽에 반해 한참을 올려다본다. 시간이 된다면 올레1코스를 따라 성산까지 걸으며 다양한 각도에서 두산봉을 감상해도 좋다.

털머위가 반겨주는

제지기오름

접근성 상
난이도 하
추천계절 사계절

정상 뷰 ★★★
분화구 없음
탐방로 상태 ★★★

별칭 절오름, 제제기오름
트레킹 포인트 숲길
함께 트레킹 삼매봉, 올레6코스

주소 서귀포시 보목동 275-1
표고 94.8m
비고 85m

겨울에도 포근한 제주 해안 지역에는 상록식물이 많이 서식한다. 그 중 동그랗고 커다란 초록잎을 자랑하는 털머위가 눈길을 끄는데, 사계절 생생한 초록 이파리는 볼 때마다 환한 미소를 유발한다. 특히 가을에 피어나 초겨울까지 볼 수 있는 노란 꽃송이는 '한결같은 마음'이라는 꽃말처럼 한결같이 곱고 아름답다.

그런 털머위가 유난히 많은 오름이 있는데, 서귀포 보목 마을에 자리한 제지기오름이다. 이곳 역시 따뜻한 해안에 위치하여 털머위가 살기 좋은 환경이다. 오름 입구로 들어서면 계단을 따라 털머위가 빼곡한데, 푸른 에너지를 한껏 내뿜는 털머위 행렬에 감탄사가 쏟아진다. 탐방로 주변으로 수풀이 우거져 시야가 답답하지만, 올망졸망 고개를 내민 털머위 덕분에 걸음걸음이 즐겁다.

제지기오름 정상은 미니 운동장처럼 둥그렇고 평평한 풀밭으로 이루어져 있는데, 누구나 편히 쉬어갈 수 있는 넉넉한 벤치와 운동기구가 설치되어 있다. 풀밭 주변으로 키다리 소나무가 빙 둘러섰는데, 소나무 사이로 한라산과 주변 풍광이 제법 잘 보인다. 풀밭을 한바퀴 돌아 바다 쪽 전망대로 향하니 '섶섬'과 함께 아담한 보목 마을이 한눈에 들어온다. 마치 시간이 멈춘 듯 한적하고 여유로운 풍경이다. 은은한 솔 내음을 맡으며 마을을 내려다보고 있노라니 마음까지 평화로워진다.

제지기오름의 '제지기'가 무슨 뜻인지는 분명치 않으나, 옛날에 이 오름 남쪽 중턱 굴에 절과 절을 지키는 절지기가 있었다 하여 절오름, 절지기오름으로 불리다가 차차 제지기와 제제기로 와전된 것으로 추정된다. 지금은 그 절이 있었던 것으로 추정되는 바위굴은 남아있는데, 절은 흔적조차 찾아볼 수 없다. 제지기오름을 제대로 트레킹하려면 올레6코스를 따라 보목포구 반대편 입구에서 올라 보목포구 쪽으로 내려오는 것이 좋다. 보목포구에서는 제지기오름을 한눈에 담을 수 있는데, 그 생김새가 마치 손바닥에 올려놓은 키세스 초콜릿처럼 앙증맞다.

작지만 인상적인 제지기오름, 싱그러운 털머위가 사계절 반겨주니 초록에너지 필요한 날에 오르면 더욱 좋겠다.

How to Go

내비게이션에 '제지기오름' 입력

제주공항에서 제지기오름까지 45km, 약 1시간 10분 소요, 보목포구 주변 또는 제지기오름 입구에 주차

제주공항 1층 2번 게이트 – 일주동로, 516로 방면(2번) 정류장 이용

181번 승차(1시간 5분) → 비석거리 정류장 하차 → 효성빌라 정류장까지 490m, 6~7분 이동 → 효성빌라 정류장에서 630번 승차(10분) → 보목포구(도착) 정류장 하차 → 제지기오름 입구까지 260m, 3~4분 소요

C지점 올레6코스 진입로에서 시작할 경우 효성빌라 정류장에서 520번 승차(8분) → 보목 동동네 정류장 하차 → 제지기오름 입구까지 약 300m, 4~5분 소요

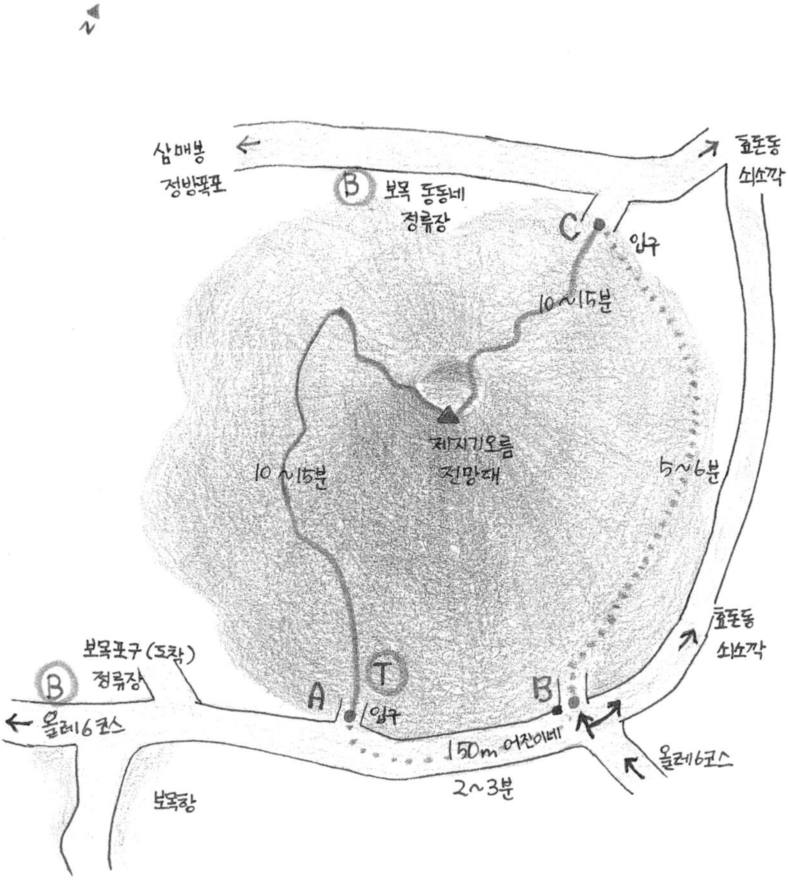

- **제지기오름 정상 코스**(A 제지기오름 입구, B 올레6코스 진입로, C 올레6코스 제지기오름 입구)
  A→전망대→C→B→A순으로 트레킹하거나, B→C→전망대→A순으로 트레킹
  C지점에서 전망대로 오르는 오름 숲길이 특히 멋짐
- 어느 방향을 선택하더라도 30~40분 가량 소요
- 시간 제한 없음
- 운동화, 식수
- 제지기오름 입구 화장실 또는 보목항 버스정류장 부근 화장실 이용
- B지점(어진이네) 주차장 옆 돌계단을 통해 숲길로 올라가 C지점까지 걸어도 되고, B지점에서 아스팔트 도로를 따라 C지점까지 걸어가도 됨(여성 혼자라면 도로 추천) 올레6코스를 따라 이중섭거리까지 연이어 걷거나, 쇠소깍까지 역방향으로 트레킹 가능
- 혼자보다는 둘 이상이 더 좋음
- 6~7월 장마철 바람 없는 날

1 소나무 향이 운치를 더해주는 제지기오름 전망대 **2** 제지기오름 정상 **3** 제지기오름 탐방로
4 사시사철 털머위가 반겨주는 탐방로 **5** 전망대에서 내려다본 아담한 보목포구와 섶섬 **6** 봄날 탐방로 **7** 가을날 탐방로
8 털머위꽃

+ **털머위꽃** 제지기오름을 찾을 때마다 동글동글한 초록 미소로 반갑게 맞이해주는 털머위 계단길은 사시사철 어여쁘다. 특히 10월 중순에서 11월에 제지기오름에 가면 활짝 핀 샛노란 털머위꽃을 볼 수 있다. 제지기오름은 출입로가 앞뒤 두 군데 있는데, 올레6코스 둘레길을 이용하면 전체 탐방로를 걸어볼 수 있다.

전망 좋으네!

삼매봉

접근성 상
난이도 하
추천계절 사계절

정상 뷰 ★★★★
분화구 뷰 ★
탐방로 상태 ★★★★

별칭 삼미봉
트레킹 포인트 전망
함께 트레킹 고근산, 올레7코스

주소 서귀포시 서홍동 809-1
표고 153.6m
비고 104m

삼매봉은 봉우리 세 개가 마치 아름다운 매화같이 연달아 있다 하여 삼매봉三梅峰 또는 삼미봉三美峰이라 부른다는데, 과연 이름만큼 아름다울지 궁금했다.

삼매봉 입구에 이르니 삼매봉 이정표와 함께 서귀포방송센터 표지판이 보인다. 오름에 방송센터가 있다는 것도 놀라운데, 넓게 포장된 도로로 자동차가 올라가고, 입구에는 펜션과 카페까지 있다. 이런 오름은 처음이라 '정말 여기가 삼매봉이 맞나?' 싶어 재차 이정표를 확인한 뒤에야 안심하고 오른다. 2~3분쯤 올랐을까? 도로 옆 시야가 탁 트인 공간으로 내다보니, 움푹 팬 오름 기슭이 보이고, 계단식 경작지와 비닐하우스가 빼곡하다. 그동안 봐왔던 오름 풍경과는 사뭇 달라 이리저리 살피고 있노라니 갑자기 개 짖는 소리가 요란하다. 때마침 샛길에서 할머니가 나오시며 여긴 개들이 지키고 있고, 죄다 밭이니 큰 길을 따라 올라가라고 일러주신다. 중턱쯤 올라왔는데도 시야는 답답하고, 기대 이하의 경관에 실망하여 피로감이 급 밀려오는데, 가족과 함께 올라온 강아지의 재롱을 보며 다시 힘을 낸다. 삼매봉 정상은 중턱 둘레길에서 계단으로 올라가는데, 아래서 올려다보면 널찍한 정자만 덩그러니 보이는 것이 인적 없는 공원 같은 느낌이다.

정상 전망대에 오르니 올라오면서 느꼈던 실망감과 찜찜함이 단번에 날아갈 만큼 풍광이 훌륭하다. 웅장한 한라산이 당당하게 모습을 드러내니 우울 모드였던 기분이 급 상승하고, 서귀포 앞바다와 주변 시가지 풍경이 시원하게 펼쳐지니 포기하지 않고 올라오길 잘했다 싶다.

그런데 왜 전망대 이름이 '남성정'이지? 설마 남성만 환영한다는 건 아니겠지? 한자로 된 지명은 아리송할 때가 많은데, 한자 뜻풀이를 해보니 '남성'은 '남녘 남南, 별 성星'으로, 남성정은 곧 '남쪽의 별을 보는 곳'이라는 뜻. 남극 부근의 하늘에 무병장수의 별로 알려진 '남극노인성'이 있는데, 이곳 남성정에 올라 손을 뻗으면 남극노인성에 닿는다는 전설이 있다. 그만큼 남성정에 오르면 멀리까지 멋진 풍광을 조망할 수 있다는 의미다.

전망대는 널찍한데 생각보다 구경꾼이 없으니 내친김에 노을까지 여유롭게 감상한다. 멀리 서쪽 송악산과 모슬포 너머로 지는 태양이 서귀포 시가지를 고운 노을빛으로 물들이니 마음까지 따스하고 넉넉해진다.

삼매봉 본연의 아름다움은 퇴색되었지만, 전망만큼은 여느 오름 못지않게 아름답다.

How to Go

내비게이션에 '삼매봉' 입력

제주공항에서 삼매봉까지 52.4km, 약 1시간 소요

A지점에서 시작할 경우 삼매봉 입구 주변에 주차(A~E 구간 주정차 위반 무인 단속), E지점에서 시작할 경우 외돌개 주차장 이용

제주공항 1층 2번 게이트 – 일주동로, 516로 방면(2번) 정류장 이용

181번 승차(1시간 10분) → 서귀포환승정류장(서귀포 등기소) 하차 → 중앙로터리 정류장까지 120m, 2~3분 이동 → 692번 승차(7분) → 삼매봉중계소 입구 정류장 하차

E지점에서 시작할 경우 중앙로터리 정류장에서 692번 승차(9분) → 외돌개 정류장 하차 → E지점 오름 입구까지 약 130m, 2~3분 이동

Trekking Map & Tip

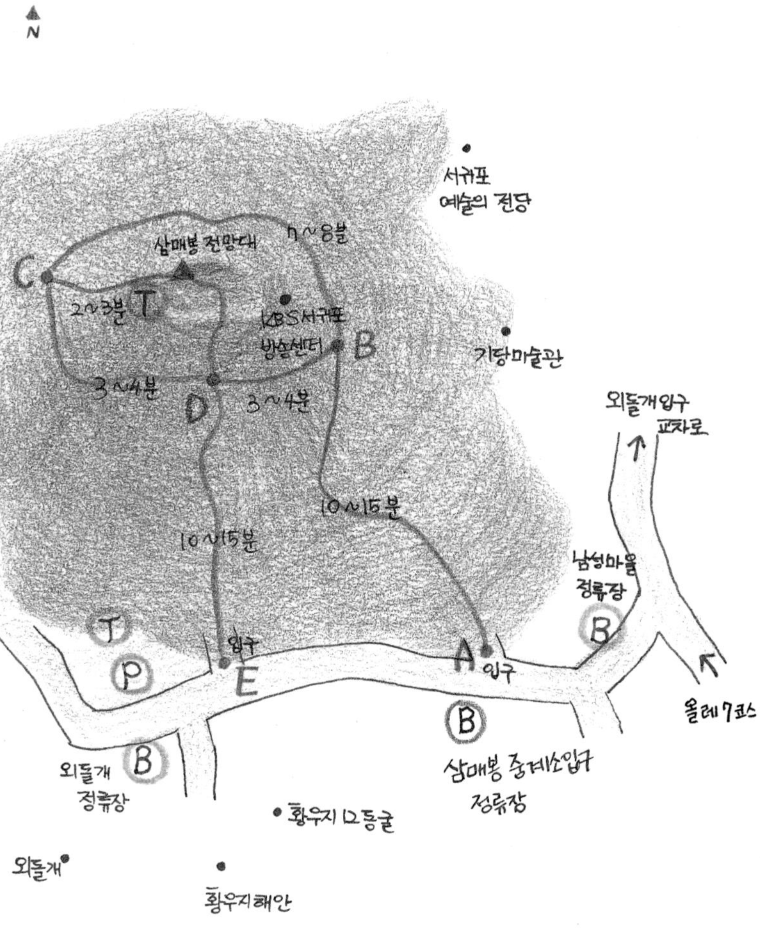

정상 전망대 코스(A 삼매봉 입구, B 둘레 갈림길, C 전망대 입구, D 올레7코스 갈림길, E 외돌개 쪽 입구)
A→B→C→정상 전망대→D→B→A순으로 트레킹, 또는 E→D→정상 전망대→C→B→D→E순으로 트레킹

30~40분이면 충분하지만, 정상 전망대 경치가 너무 좋아서 여유 있게 계획하는 것이 좋음

시간 제한 없음

편안한 차림, 슬리퍼나 구두도 가능

전망대 근처 화장실 이용, 외돌개 주차장 부근 매점 및 화장실 이용

편안한 산책이나 전망을 목표로 올라가는 것이 좋음
오름 기슭에 수많은 밭이 개간되어 있고, 개들이 지키고 있어 탐방로 외 길은 위험

유모차로 둘레길은 가능하지만 전망대 계단은 이용하기 어려움, 혼자서도 무섭지 않음

날씨가 흐려 전망 좋지 않은 날

1

2

+ 황우지 해안의 천연풀장 삼매봉에서 올레7코스를 따라 해안으로 내려가면 외돌개 주차장이다. 그곳에서 내려가면 좌측으로는 황우지 해안이, 우측으로는 외돌개가 있다. 황우지 해안 계단을 따라 3~4분 가량 내려가면 커다란 바위 한 가운데 두 개의 물웅덩이가 있는 천연풀장이 보이는데, 어찌나 물이 맑고 투명한지 선녀탕이라 불리고, 깊지 않아 여름에는 물놀이하는 이들에게 인기가 좋다. 또한 동쪽 해변에는 일제강점기에 만들어진 황우지 12동굴이 있다.

1 둘레길 전망대에서 바라본 한라산 **2** 황우지 해안 천연풀장 **3** 깔끔하게 포장된 삼매봉 탐방로
4 외돌개 주차장으로 가는 숲길 **5** 외돌개 **6** 황우지 12동굴

하루 종일 아름다운

군산

접근성 중
난이도 중
추천계절 사계절

정상 뷰 ★★★★★
분화구 없음
탐방로 상태 ★★★

별칭 군뫼, 굴뫼, 굴뫼오름
트레킹 포인트 전망, 능선길
함께 트레킹 바굼지오름, 송악산

주소 서귀포시 안덕면 창천리 산 3-1
표고 334.5m
비고 280m

군산은 대평리 용왕난드르 마을 뒤편에서 마을을 병풍처럼 에워싸고 듬직하게 자리 잡은 오름이다. 마을에서 올려다봐야 군산의 늠름한 자태를 제대로 조망해볼 수 있는데, 듬직한 몸체를 따라 봉우리 쪽으로 시선을 옮기면 좌우 봉우리에 뭉툭한 뿔이 각각 솟아있어 황소의 머리를 연상케 한다. 군산은 원추형 화산체로 산 모양이 마치 군막군대에서 쓰는 장막을 쳐놓은 것 같다 하여 '군산軍山'이라 부른다. 또한 산이 처음 솟아날 때 안개 속에 굴메그림자의 제주말같이 보였다 하여 '굴메오름'이라 부르고, 군식구나 군말처럼 '가외의' '쓸데없는'의 뜻을 지닌 관형사 '군'의 의미로 갑자기 솟아난 산, 덧생긴 산이라 하여 군뫼군메오름이라 부른다는 설도 있다.

군산은 오름의 순수 높이가 280m로, 100m 전후의 주변 오름에 비하면 거의 두 배 이상 높다. 따라서 오름 트레킹에 두 배 이상의 시간이 소요되지만, 다행히 차로 정상 부근까지 올라갈 수 있다. 물론 오름 트레킹을 제대로 즐기는 이들에게 내어주는 멋진 탐방로까지 갖추고 있으니 취향대로 골라 오르면 되겠다.

차를 타고 정상 부근까지 올라가는 데 걸리는 시간은 넉넉하게 5~6분, 다시 우거진 숲길 계단을 따라 3~4분 정도 올라가면 시원한 바람과 함께 파란 하늘이 열리고, 푸른 초원이 펼쳐진다. 감탄사를 연발하며 보드라운 능선을 성큼성큼 지나 뿔바위 정상에 올라서면 한라산에부터 서귀포시내 전체가 거침없이 조망된다. 동쪽 해안으로는 범섬, 문섬, 섶섬이 줄줄이 앉아 있고, 발아래로는 에메랄드빛 바다와 평화로운 대평 마을이, 서쪽 해안으로는 산방산, 형제섬, 송악산, 가파도와 함께 멀리 마라도까지 훤히 조망된다. 역시 높이 올라온 만큼 전망도 일품이다. 푸르디푸른 바다는 끝없이 펼쳐져 하늘과 맞닿아 있고, 그 하늘에는 쉴 새 없이 변신을 시도하는 구름떼가 한라산을 향해 달음질을 하니, 시간 가는 줄 모르고 풍경에 취한다. 한낮의 햇살이 어찌나 뜨거운지 잠시 뿔바위 아래 그늘 밑으로 피신해 풍경놀이를 하다가 해질 무렵쯤 다시 뿔바위에 올라 노을을 실컷 감상하고 어둑해져서야 내려온다.

정말이지 군산은 이른 아침부터 늦은 저녁까지 종일토록 머물러도 좋을 만큼 하루 종일 아름답다.

How to Go

B지점으로 가려면 '군산오름 주차장' 입력
제주공항에서 군산 B지점 오름 입구까지 38.5km, 약 50분 소요
A에서 B로 오르는 도로가 몹시 좁아서 운전이 서툴다면 힘들 수 있음
D지점으로 가려면 '상예공동묘지' 입력
제주공항에서 군산 D지점 오름 입구까지 35km, 약 40~50분 소요(D지점 주차장 이용)

제주공항 1층 5번 게이트 이용 – 공항버스 600번 승차(40분)
C지점으로 가려면 창천리 정류장에서 하차 → 창천삼거리에서 상예2동 방면으로 도보 620m(약 10분) 이동 → 상예2동 정류장 옆 군산 산책로로 진입 → 군산 입구까지 도보 1.1km, 15~20분 이동
E지점으로 가려면 창천리 정류장에서 하차 → 창천초등학교 정류장까지 220m, 2~3분 도보 이동 → 202, 282, 532번 승차(2분) → 감산입구 정류장 하차 → 횡단보도 건너 맞은편 도로로 진입하여 550m, 5~6분 영구물 오름 입구까지 이동

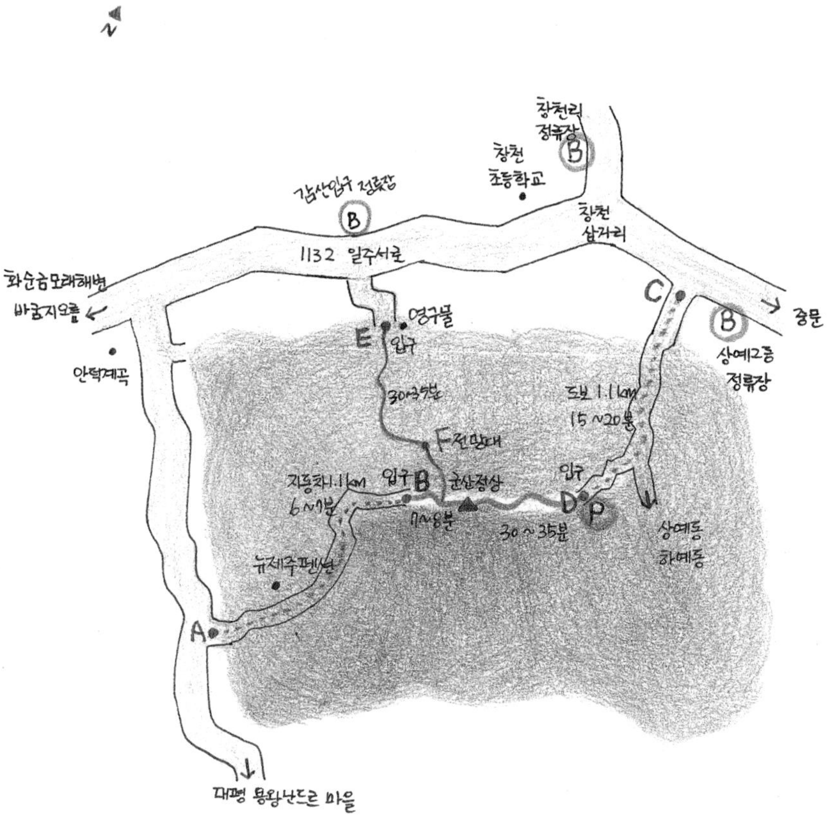

군산 정상 코스(A 뉴제주펜션 쪽 진입로, B 오름 입구, C 상예동 진입로, D 오름 입구, E 영구물 진입로, F 전망대)

1. 자동차를 타고 정상 부근까지 편하게 트레킹 A→B→군산 정상→B→A순으로

2. 군산 오름을 제대로 트레킹 C→D→군산 정상→F→군산 정상→D→C순으로

3. 버스를 이용하여 트레킹 C→D→군산 정상→F→E순으로 트레킹 또는 E→F→군산 정상→D→C순으로

1번 코스는 15~20분, 2번 코스는 1시간~1시간 20분, 3번 코스는 1시간 30분~2시간 소요

시간 제한 없음

운동화, 식수, 모자, 선글라스 / 일몰을 보려면 바람막이 필수

D지점 오름 입구 화장실 이용

군산 정상 부근에는 진지동굴이, 정상에서 D구간 사이에는 구시물 탐방로가 있음
군산 정상은 그늘이 없어서 낮에는 뜨겁고, 해질 무렵 바람 불면 굉장히 추움

B지점을 이용한다면 혼자서도 좋고, D나 E지점을 이용한다면 동행과 함께가 좋음

날씨가 흐려 전망이 좋지 않은 날

1 풀이 무성한 한여름 정상 능선길 2 360도 파노라마 뷰를 볼 수 있는 전망 좋은 군산 정상
3 운치 있는 가을날 정상 능선길 4 늦가을 정상 능선의 억새
5 새해 일출을 맞이하는 사람들 6 노을을 감상하는 사람들

2

3

4

5

6

+ 일출과 일몰 매년 새해 첫날 군산 정상에서는 일출기원제를 올린다. 군산은 한곳에서 일출과 일몰을 동시에 볼 수 있는 곳으로, 차를 타고 정상 부근까지 오를 수 있어 이른 새벽이나 늦은 저녁에 여유롭게 노을을 감상하기에 제격이다. 중문이나 대평 마을 부근을 여행한다면 군산에서 일출과 일몰을 꼭 감상해보자.

익사이팅의 최고봉

바굼지오름

접근성 중	**정상 뷰** ★★★★★	**별칭** 단산
난이도 상	**분화구** 없음	**트레킹 포인트** 전망, 암벽길
추천계절 10월~5월	**탐방로 상태** ★★	**함께 트레킹** 송악산, 추사유배길

주소 서귀포시 안덕면 사계리 3123-1
표고 158m
비고 113m

바굼지오름은 그 어느 오름보다 생김새가 기이하여 한 번 보면 절대 잊지 못할 만큼 인상이 강렬하다. 보통의 오름은 볼록하고 오목한 외형인데, 바굼지는 동서로 길게 누운 데다 가파르고 뾰족한 암석으로 뒤덮인 험상궂은 외형이라 오름의 이단아라고 불린다.

바굼지오름이라는 이름의 유래는 의견이 분분하다. 오래 전 이 일대가 물에 잠겼을 때 이곳 오름이 바굼지바구니의 제주말만큼 물 위로 보였다 하여 '바굼지오름'이라 하고, 소쿠리 단簞 자를 써서 '단산簞山'이라 부르게 되었다고 한다. 또 다른 해석은 오름의 생김새가 날개를 편 박쥐를 연상케 하여 바구미박쥐의 제주 고어(古語)오름이라 불렀는데, 바구미는 바구니의 방언이기도 하여 지금의 '바굼지오름'으로 부른다고도 한다.

바굼지로 오르는 길은 여러 갈래인데, 오름 전체를 골고루 감상하려면 '단산사' 쪽에서 진입하는 것이 좋다. 첫걸음은 푹신한 풀밭에서 가볍게 시작되는데, 이내 널찍한 바위들이 앞을 가로막는다. 비스듬히 경사진 바위에 올라서면 하늘로 솟은 커다란 돌기둥이 가로막고, 그 아래로 밧줄이 놓여있다. 다행히 경사가 심하지 않아 밧줄을 잡지 않아도 바위를 거뜬히 넘어갈 수 있으니 걱정할 것 없다. 시작부터 바윗길이라 험난한 길을 예상하며 걸음을 이어가는데 웬걸, 오솔길처럼 아기자기하고 편안한 숲길이 등장한다. 때마침 봄날이라 노란 유채꽃 무리가 길섶에 한가득 피어있고, 흰나비 한 마리가 나풀나풀 날아가니 잠시 다른 세계에 들어온 것 같은 착각이 든다. 아래서 볼 때는 꽤 험준해 보여 각오 단단히 하고 올라온 것이 무색할 정도다. 정상에 오르기 전 한 차례 더 암벽구간이 이어지는데 밧줄을 잡고 가볍게 오를 수 있어 오히려 즐거움을 선사한다. 정상에 올라서면 오름을 에워싼 대정과 안덕의 평화로운 들판과 함께 근사한 풍경화가 펼쳐진다. 언제 봐도 멋진 산방산, 바다 위에 우뚝 솟은 형제섬, 아름다운 송악산이 반갑게 인사를 건네니 심장이 두근두근하고 가슴이 설렌다.

멋진 풍광을 감상하며 욕심껏 머물러도 좋지만 다음 길이 궁금해 걸음을 재촉하니 가파른 암벽 구간이 나타난다. 이번에는 정말 아슬아슬하고 비좁은 길이라 바위에 착 달라붙어 조심조심 걸음을 옮긴다. 금방이라도 발을 헛디뎌 벼랑으로 떨어질 것 같아 다리가 후들거리는데도 스릴 만점이다.

콩닥거리는 가슴을 진정시키며 큰 바위 쉼터에 오르니 들꽃 활짝 핀 둘레길이 내려다보인다. 너무 예뻐 환호성이 쏟아진다.

이렇게 다채로운 오름을 봤나! 정말이지 바굼지오름의 매력은 끝이 없다.

How to Go

내비게이션에 '단산바굼지오름' 또는 '단산' 입력

제주공항에서 바굼지오름까지 38km, 약 45분 소요, D지점 갓길에 주차

A지점까지 60~70m, 1~2분 도보 이동

제주공항 1층 4번 게이트 – 대정, 화순, 일주서로 방면(4번) 정류장 이용

151번 승차(1시간 2분) → 인성리(남문지앞사거리) 정류장에서 하차 → 길 건너 바굼지오름 입구(단산사)까지 도보 1.4km, 15~20분 이동

추사유배지부터 갈 경우 보성초등학교 정류장에서 하차 → 100m 이동

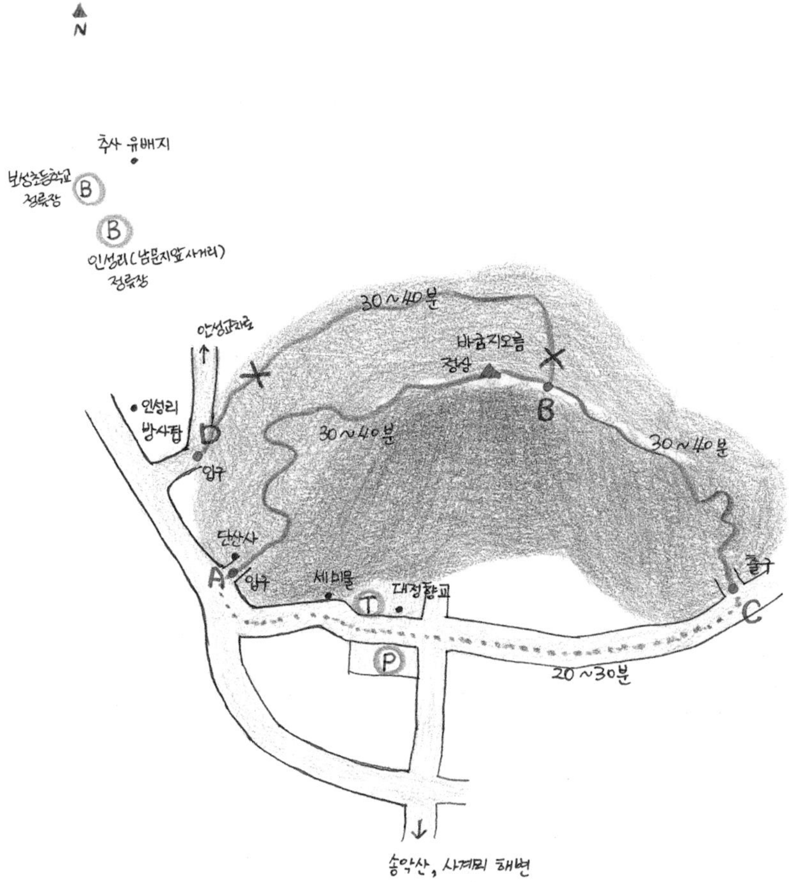

정상 코스, 정상+둘레길 코스(A 단산사 오름 입구, B 정상 능선 갈림길, C 농로 쪽 오름 출구, D 둘레길 입구)

1. 정상 코스 A→정상→A순으로 트레킹

2. 정상+둘레길 코스 A→정상→B→C→대정향교→A순으로 트레킹

B–C 암벽 구간은 위험하니 고소공포증이 있거나 아이와 동행 시 되돌아 내려오는 것이 좋음

B–D 구간은 탐방로 시설 노후와 사유지 구간 이용 불가로 인하여 폐쇄됨

1번 코스는 1시간~1시간 20분, 2번 코스는 약 1시간 30분 정도 소요

시간 제한 없지만, 어두워지면 위험

긴바지, 긴소매, 트레킹화, 스틱, 모자, 장갑, 선글라스, 식수, 간식

대정향교 화장실 이용

암벽 타는 오름으로, 육지 산의 암벽에 비하면 어린이용 수준이지만 스릴 있고 멋짐

탐방로가 거칠고 덤불 구간도 있어서 반드시 긴바지 착용

아이들은 위험, 혼자보다는 동행이 좋음

6~7월 장마철 바람 없는 날, 비 오는 날

1

2

3

+ **대정향교와 세미물** 바굼지오름 둘레길에서는 역사의 흔적이 남아있다. 오름 기슭에 자리한 대정향교와 세미물을 찾아보자. 대정향교는 조선시대에 지역 백성의 교육과 교화를 위해 설립된 향교로, 추사 김정희 선생이 제주에서 유배생활할 때 학생들을 가르쳤다. 또한 향교 바로 옆에는 세미물이 있는데, 추사가 이곳에서 물을 길어다 차를 마셨고, 유배에서 돌아와서도 그리워했을 정도로 애정을 가졌던 샘물이라고 한다.

1 정상 능선에서 바라본 산방산과 사계리 해안 풍경 **2** 낮은 돌담을 두른 세미물 **3** 바굼지오름에서 내려다본 대정향교
4 사계리 마을에서 바라본 바굼지오름 **5** 안성리 마을에서 바라본 바굼지오름 **6** 대정향교 앞에서 바라본 바굼지오름
7 소소한 재미를 주는 암벽 구간

황홀한 절울이

송악산

접근성 중	**정상 뷰** ★★★★★	**별칭** 절울이
난이도 하	**분화구 뷰** ★★★★★	**트레킹 포인트** 둘레길, 전망
추천계절 사계절	**탐방로 상태** ★★★★	**함께 트레킹** 바굼지오름, 올레10코스

주소 서귀포시 대정읍 상모리 산 2
표고 104m
비고 99m

형제해안도로를 따라 송악산을 향해 걸어가면 유람선선착장 너머 해안 절벽으로 구멍이 숭숭 뚫린 진지동굴이 모습을 드러낸다. 일제가 태평양전쟁 말기 패전 위기에 처하자 제주도 전역을 군사요새화하면서 구축한 동굴인데, 이곳 송악산 외에 성산일출봉, 서우봉, 수월봉, 삼매봉 해안에도 있다. 특히 송악산의 경우 해안동굴진지 외에 알뜨르에 비행장을 건설하고, 주변에 격납고와 지하벙커까지 만들었다. 송악산 일대를 모두 군사요새화한 것이다. 천만다행으로 큰 희생 없이 전쟁이 끝났지만, 진지동굴을 구축하는 과정에서 얼마나 많은 조선인이 강제징용을 당하고 강제노역에 시달렸을지, 그 과정에서 얼마나 많은 피눈물을 쏟아냈을지, 뼈아픈 역사의 생채기를 볼 때마다 분노가 치민다.

이렇게 쓰라린 역사의 흔적이 고스란히 남은 송악산은 그 어느 곳보다 해안 풍경이 아름다워 일년 내내 관광객의 발길이 끊이지 않는다. 둘레길이 가파르지 않고 잘 정비되어 있어 누구나 걷기 무난하므로 온 가족이 함께 도란도란 이야기하며 걸어도 좋겠다.

송악산은 소나무가 무성하다고 하여 송악산松岳山이라 불렀다는데, 본디는 '절울이'라 불렀다. 절울이란 절물결이 운다는 뜻으로, 해안 절벽에 파도 부딪히는 소리가 울려서 마치 물결이 우는 소리 같다 하여 '절울이'라 했다. 그만큼 파도가 세차고, 그 소리 또한 우렁차다는 얘기다.

시원하게 울리는 파도 소리와 향긋한 바다 내음에 취해 걷다보면 푸르디푸른 망망대해가 꿈결처럼 느껴진다. 언제나처럼 멋짐을 뽐내며 앉아있는 산방산과 형제섬, 그리고 마라도를 향해 달리는 유람선과 바다 위에 납작 엎드린 가파도는 둘레길 최고의 배경사진이 되어준다.

송악산은 둘레길뿐만 아니라 봉긋 솟은 봉우리와 굼부리 또한 절경이다. 송악산 능선에 올라 주변 풍경을 조망해보는 것도 일품인데, 특히 거대한 굼부리가 볼 만하다. 유난히 깊고 경사가 심한 깔때기 모양의 굼부리는 검붉은 화산토로 둘러싸여 볼 때마다 오싹한데, 소가 분화구 속으로 빠지면 미끄러워 올라오지 못하고 결국에는 죽어서 나온다는 이야기가 전해질 만큼 거대하다.

현재 송악산은 제1전망대까지만 오를 수 있고, 정상부 구간은 훼손된 식생 복원을 위해 출입을 제한하고 있다.

How to Go

내비게이션에 '송악산 주차장' 입력

제주공항에서 송악산까지 44.3km, 약 50분~1시간 소요, 송악산 주차장 이용

제주공항 1층 4번 게이트 – 대정, 화순, 일주서로 방면(4번) 정류장 이용

152번 승차(1시간) → 화순 환승정류장(안덕농협)에서 752-2번으로 환승(15분) → 산이수동 정류장에서 하차 → 송악산둘레길 입구까지 600m, 7~8분 소요

151번 승차(1시간 10분) → 하모체육공원 정류장에서 하차 → 길 건너 하모체육공원 정류장에서 752-1번 승차(10분) → 산이수동 정류장에서 하차

제주공항 1층 4번 게이트 – 평화로 방면(5번) 정류장 이용

182번 승차(49분) → 창천리 정류장에서 752-2번으로 환승(24분) → 산이수동 정류장에서 하차

Trekking Map & Tip

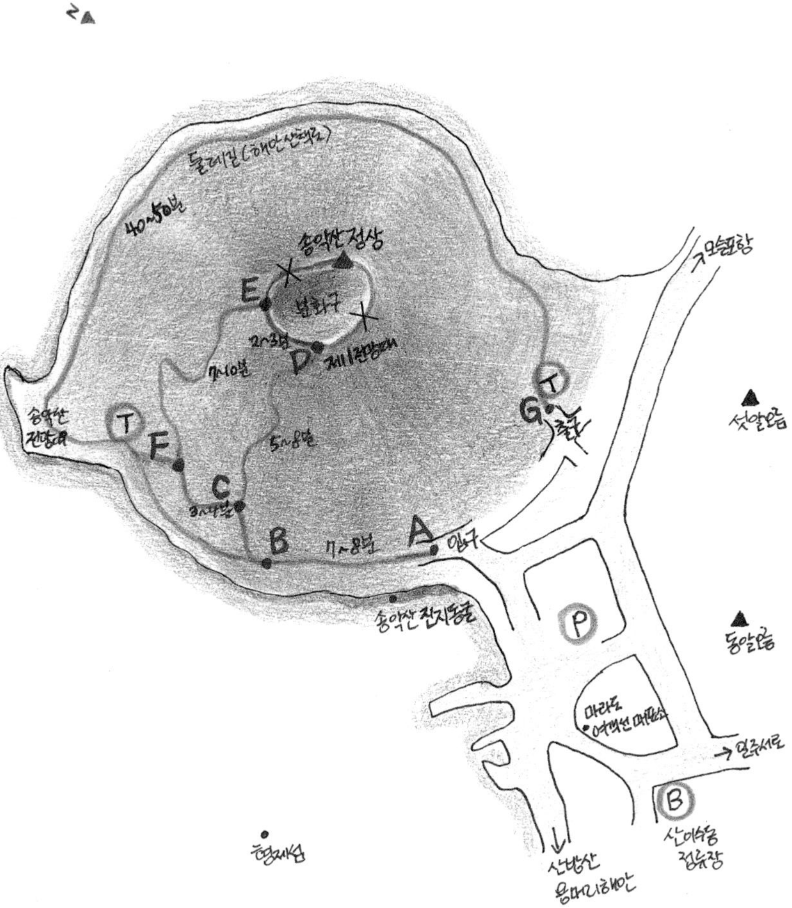

정상 코스, 둘레길 코스(A 송악산 둘레길 입구, B 해안 산책로 갈림길, C 오름 입구, D 제1전망대, E 능선 갈림길, F 오름 출구, G 둘레길 출구)

1. **정상 코스** A→B→C→D→E→F→C→B→A순으로 트레킹
2. **둘레길 코스** A지점에서 시작하여 해안 둘레길을 따라 G지점까지 트레킹
3. **정상+둘레길 코스** A→B→C→D→E→F→G순으로 트레킹

- 1번 코스는 30분~50분, 2번 코스는 50분~1시간 , 3번 코스는 1시간~1시간 20분 소요
- 시간 제한 없음
- 운동화, 식수, 모자, 선글라스, 선크림
- 주차장 쪽 식당이나 카페 이용, 출구 쪽 화장실 이용
- 올레10코스와 연계 트레킹 가능, 송악산 정상부 구간은 2022년 7월 31일까지 출입 제한
- 아이들과 함께 산책하기 좋음, 혼자 보기 아까운 뷰가 펼쳐지니 동행 추천
- 태풍 부는 날, 비 오는 날. 여름철 해안 둘레길은 그늘이 없어 많이 뜨거우니 한낮은 피하는 것이 좋음

1 한라산과 형제섬이 훤히 보이는 능선 탐방로 **2** 움푹 팬 굼부리 **3** 정상 구간 출입통제 중인 제1전망대
4 자연휴식년제가 시행 중인 정상 봉우리 **5** 망망대해가 펼쳐지는 송악산 능선
6 파도 소리를 실컷 감상할 수 있는 송악산 둘레길 **7, 10** 송악산 둘레길 **8** 가파도가 보이는 둘레길 쉼터 **9** 소나무숲길

+ **송악산 둘레길** 해안 산책로가 매력적인 송악산은 초입 부분만 구경하고 돌아서는 이가 많은데, 소나무숲길이 나타날 때까지 둘레길 전체를 트레킹해보자. 잘 정비된 산책로를 따라 걸으면 끝없이 펼쳐진 푸른 바다와 청량한 파도 소리를 실컷 감상할 수 있고, 바다 위에 납작 엎드린 가파도와 주변 풍경을 여유롭게 구경할 수 있다. 소나무숲길 끝까지 걸으면 송악산 둘레를 한바퀴 돌아 제자리다. 중간에 쉼터가 여러 곳 있어서 쉬어가기도 좋다.

대정읍의 들녘과 바다를 잇는

추사 송악산 코스 바굼지오름–송악산

제주 대정읍의 들녘과 바다를 잇는 추사 송악산 코스는 역사와 자연이 함께 공존하는 아름다운 코스다. 추사 김정희가 제주도로 유배되어 9년간 머물렀던 추사유배지와 김정희와 관련된 역사자료가 전시된 추사관, 김정희가 학생을 가르쳤던 대정향교에서는 역사의 향기를 만끽할 수 있고, 인성리 방사탑과 바굼지오름, 사계리 바다로 향한 드넓은 들판과 해안사구에서는 제주의 아름다운 자연 풍광을 만끽할 수 있다. 또한 형제해안도로와 송악산 둘레길에서는 드넓은 바다와 시원한 파도 소리를 실컷 감상할 수 있어 그 어떤 길보다 매력적이고 환상적인 트레킹 코스다. 제주의 아름다운 들판과 오름, 바다를 골고루 맛보며 혼자 사색하며 시나브로 걷고 싶다면 절대 놓치지 말자.

인성리 방사탑 풍수지리학적으로 지세가 약한 곳을 보완하는, 마을의 액막이를 위해 쌓은 돌탑으로 탑 위에 동자석이 올려져 있다.
해안사구 모래가 쌓여 만들어진 언덕
형제해안도로 사계리 용머리 해안과 송악산을 잇는 해안도로

START

추사유배지(30~40분)

1.3km
15~20min

인성리 방사탑(3~4분)

250m
3~4min

바굼지오름
(1시간 20분~1시간 30분)

730m
10~15min

대정향교(10~15분)

880m
10~15min

사계리 마을

1.7km
20~25min

사계리 해안사구
(10~15분)

200m
2~3min

형제해안도로

2.1km
25~30min

GOAL

송악산 둘레길
(1시간~1시간 30분)

소요시간
4시간 30분~5시간

Trekking Tip

🚌 보성초등학교 정류장에 하차하여 추사유배지로 이동, 트레킹을 시작한다.

🚗 마지막 지점인 송악산 주차장에 주차하고, 산이수동 버스정류장에서 추사유배지까지 버스로 이동, 트레킹을 시작하는 것이 편하다. 처음부터 추사유배지에 주차하고 송악산까지 트레킹을 마친 다음 버스를 타고 돌아올 수도 있다. 송악산에서 추사유배지까지 거리는 가깝지만 택시요금이 비싼 편이다. 버스를 이용할 경우, 산이수동 정류장에서 752-1번을 타고 인성리 정류장에서 하차(1시간 10분 소요), 추사유배지로 이동하면 된다. 이동시간을 단축하려면 752-2번을 타고 모슬포항으로 이동, 추사유배지까지 가는 버스로 갈아타는 방법도 있다.

Tip 1. 트레킹을 시작하기 전에 산이수동 버스정류장에 내리면서 배차 간격 및 마지막 버스시간을 확인해둔다.
2. 산이수동에서 버스나 택시를 타는 것이 여의치 않을 경우, 올레10코스를 따라 모슬포항까지 걸어가는 방법도 있다.
3. 대정향교에서 사계리 해안체육공원까지는 천주교 순례길 이정표(오렌지색 바탕, 흰색 화살표)를 따르면 편리하다.
4. 추사유배지와 송악산 근처에서 편의점, 식당, 카페 등을 이용할 수 있다.

1 Day Trekking

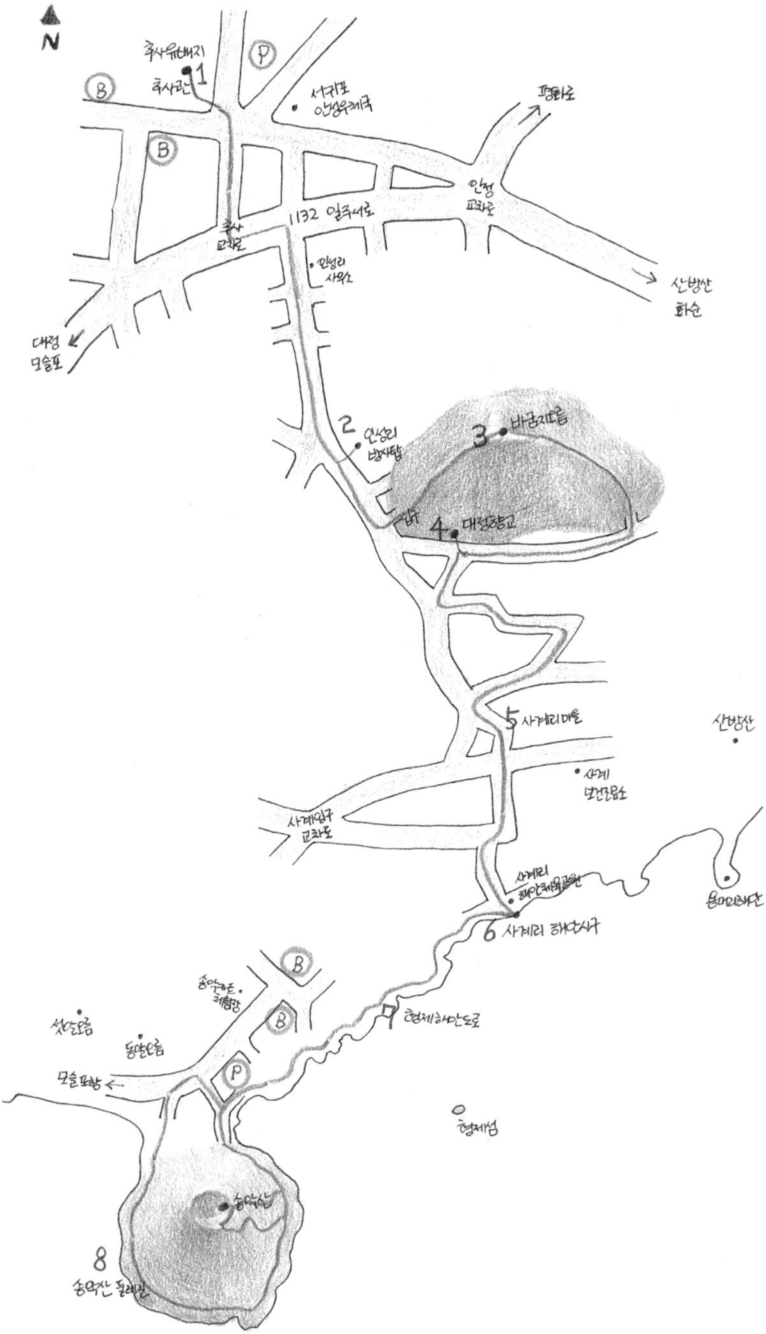

접근성 중	**정상 뷰** ★★★★	**별칭** 노꼬물오름
난이도 하	**분화구** 없음	**트레킹 포인트** 해안 절벽, 노을
추천계절 사계절	**탐방로 상태** ★★★★	**함께 트레킹** 당산봉, 올레12코스

격렬한 화산활동이 빚어낸

수월봉

주소 제주시 한경면 노을해안로 1013-70
표고 78m
비고 73m

제주 서쪽 해안 고산리에 자리한 수월봉은 약 1만8,000년 전 수성화산 분출로 형성된 화산체로, 지하에서 상승하던 뜨거운 마그마가 차가운 물을 만나면서 강력하게 폭발하며 뿜어져 나온 화산재가 쌓여 형성되었다. 지금 남아있는 것은 그 중 일부분으로, 수월봉의 해안 절벽 곳곳에는 다양한 크기의 화산탄화산암괴이 지층에 박혀있고, 그 지층이 휘어져 있는 층리탄낭, 평행한 줄무늬구조를 볼 수 있다. 무수히 많은 화산탄과 화산재가 겹겹이 쌓인 화산재층을 보고 있노라면 수월봉의 화산활동이 얼마나 격렬하게 일어났는지 짐작되고, 자연의 경이로움에 감탄사가 쏟아진다. 수월봉의 화산쇄설층은 지질학적 가치를 인정받아 천연기념물로 지정되었을 뿐 아니라 유네스코 세계지질공원으로 인증받아 수월봉 지질트레일 코스를 만들어 분주히 탐방객을 맞이하고 있다.

수월봉에는 '수월이'와 '노꼬' 오누이의 애틋한 사연이 얽힌 전설이 전해진다. 오누이는 병든 어머니의 병환을 고치려고 약초를 캐러 다녔는데, 그 약초가 수월봉 벼랑에 붙어 있어 그것을 캐러 수월이가 벼랑을 기어 내려가 약초를 캐어 노꼬에게 전해주고는 그만 벼랑 밑 바다로 떨어지고 말았다. 누이를 부르며 한없이 흘리던 노꼬의 눈물은 바위틈을 흘러 산기슭에 '노꼬물'이라는 샘을 만들었다. 그리하여 이 오름을 '노꼬물오름'이라 부르고, 누이의 이름을 붙여 '수월봉'이라 부르기도 한다.

수월봉은 비록 높이는 낮지만 정상에서 바라보는 풍광이 시원하여 제주 서부 지역을 한눈에 조망해볼 수 있는 훌륭한 전망대가 되어준다. 가까이 있는 차귀도와 와도, 당산봉은 물론 광활한 고산평야와 산방산, 한라산이 두루 조망되고, 맑은 날은 멀리 가파도와 마라도까지 보일 정도로 경관이 뛰어나다.

수월봉은 차로 정상 부근까지 올라갈 수 있어 해질 무렵이 되면 노을을 보기 위해 제법 많은 사람이 모여든다. 수월봉 앞바다가 붉은 노을로 익어갈 때면 노을을 감상하는 이들의 뒷모습도 은은한 노을빛으로 물들어간다. 하루를 마감하는 시간, 지는 태양을 바라보며 무슨 생각을 하고 어떤 이를 떠올릴까?

태양이 완전히 사라지고 나면 수월봉 정상과 앞바다에는 푸르스름한 어둠의 빛이 깔리는데, 그 빛 또한 참 아름답다. 그렇게 수월봉에서 두어 시간 여유롭게 노을바라기를 하고 나면 마음속에 뭔가 꽉 채워진 느낌, 왠지 모를 행복감에 미소가 지어진다.

How to Go

내비게이션에 '수월봉전망대' 입력

제주공항에서 수월봉까지 46.6km, 약 1시간 소요, 수월봉 주차장 이용

제주공항 1층 4번 게이트 – 대정, 화순, 일주서로 방면(4번) 정류장 이용

102번 승차(1시간 10분) → 고산환승정류장(고산1리)에서 하차 → 길 건너 고산환승정류장(고산1리 고산성당 앞)에서 771-1, 771-2번 승차(2개 정류장, 1~2분) → 수월봉 입구 정류장 하차 → 수월봉 정상까지 약 820m, 10분 소요

올레12코스를 이용할 경우 고산환승정류장(고산1리)에서 하차 → 길 건너 고산환승정류장(고산1리 고산성당 앞)에서 761-1, 761-2번 승차(2개 정류장, 2~3분) → 한장동 정류장에서 하차 → 올레12코스 따라 수월봉 정상까지 약 800m, 10~15분 소요

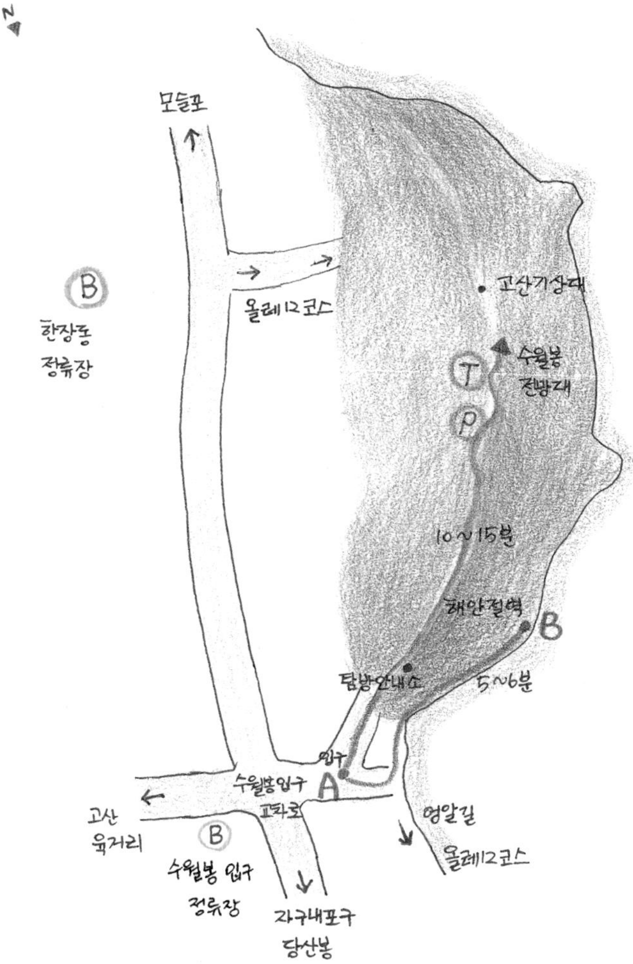

정상 코스, 해안 산책로 코스(A 수월봉 입구, B 해안 산책로 끝 지점)
일반적으로 A→정상 전망대→A→B→A순으로 트레킹
승용차를 이용한다면 정상 전망대 근처까지 차로 올라갈 수 있음

20~30분이면 충분하지만, 엉알길을 추가 트레킹하거나 노을을 보려면 1시간 이상 계획

시간 제한 없음

운동화, 식수, 모자, 선글라스

오름 정상 매점 및 화장실 이용

오름 입구 탐방안내소 해설사 해설 가능하고, 정상에 고산기상대가 있으니 5층 전망대에 다녀와도 좋음.
올레12코스를 따라 연계 트레킹 가능

아이들과 함께 가면 좋고, 혼자도 동행이 있어도 좋음

태풍 부는 날, 비 오는 날

1 수월봉 정상에서 노을을 감상하는 사람들 **2** 수월봉에서 내려다본 차귀도 **3** 엉알길 **4** 수월봉 갱도진지

+ **해안 산책로** 수월봉의 해안 산책로를 따라 내려가면 어마어마한 화산재층이 쌓여있는 해안 절벽을 볼 수 있다. 크고 작은 화산탄이 촘촘히 박혀있는 절벽을 감상하고 자구내포구까지 이어진 엉알길을 걸어보자. 엉알은 큰 바위, 낭떠러지 아래라는 뜻으로, 갱도진지, 주상절리, 다양한 지층을 관찰할 수 있고, 차귀도와 함께 파도 소리를 실컷 감상하며 걸을 수 있다. 해안 산책로는 편안하여 유모차와 휠체어를 이용할 수 있고, 아이와 함께 걸어도 좋다.

누운 섬에 매료되다

당산봉

접근성 중
난이도 중
추천계절 사계절

정상 뷰 ★★★★
분화구 뷰 ★★
탐방로 상태 ★★★

별칭 당오름, 차귀오름
트레킹 포인트 숲길, 전망
함께 트레킹 수월봉, 올레12코스

주소 제주시 한경면 고산리 산 15
표고 148m
비고 118m

풍력발전기와 어우러져 유난히 예쁜 풍광을 자랑하는 서쪽 신창해안도로는 드라마와 CF 촬영지로 유명해 드라이브 코스로 인기가 좋다. 그 아름다운 풍경에 취해 넋 놓고 달리다보면 갑자기 눈앞에 시선을 강탈하는 기이한 광경이 펼쳐져 깜짝 놀라는데, 절로 브레이크를 밟고 멈춰 선다. 용수리포구가 가까워질수록 점점 그 실체가 드러나는데, 사람 모양을 한 커다란 섬이 바다에 누워 있다. 마치 거대한 미이라가 바다 위에 떠있는 것처럼 보이는데, '누워있다' 하여 '와도臥島'라고 부르는, 그야말로 '누운 섬'이다. 섬은 바다에 누워 당산봉을 바라보고, 당산봉은 앉아 누운 섬을 바라본다. 그 광경을 보면 당산봉을 오르지 않고서는 도저히 배기지 못한다.

당산봉은 수월봉처럼 수성화산체지만, 수월봉과는 달리 1차 수중 분출한 뒤, 그 분화구에서 또 한 번의 용암이 분출한 이중화산체로, 분화구가 땅 위로 솟고 그 안에 알오름을 품고있는 것이 마치 두산봉 같은 형세다. 오름의 동쪽과 남쪽 외벽은 곳곳에 암층이 드러나 있고, 바다를 향한 서쪽 외벽은 두산봉처럼 깎아지른 암벽으로 둘러싸였는데, 역시나 안으로 들어가면 부드러운 풀밭 등성이와 소나무숲이 반겨준다. 당산봉의 분화구는 북쪽을 향해 시원하게 열린 말굽형으로, 분화구 안쪽에 자리한 알오름을 관찰할 수 있다. 당산봉 전망대에 오르면 수월봉을 한눈에 담을 수 있고, 또 다른 모습의 차귀도를 감상할 수 있어 흥미롭다. 전망대에서 내려다본 고산평야는 육지의 평야를 닮았다. 제주의 다른 들판에서 쉽게 볼 수 있는 밭과 밭을 가르는 돌담이 보이지 않는다. 해안에서 거칠게 불어오는 바람이 고산평야를 마음껏 내달리는데, 그 출렁이는 광경이 마치 한폭의 그림처럼 아름답다. 전망대에서 내려와 소나무 오솔길을 따라 서쪽 해안 등성이를 따라가면 생이기정길에 이르는데, 용수리포구와 함께 신창해안도로의 어여쁜 바람개비가 한눈에 쏙 들어온다. 드디어 누운 섬도 선명하게 모습을 드러낸다. 흡사 흉상만 있는 석고상 같다. 마치 석고상을 초록빛으로 감싸놓은 듯한데, 눈도 크고 콧날도 오뚝한 것이 어찌나 잘생겼는지! 그렇게 한참을 누운 섬에 매료되어 바라보고 또 바라보고 있노라면 서서히 누운 섬과 차귀도가 노을빛으로 물든다.

당산봉의 본래 이름은 당오름으로, 당오름의 '당'은 신당神堂을 의미한다. 옛날 당오름 산기슭에 뱀을 신으로 모시는 신당이 있었는데, 이 신을 사귀蛇鬼라 하였고, 그 후 '사귀'가 '차귀'로 와전되어 신당 이름도 '차귀당'이라 하고, 오름도 '차귀오름'이라고 불렀는데, 당산봉은 당오름을 한자로 표기한 것이다.

How to Go

내비게이션에 '당산봉 입구' 또는 '섬풍경리조트' 입력

내비게이션에 따라 당산봉 입구의 반대편인 용수리로 안내하는 경우가 있으니 지도 참조

제주공항에서 당산봉 입구(섬풍경펜션)까지 43.9km, 약 1시간 소요. 섬풍경펜션 주차장이나 오름 입구 갓길에 주차

제주공항 1층 4번 게이트 – 대정, 화순, 일주서로 방면(4번) 정류장 이용

102번 승차(1시간 10분) → 고산환승정류장(고산1리)에서 하차 → 당산봉 진입로까지 도보 1.4km, 15~20분 이동

포구까지 버스로 이동할 경우 길 건너 고산환승정류장(고산1리 고산성당 앞)에서 771-1, 771-2번 승차 → 차귀포구 정류장 하차(4분) → 당산봉 진입로까지 도보 500m, 7~8분 이동

Trekking Map & Tip

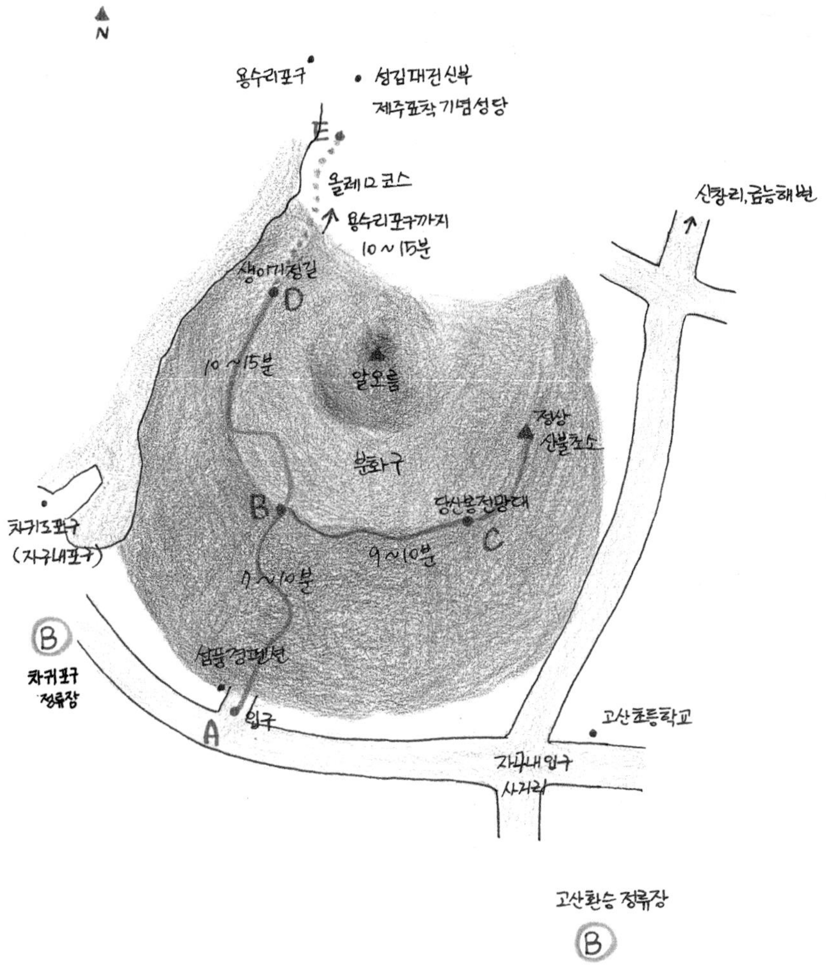

- **정상 코스, 생이기정길 코스**(A 당산봉 입구, B 정상 갈림길, C 당산봉 전망대, D 생이기정길, E 용수포구로 가는 큰길)
  전망대 전망도 좋고, 생이기정길 전망도 좋으니 두 길 모두 트레킹하는 게 좋음
  A→B→C→정상→C→B→D→B→A순으로 트레킹
  차를 가지고 오지 않았다면 D에서 바로 E로 내려가면 좋음
- 1시간 정도 소요되지만, 여유 있게 1시간 30분 정도 계획
- 시간 제한 없음
- 운동화, 식수
- 없음. 자구내포구 화장실 또는 오름 입구 카페 이용
- 올레12코스와 연계 트레킹 가능. 숲길 구간이 많음
- 혼자는 무서우니 둘 이상이 좋음
- 6~7월 장마철 바람 없는 날, 비 오는 날

1 당산봉 전망대 **2** 당산봉 입구 **3** 당산봉 정상에서 내려다본 고산평야와 수월봉
4 노을에 물든 누운 섬과 차귀도 **5** 당산봉 생이기정

+ 당산봉의 생이기정 당산봉에 간다면 정상까지 올라갔다가 바로 내려오지 말고, 올레12코스를 따라 생이기정길까지 가보자. 생이기정은 제주말로 새(鳥)를 뜻하는 '생이'와 절벽을 뜻하는 '기정' 그리고 바다가 합쳐진 말로 새가 살고있는 절벽 바닷길이란 뜻이다. 겨울철새의 낙원으로 가마우지, 재갈매기, 갈매기 등이 떼지어 살고, 가마우지 배설물로 화산재 절벽이 하얗게 된 것을 볼 수 있다. 또한 누운 섬을 더욱 가까이 관찰할 수 있다.

고산평야와 차귀도를 한눈에 조망하는

수월봉 코스 수월봉–당산봉

수월봉 코스는 대중교통을 이용하면 더욱 편리한데, 고산육거리에서 수월봉 입구까지 고산평야를 가로지르며 이어진 고산서2길이 아주 아름답다.

수월봉 정상에 오르면 노을도 아름답지만, 수월봉과 당산봉 일대에 드넓게 펼쳐진 고산평야와 바다에 떠있는 그림 같은 차귀도 풍경에 감탄사가 쏟아진다. 엉알길이 시작되는 해안 절벽으로 내려오면, 약 1만8,000년 전 수성화산의 분출로 형성된 어마어마한 화산재층 절벽에 압도되어 입이 다물어지지 않는다. 수월봉 코스는 짧은 시간에 아름다운 들판과 오름, 바다와 노을까지 여유롭게 감상하며 트레킹할 수 있는 제주 서부 해안 지역의 손꼽히는 트레킹 코스로, 주변에 편의시설도 잘 갖춰져 있어 편리하다.

START

고산서2길
(고산육거리~수월봉 입구)

1.1km
15~20min

수월봉 정상(15~20분)

770m
10~15min

화산재층의 해안 절벽
(5~10분)

150m
2~3min

엉알길

1.2km
15~20min

자구내포구

550m
8~10min

당산봉 전망대
(15~20분)

1.5km
20~25min

생이기정길

1.1km
15~20min

GOAL

성 김대건 신부
제주표착기념성당

소요시간
2시간 30분~3시간

Trekking Tip

고산 환승정류장에 하차하여 고산육거리에서부터 고산서2길을 따라 수월봉 쪽으로 트레킹을 시작한다.

고산육거리 하나로마트 주차장에 주차하고 바로 트레킹을 시작하거나, 마지막 지점인 용수리포구에 주차한 다음, 주구동산 정류장(440m, 5~6분 이동)에서 771-1번, 772-2번 승차 → 주전동 정류장에서 하차(2개 정류장, 4분) → 길 건너 주전동 정류장에서 771-1번, 772-1번 승차(5개 정류장, 5~6분) → 고산1리육거리 정류장에서 하차하여 트레킹 시작

Tip 1. 엉알길에서부터 용수리포구까지는 올레12코스를 따라가면 편리하지만, 당산봉 정상 갈림길에서는 잠시 올레길에서 벗어나 당산봉 전망대에 올라갔다 다시 내려와 생이기정길로 가는 것이 좋다.

2. 고산육거리, 자구내포구, 용수리포구 근처에서 편의점, 식당, 카페 등을 이용할 수 있다.

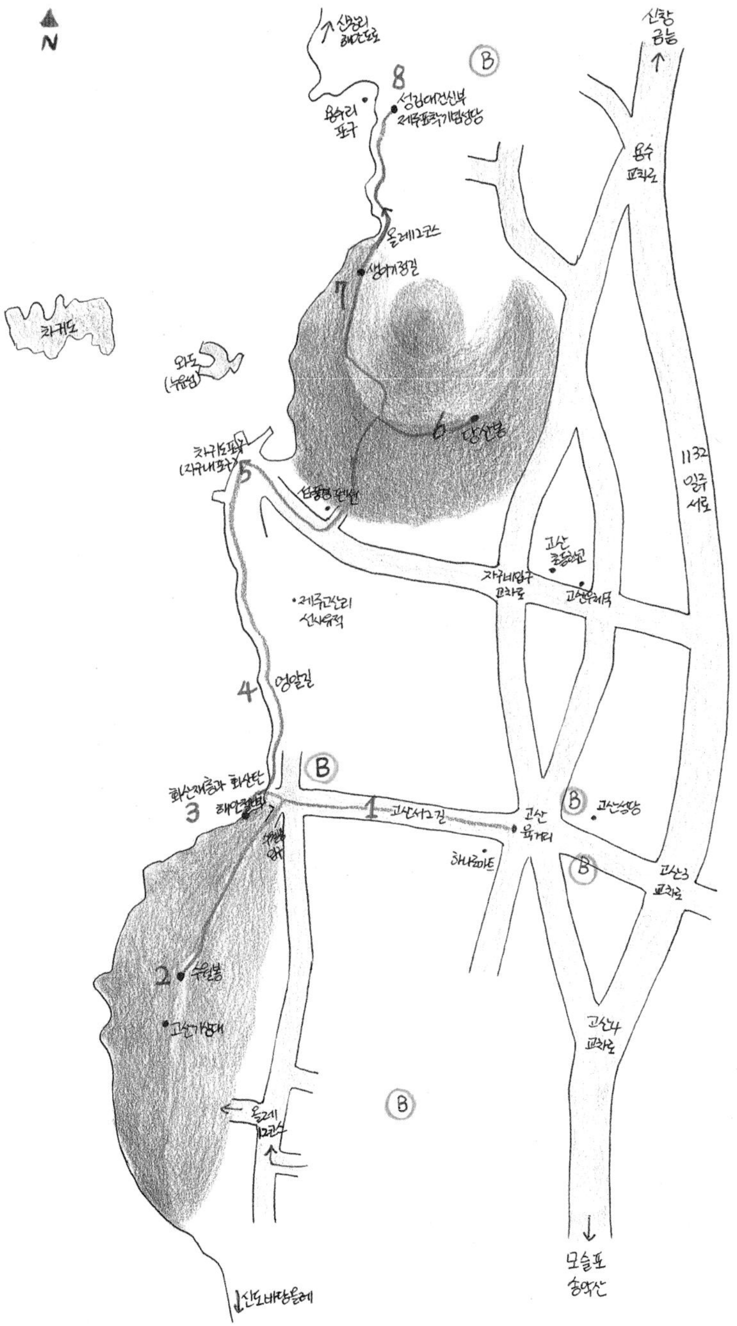
N
신창리 해안도로
8
성김대건신부 제주표착기념성당
용수리 포구
신창 금능
용수 교차로
올레12코스
생이기정길
7
차귀도
와도 (누운섬)
6
당산봉
차귀도포구 (자구내포구)
5
1132 일주서로
고산 초등학교
자구내입구 교차로
고산우체국
제주고산리 선사유적
4
엉알길
화산재층과 화산탄
3
해안절벽
1
고산서그길
고산 육거리
고산성당
하나로마트
고산3 교차로
2
수월봉
고산기상대
고산4 교차로
올레 12코스
모슬포 송악산
신도바당올레

푸른 바다에 동화처럼 봉긋

비양봉

접근성 중
난이도 하
추천계절 사계절

정상 뷰 ★★★★
분화구 뷰 ★★★
탐방로 상태 ★★★★

별칭 비양오름
트레킹 포인트 전망, 해안 산책로
함께 트레킹 느지리오름, 올레14코스

주소 제주시 한림읍 협재리 산 100-1
표고 114.1m
비고 104m

제주의 협재와 금능해수욕장은 코발트빛 바다가 환상적이라 누구나 보자마자 반하게 되는데, 그곳에 그 고운 물빛만큼이나 시선을 사로잡는 존재가 있으니 바로 비양도다. 생텍쥐페리의 〈어린 왕자〉에 등장하는 코끼리를 삼킨 보아뱀의 형상을 한 비양도가 동화처럼 바다에 엎드려 있다. 가만 바라보고 있으면 봉긋 솟은 비양봉이 엉덩이를 실룩거릴 것 같은 게 너무나도 앙증맞다. 만일 비양도에 비양봉이 없다면 얼마나 평범했을까. 오름이 있기에 더욱 특별하고 아름다운 동화가 된다.

비양도는 원형의 화산섬인데, 해안선의 길이가 약 3.5km로 1시간이면 돌아볼 수 있을 만큼 아담하다. 섬 중앙에는 두 개의 분화구를 지닌 비양봉이 봉긋 솟아 있는데, 비양봉은 제주도에서 유일하게 화산활동 시기가 기록으로 남아있다. 고려 목종 5년1002년 제주 해역에서 산이 솟아 나왔는데, 산꼭대기에서 네 개의 구멍이 뚫리고 닷새 동안 붉은 물이 흘러나온 뒤 그 물이 엉키어 기와가 되었다는 〈신증동국여지승람〉의 기록이다. 오름 주변 해안에는 다양한 모양의 화산석이 흩어져 있는데, 코끼리를 닮은 코끼리 바위와 애기 업은 돌 등을 찾아볼 수 있고, 동남쪽 기슭에는 '펄랑못'이라는 염습지가 있다.

비양봉에 가려면 배를 타야 하는데, 한림항에서 여객선을 타고 15분이면 닿을 수 있다. 선착장에 내리면 더욱 가까워진 비양봉에 설렘이 폭발하고, 동화 같은 마을 풍경에 탄성이 쏟아진다. 비양도는 오래 전 고현정과 조인성이 출연했던 드라마 〈봄날〉 촬영지로 알려지게 되었는데, 드라마 촬영지를 기념하는 조형물도 보인다. 올망졸망 돌담이 정겨운 마을 올레길을 따라 사뿐사뿐 걸어가면 길섶의 이름 모를 꽃나무가 반겨주고, 그 향기에 취해 걷다보면 어느새 비양봉 입구에 당도한다.

풀 내음과 함께 바다 내음이 물씬 풍기는 탐방로를 따라 전망대에 올라서면 바다 건너 제주섬이 한눈에 다 잡히지 않을 만큼 거대하게 느껴지고, 멀리 구름떼 사이로 우뚝 솟은 한라산의 자태가 웅장하다. 섬 속의 오름이라 그런가. 그 어느 오름보다 특별한 풍경화가 펼쳐진다.

광활한 바다 한가운데 서서 비양등대와 함께 거침없이 불어대는 바람을 맞으며 망망대해를 바라보고 있노라니 그 누구도 부럽지 않고, 다만 혼자 보기에 너무 아깝다.

How to Go

내비게이션에 '한림항 도선대합실' 입력

제주공항에서 서쪽 해안으로 29km 위치, 약 40분 소요, 대합실 주변 주차장 이용

제주공항 1층 4번 게이트 – 대정, 화순, 일주서로 방면(4번) 정류장 이용

102번 승차(46분) → 한림 환승정류장(한림리)에서 하차 → 도선대합실까지 약 700m, 7~10분 소요, 기상 악화 시 여객선 운항이 중단될 수 있으니 사전에 전화로 확인

여객선 운항시간 및 요금

천년호 한림항 출발 09:00, 12:00, 14:00, 16:00 / 비양도 출발 09:15, 12:15, 14:15, 16:15

비양도호 한림항 출발 09:20, 11:20, 13:20, 15:20 / 비양도 출발 09:35, 11:35, 13:35, 15:35

요금 등 문의사항 : 천년호 064-796-7522 / 비양도호 064-796-3515

Trekking Map & Tip

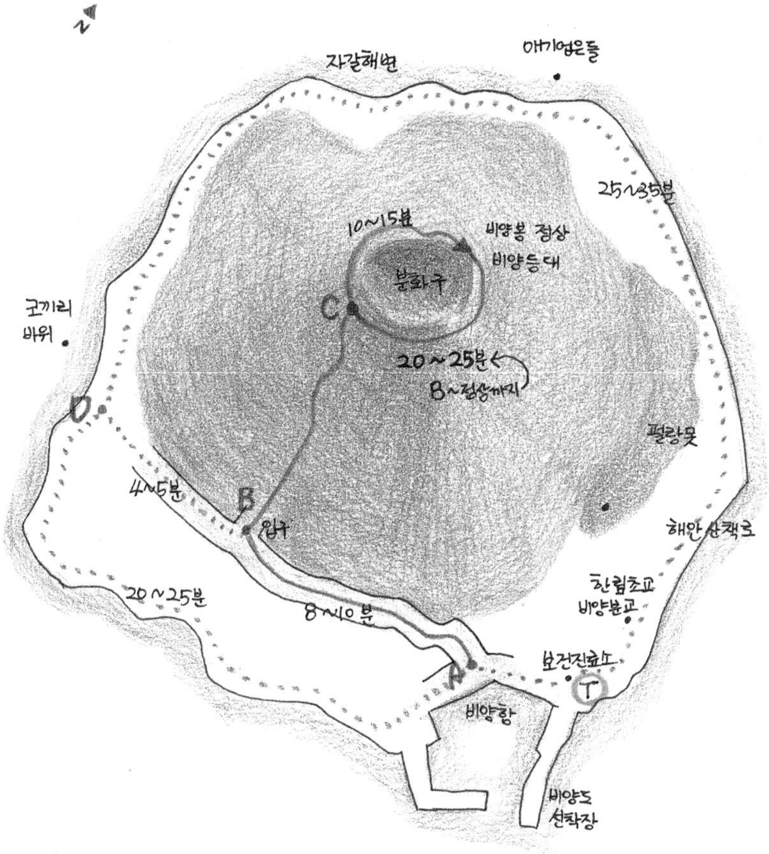

정상 및 분화구 둘레길 코스, 비양도 해안 산책로 코스

(A 비양봉 진입로, B 비양봉 입구, C 분화구 둘레 갈림길, D 해안 산책로 갈림길)

비양봉을 먼저 트레킹한 후, 여유 있게 비양도를 한바퀴 돌아보는 것이 좋음

A→B→C→비양봉 정상→C→B→A→해안 산책로 순으로 트레킹하거나,

A→B→C→비양봉 정상→C→B→D→해안 산책로 순으로 트레킹

분화구 둘레길은 C지점에서 오른쪽 방향으로, 해안 산책로는 좌우 어느 쪽 방향을 선택해도 무방

비양봉 정상만 다녀오면 40~50분, 비양도 해안 산책로까지 돌아보면 2시간 정도 소요

시간 제한은 없으나, 1박을 하지 않는다면 배 운항시간에 맞춰 시간 계획

운동화, 식수, 모자, 선글라스, 선크림 필수(해안 산책로에 그늘이 전혀 없음)

선착장 화장실 이용, 선착장 주변 식당 및 커피숍 이용

배로 이동해야 하는 섬이기 때문에 마지막 배 시간을 놓치지 않도록 주의

한림항에서 오전 9시 배를 타고 들어가면 낮 12시 15분 배로 나오기 충분함

시간 여유가 있다면 선착장 근처 호돌이식당에 들러 시원한 물회 한 그릇 추천

혼자 보기 아까우니 사랑하는 사람과 동행 추천. 혼자도 좋고 아이들과 함께 가도 좋음

태풍 부는 날, 비 오는 날, 한여름 한낮

1 비양도 가는 여객선 **2** 비양도 보건진료소 **3** 비양도 선착장 **4** 드라마 〈봄날〉 조형물
5 펄랑못에서 바라본 비양봉 **6** 여객선에서 바라본 비양봉 **7** 비양봉 정상의 비양등대
8 비양 마을과 비양봉 **9** 코끼리바위 **10** 애기 업은 돌

6

7

8

9

10

+ 해안 산책로 비양도 해안 산책로를 따라 한바퀴 걸어보자. 위치에 따라 비양봉 외형이 달리 보이는데 어느 곳에서 봐도 아담한 봉우리가 정겹다. 특히 해안 산책로에는 유난히 눈길을 끄는 기암괴석이 많은데, 바닥에 큼지막한 글씨가 있는 곳에서 보면 영락없는 코끼리바위와 애기 업은 돌을 만나볼 수 있다. 여객선 시간이 넉넉하다면 동네 음식점에서 보말죽과 물회를 먹으며 여유롭게 쉬어가도 좋겠다.

제주 여행의 시작과 끝

도두봉

접근성 상	**정상 뷰** ★★★★	**별칭** 도들오름
난이도 하	**분화구** 없음	**트레킹 포인트** 전망, 노을
추천계절 사계절	**탐방로 상태** ★★★★	**함께 트레킹** 광이오름, 올레17코스

주소 제주시 도두1동 산 1
표고 65.3m
비고 55m

도두봉은 제주공항 활주로와 가장 가까이 위치한 오름으로, 비행기를 타고 제주공항 활주로에 이착륙할 때 자연스레 눈맞춤하게 되는 오름이다. 도두봉은 '도들오름'이라고도 하는데, 오름 형태가 바다를 배경으로 도드라진 모습을 하고 있다고 하여 붙여진 이름으로, 도두봉道頭峰은 한자의 음을 빌어 표기한 것이다.

도두봉은 가까이에서 올려다봐도 오름 전체가 한눈에 들어올 만큼 아담하여 7~8분이면 정상에 오를 수 있다. 도두봉의 출입로는 여러 곳이라 현 위치에서 가장 가까운 입구를 찾아 오르면 되는데, 어느 곳을 선택해도 무방하지만 아이나 연세 드신 어르신과 함께 오른다면 장안사 입구의 널찍한 시멘트 포장길이 좋다. 도두봉 탐방로는 어느 길이든 소나무가 운치를 더해주는데, 특히 해안 둘레길은 바다 내음과 어우러진 푸른 솔 내음이 근사하다.

도두봉 정상은 널찍하고 평평한 풀밭으로 사방이 트여있어 어느 쪽이든 막힘없이 조망해볼 수 있다. 특히 도두봉에서 보는 한라산은 중앙에 우뚝 솟은 봉우리부터 좌우 능선까지 시원하게 한눈에 들어와 더욱 멋지다.

바로 아래 제주공항의 활주로에서는 이륙을 기다리는 비행기 행렬이 길게 이어지고, 번갈아 이착륙하는 비행기 엔진 소리가 요란하다. 이곳에서는 수많은 비행기를 볼 수 있어 비행기 좋아하는 아이를 데려오면 인기 폭발이다. 어디 아이뿐이겠는가. 어른도 비행기를 보면 마음 설레기는 매한가지다. 누군가는 설렘을 안고 달콤한 제주 여행의 꿈을 꾸며 착륙하고, 또 누군가는 아쉬움을 뒤로하고 일상을 향해, 혹은 또 다른 어딘가를 향해 하늘로 날아오른다. 그리고 또 누군가는 그 날갯짓을 보면서 어딘가로 떠남의 꿈을 꾸며 그리움을 달래본다. 제주 여행의 시작과 끝이 보이는 곳, 역시 도두봉이다.

바다를 향한 넉넉한 벤치에 앉아 짙푸른 망망대해를 하염없이 바라보고 있노라면 어느새 서쪽 하늘이 노을빛으로 물들어간다. 날씨가 맑든 흐리든 수많은 사람과 함께 기다리는 노을바라기의 시간. 여행지에서 느낄 수 있는 그 특별한 여유와 설렘이 좋다.

제주공항 주변에서 1시간 정도 자투리 시간이 생겼다면 꼭 도두봉에 올라보자.

How to Go

내비게이션에 '도두봉' 입력

제주공항에서 도두봉까지 5.6km, 10~15분 소요, 도두봉 입구 갓길에 주차

제주공항 1층 2, 3번 게이트 – 용담, 시청 방면 정류장 이용

453번 승차(27분) → 오래물광장 정류장 하차 → 도두봉 입구 A지점까지 도보 240m, 3~4분 이동

제주공항 1층 5번 게이트 – 노형, 연동 방면 정류장 이용

454번 승차(25분) → 도두동 정류장 하차 → 도두봉 입구 A지점까지 도보 600m, 6~7분 이동

Trekking Map & Tip

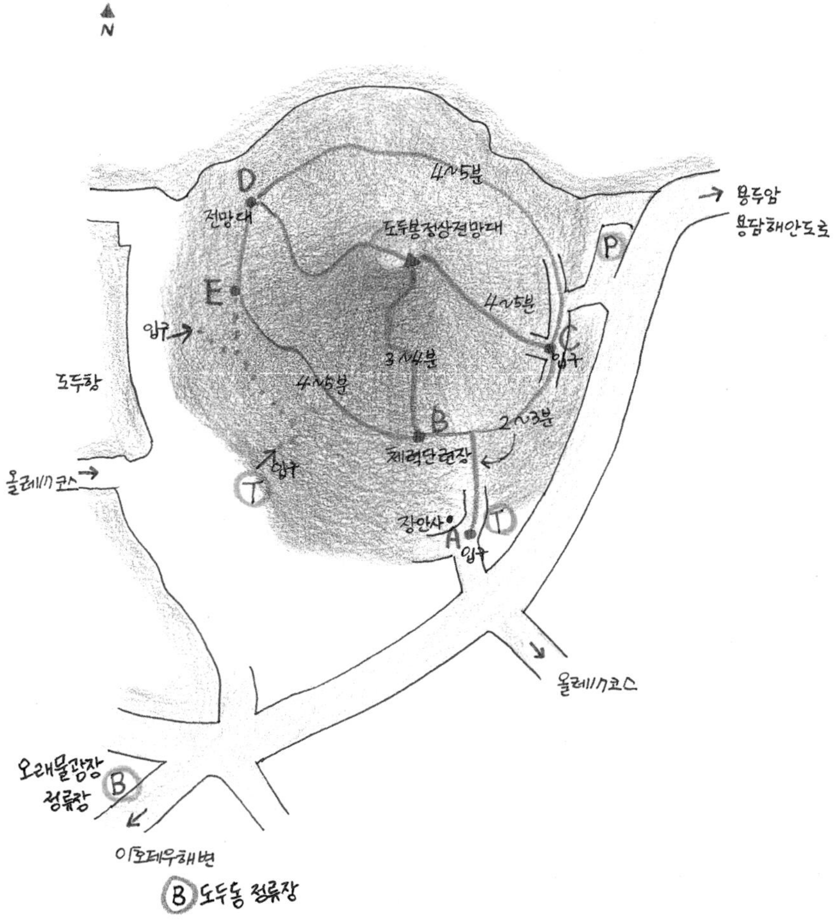

정상 전망대 코스, 둘레길 코스(A 장안사 쪽 오름 입구, B 체력단련장 갈림길, C 용담해안도로 쪽 입구, D 둘레길 전망대, E 둘레 갈림길)
전체 코스를 효율적으로 돌아보려면 A→B→정상 전망대→C→D→E→B→A순으로 트레킹
C에서 정상까지는 경사가 심한 계단이라 A에서 정상까지 올라 C로 내려오는 편이 수월

전체를 다 돌아봐도 20~30분이면 충분하니, 머물고 싶은 지점에서 한껏 여유를 부려도 좋음

시간 제한 없음

운동화가 편하지만, 슬리퍼나 구두도 가능

오름 입구 화장실 이용, 오름 주변 식당 및 카페 이용

올레17코스와 연계해 트레킹해도 좋음, 한적하게 걷고 싶다면 B–E–D–C 둘레길이 좋음

혼자도 좋고 동행이 있어도 좋고, 아이와 함께면 더욱 좋음

비 오는 날

1 도두항에서 바라본 도두봉 2 도두봉 정상에서 노을을 감상하는 사람들
3 푸른 바다가 훤히 보이는 도두봉 정상 4 아이도 올라갈 수 있는 편안한 탐방로
5 항공기 이착륙을 구경하는 사람들 6 제주공항 활주로와 항공기

\+ 제주공항 활주로 제주를 드나드는 비행기가 쉴 새 없이 이착륙하는 제주공항 활주로. 도두봉 정상에서 요란한 엔진 소리와 함께 빠르게 올라가는 비행기의 날갯짓을 보는 재미가 쏠쏠하다. 비행기 좋아하는 아이와 가면 인기 만점이다.

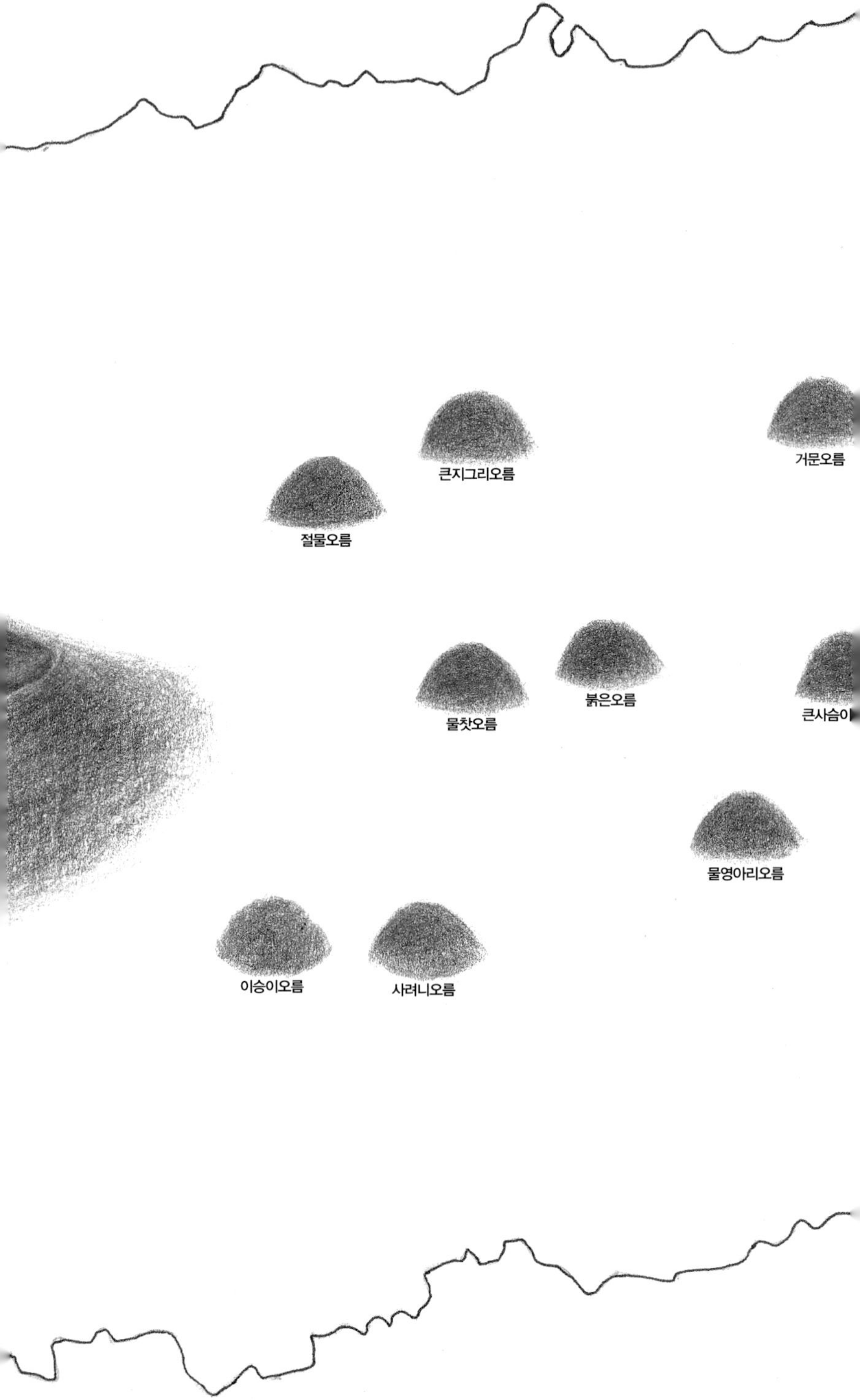
큰지그리오름
거문오름
절물오름
붉은오름
물찻오름
큰사슴이
물영아리오름
이승이오름
사려니오름

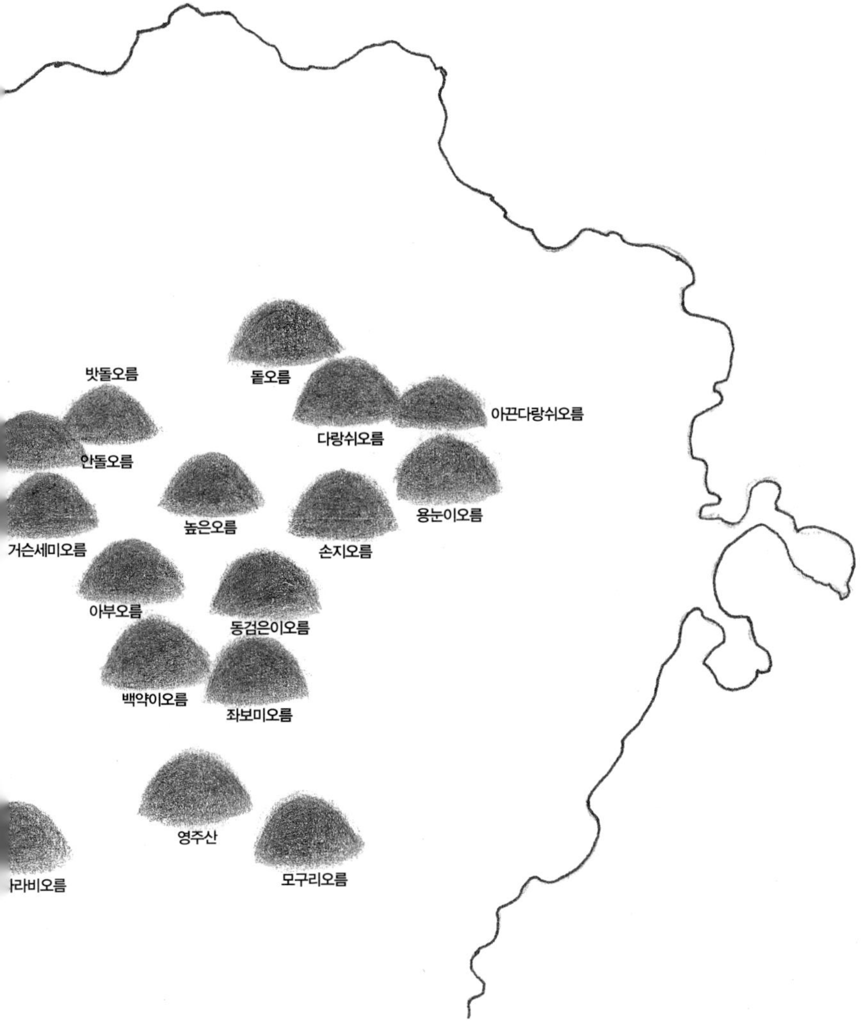

PART2 동부권 중산간 오름

중산간 오름이란 해발 200m~600m 사이에 위치한 오름으로, 제주 전체 오름 중 40%가 중산간에 자리하고 있다. 여기서 소개하는 동부권 중산간 오름은 제주 동쪽 지역에 위치한 중산간 오름으로, 해안 지역에서 다소 떨어진 해발 150m 전후의 오름까지 포함하였다. 해안 지역 오름이 푸른 바다와 함께 올망졸망 마을 풍경을 정감 있게 보여주었다면, 중산간 지역 오름은 드넓은 들판과 함께 수많은 오름, 아스라히 보이는 해안선, 한층 더 가까워진 한라산 전망을 보여준다. 특히 대부분의 동부권 오름에 올라가면 동부 해안에 자리한 우도와 성산일출봉이 조망되는데, 오름 위치에 따라 아주 가깝게 또는 멀게 조망되어 재미를 더해준다. 또한 중산간 오름은 오름마다 품고 있는 굼부리 모양이 다양하고 아름다워서 오름이 지닌 독특한 멋을 느끼기에 충분하다. 몇몇 오름을 제외하고는 대중교통으로도 어렵지 않게 찾아갈 수 있고, 인접한 오름과 연계 트레킹하기도 좋아서 인기가 많다.

역시 넌 멋져!

다랑쉬오름

접근성 중	**정상 뷰** ★★★★★	**별칭** 월랑봉
난이도 중	**분화구 뷰** ★★★★★	**트레킹 포인트** 전망, 분화구, 능선길
추천계절 9월~6월	**탐방로 상태** ★★★★	**함께 트레킹** 아끈다랑쉬오름, 용눈이오름

주소 제주시 구좌읍 세화리 산 6
표고 382.4m
비고 227m

제주도로 여행 오는 지인에게 한적하고 아름다운 숨은 여행지를 추천해달라는 부탁을 종종 받는다. 그럴 때마다 적극 추천해주는 곳이 오름이다. 그 어느 곳보다 매력적인 바람과 아름다운 자연 풍광을 만날 수 있기 때문이다. 여러 오름 중에 딱 한 곳만 꼽으라면 단연 다랑쉬오름이다. 바람 가득한 풀밭 능선, 푹 팬 굼부리, 수려한 전망을 두루 맛볼 수 있고, 단 한 번의 걸음으로도 오름의 매력에 푹 빠질 수 있어 특히 오름을 처음 오르는 이에게 강력 추천한다.

다랑쉬오름은 여느 오름처럼 겉에서 보기에는 지극히 평범해 보여서 직접 오르지 않고는 절대 그 속을 알 수 없다. 오름 입구에 탐방안내소가 있어서 도움을 받을 수도 있다.

다랑쉬오름은 첫 걸음부터 울창한 삼나무숲으로 둘러싸인 경사진 계단 때문에 살짝 부담스러운데, 딱 2~3분만 올라가면 시야가 트이고 정겨운 풀밭길이 펼쳐진다. 길섶에는 어여쁜 들꽃이 활짝 피었고, 세화리의 정겨운 밭은 조각보처럼 예쁘게 이어져 발아래 펼쳐지고, 들판에서 불어오는 바람은 어찌나 시원한지 얼굴에 송송 맺힌 땀방울을 식히기에 충분하다. 무엇보다 눈길을 끄는 건 길 건너에 자리한 아끈다랑쉬오름인데, 손가락으로 집어서 주머니에 쏙 넣어도 좋을 만큼 앙증맞은 모습으로 바라보는 즐거움을 선사한다. 역시 아끈다랑쉬는 직접 오르는 것보다 다랑쉬오름에서 내려다보는 것이 더 좋다. 그 재미난 풍경을 만끽하다보면 어느새 능선이다.

뷰가 더욱 좋아진 능선으로 올라서면 어마어마한 굼부리가 드러나는데, 정상으로 올라가야 제대로 감상할 수 있다. 다랑쉬오름의 가장 큰 매력은 굼부리 둘레 능선을 한바퀴 걸어보는 것인데, 깔때기 모양의 넓고 깊게 팬 분화구는 볼수록 신기하고 아찔할 정도로 아름답다. 산봉우리의 분화구가 마치 달처럼 둥글게 보여 달랑쉬, 월랑봉이라 불렸고, 지금은 다랑쉬오름이라 부르는데 들을수록 참 예쁜 이름이다.

다랑쉬 능선은 그늘이 없어 햇살이 따갑지만 바람을 맞으면서 주변 오름과 한라산을 감상하며 걷는 길이 얼마나 재미진지 모른다. 그렇게 능선을 따라 한바퀴 돌면 벌써 제자리고 내려갈 시간이다. 오를 때마다 역시 넌 멋져! 엄지손가락 척 세우게 되는 다랑쉬, 내려가는 길이 못내 아쉽다.

How to Go

내비게이션에 '다랑쉬오름 주차장' 입력

제주공항에서 39.6km 위치, 약 1시간 소요, 다랑쉬오름 주차장 이용

제주공항 1층 1번 게이트 – 표선, 성산, 남원 방면(1번) 정류장 이용

121번(40분), 122번(50분)을 승차할 경우 → 대천환승정류장(표선 방향)에서 하차 → 대천환승정류장(세화 방향)까지 260m, 2~3분 이동하여 810-1번을 승차하고, 공항에서 112번을 승차할 경우(50분) → 대천환승정류장(세화 방향)에서 810-1번으로 환승

다랑쉬오름 입구(남) 정류장에서 하차할 경우(15분) 다랑쉬오름 입구까지 약 2km, 20~30분 도보 이동. (남)정류장에서 오름 입구까지 가는 길은 2020년 연말까지 도로 확장공사 중이라 안전 유의

다랑쉬오름 입구(북) 정류장에서 하차할 경우(22분) 다랑쉬오름까지 1.4km, 15~20분 도보 이동. (북)정류장에서 오름 입구까지 가는 길은 한적하므로 동행과 함께 이용

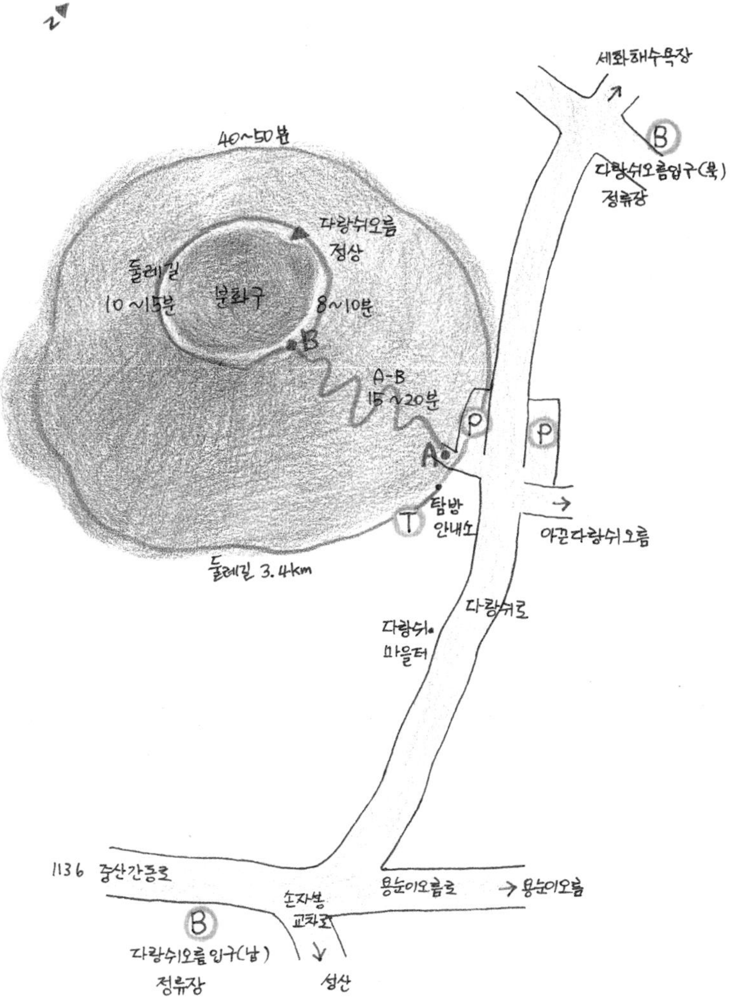

다랑쉬오름 정상 및 분화구 둘레길 코스, 다랑쉬오름 둘레길 코스(A 다랑쉬오름 입구, B 분화구 둘레 갈림길)

1. 정상 및 분화구 둘레길 코스 A→B→오른쪽 둘레길→오름 정상→B→A순으로 트레킹

2. 다랑쉬오름 둘레길 코스 탐방안내소 옆 화장실 옆길로 진입하여 한바퀴 돌아 제자리

최소 50분~1시간 30분 소요, 둘레길까지 돌아볼 경우 2시간~2시간 30분 소요

시간 제한 없음

운동화, 식수, 모자, 선글라스, 선크림

오름 입구 화장실, 다랑쉬오름 탐방안내소, 간단한 음료나 스낵은 인근 레일바이크 매점 이용

둘레길은 편백나무와 삼나무숲을 두루 맛볼 수 있고, 자연 그대로의 탐방로라 운치 있음

정상으로 오르는 길은 혼자서도 좋지만, 둘레길은 한적하므로 여성 혼자라면 일행과 동행

한여름 한낮, 폭우 내리는 날, 태풍 부는 날

1 철쭉꽃 핀 4월 탐방로 **2** 억새가 커가는 9월 탐방로 **3** 초록이 풍성한 6월 탐방로 **4** 운치 있는 12월 탐방로
5 억새 향기 가득한 10월 탐방로 **6** 다랑쉬오름 능선에서 보이는 한라산과 주변 오름
7 주변 도로에서 올려다본 다랑쉬오름 **8** 탐방로에서 보이는 아끈다랑쉬오름 **9** 다랑쉬오름에서 맞이한 일출

6

7

8

9

+ 다랑쉬오름에서 맞이한 일출 아름다운 제주 오름에서 특별한 하룻밤을 보내보자. 다랑쉬오름 능선은 절반 이상이 풀밭으로 이루어져 있어 백패킹하기에 좋다. 식수 공급은 안 되지만 간단하게 하룻밤 야영 정도는 문제 없다. 근처에 마을이 없고 주변이 컴컴하여 밤하늘 별을 감상하기 좋다. 또한 멀리 동쪽 해안으로 반짝이는 불빛도 아름답고, 이른 새벽 서서히 모습을 드러내는 한라산과 오름을 만나는 것 또한 황홀하다. 일출 또한 서두르지 않고 여유롭게 감상할 수 있다.

가슴 시리다

아끈다랑쉬오름

접근성 중
난이도 중
추천계절 9월~4월

정상 뷰 ★★★
분화구 뷰 ★★★
탐방로 상태 ★★

트레킹 포인트 능선길, 분화구, 억새
함께 트레킹 다랑쉬오름, 용눈이오름

주소 제주시 구좌읍 세화리 2593-1
표고 198m
비고 58m

아끈다랑쉬오름의 진면목은 다랑쉬오름에 올라 내려다보면 확인할 수 있는데, 오름 정상부의 분화구 모양이 둥그렇게 팬 것이 다랑쉬를 닮은데다 다랑쉬 바로 옆에 딸려 있는 자그마한 오름이라는 뜻으로 아끈다랑쉬오름이라 부른다. 여기서 '아끈'은 버금가는 것, 둘째 것이라는 의미로 쓰이는데, 보통 이렇게 크고 작은 두 개의 오름이 나란히 있는 경우, 흔히 '큰'과 '족은'으로 구분하여 이름을 붙인다. 그런 방식으로 불렀다면 '큰다랑쉬' '족은다랑쉬'가 되었을 텐데, '다랑쉬' '아끈다랑쉬'라는 이름이 훨씬 잘 어울린다. 누가 지었는지 모르지만 참 잘 붙인 이름이다.

아담한 아끈다랑쉬오름이 온통 억새로 뒤덮이는 가을이 되면, 아끈다랑쉬의 아름다운 억새를 보기 위해 수많은 사람이 몰려든다. 다랑쉬오름에 올라서 아끈다랑쉬를 보면 하얀 솜털꽃이 가득 피어있는 것처럼 보이는데, 그 속으로 직접 들어가면 앞을 헤쳐 나가기 힘들 만큼 억새로 가득하다. 마치 마법에 걸린 것처럼 자연스레 출렁이는 억새 물결을 타고 안으로 안으로 빨려 들어간다. 바람은 또 어찌나 살랑거리는지, 눈부실 정도로 아름다운 억새와 함께 파도타기를 즐기고 있노라면 그 바다에서 쉽게 헤어나올 수 없다. 해질 무렵이 되면 하얀 억새가 은은한 노을빛으로 물들어 반짝거리는데, 세상의 그 어떤 보석도 그보다 아름다울 수 없으리라. 정말이지 가슴 시리게 아름답다. 그런 황홀한 억새놀이를 하기에 아끈다랑쉬오름만큼 좋은 곳은 없을 것이다.

그런데 아끈다랑쉬오름은 순수 높이가 58m밖에 되지 않는데, 오르내리는 길이 너무나도 가팔라서 진땀을 뺀다. 매트가 깔려있지 않은 흙길 탐방로는 몹시도 미끄럽고, 부여잡고 올라갈 나무나 밧줄도 없고, 트레킹화를 신어도 어렵게 오르내려야 한다. 매트라도 깔아주면 좋을 텐데, 탐방객의 발걸음이 더해질 때마다 흙길은 점점 더 깊게 파이는데, 이대로 훼손되는 것을 지켜봐야 함이 가슴 아프다. 왜 탐방로 복구를 해주지 않는지 원망의 마음이 드는 건 어쩔 수 없다.

현재 360여 개 제주 오름 중 국유지는 100여 곳으로 30%가 채 되지 않고, 나머지는 공유지나 재단 및 개인 사유지다. 특히 사유지 오름이 41%나 되는데, 사유지 오름의 경우 오름이 훼손되더라도 복구를 하거나 탐방로 정비를 하는 것이 쉽지 않다. 토지주의 허락을 받아야만 가능하기 때문이다. 아끈다랑쉬오름 또한 사유지로, 현재 오름 탐방로가 심각하게 훼손되고 있는데도 토지주가 허락하지 않아 탐방로 복구를 할 수 없는 상태다. 하루 빨리 아끈다랑쉬오름도 다른 오름처럼 보호받을 수 있길 기대한다. 당분간 아끈다랑쉬는 다랑쉬오름에서 내려다보는 것으로 만족해야겠다.

How to Go

내비게이션에 '다랑쉬오름 주차장' 입력

제주공항에서 39.6km 위치, 약 1시간 소요, 다랑쉬오름 주차장 이용

다랑쉬오름 버스 정보 참조

다랑쉬오름 주차장에서 아끈다랑쉬오름 입구까지 약 250m, 3~4분 이동

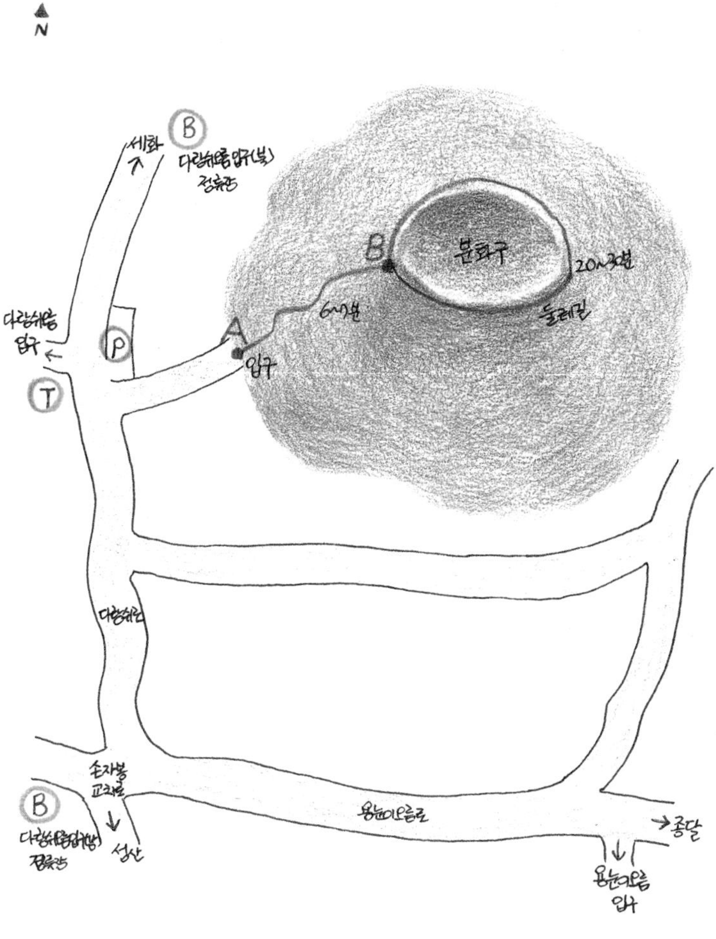

- **아끈다랑쉬오름 분화구 둘레길 코스**(A 아끈다랑쉬오름 입구, B 분화구 둘레 갈림길)
  A→B→분화구 둘레길→B→A순으로 트레킹, B지점에서 좌우 어느 쪽을 먼저 선택해도 무방
- 보통 30~40분이면 충분하지만, 억새 가득한 가을에는 억새 물결에 취해 1시간 이상 소요
- 시간 제한 없음
- 운동화, 긴바지, 식수, 모자, 선글라스, 선크림
- 다랑쉬오름 화장실 이용, 다랑쉬오름 탐방안내소
- 아주 낮은 오름이지만 정상으로 오르는 길은 대단히 거칠고 미끄러워 운동화 착용 필수
  사유지 오름이므로 각별한 주의가 필요함
- 혼자서도 좋음
- 5~6월, 곤충이 부화하여 새끼 곤충들이 탐방로에 가득한 시기
  7~8월, 초록 억새풀만 가득하고 햇빛을 피할 수 없어 뜨거운 한여름

1 다랑쉬에서 본 아끈다랑쉬의 봄 **2** 아끈다랑쉬의 여름 **3** 아끈다랑쉬의 가을
4 갯무꽃, 유채꽃 활짝 핀 4월 아끈다랑쉬오름 **5** 아끈다랑쉬의 겨울 **6** 해질 무렵 아끈다랑쉬에서 본 다랑쉬오름
7 억새 물결 출렁이는 아끈다랑쉬의 가을 **8** 아끈다랑쉬에서 용눈이로 가는 샛길

7

8

+ 용눈이로 가는 샛길 아끈다랑쉬는 주변에서 보는 모습이 더욱 멋진데, 사계절 다른 빛깔로 변신하는 아끈다랑쉬가 보고 싶다면 다랑쉬오름에 올라보자. 또한 아끈다랑쉬는 용눈이오름으로 가는 샛길에서 봐도 아름답다. 아끈다랑쉬에서 용눈이오름까지 약 2.6km 구간을 이어서 트레킹할 수 있는데, 꼬불꼬불 펼쳐진 농로를 따라 걸으며 아끈다랑쉬를 관찰해보는 재미가 쏠쏠하다. 봄에는 유채꽃과 갯무꽃, 가을에는 억새 풍경에 취해 실컷 걸을 수 있어 좋다.

풀밭 오름의 진수를 보여주는

용눈이오름

접근성 상
난이도 하
추천계절 9월~6월

정상 뷰 ★★★★
분화구 뷰 ★★★★
탐방로 상태 ★★★★

트레킹 포인트 능선길, 전망, 분화구
함께 트레킹 다랑쉬오름, 손지오름

주소 제주시 구좌읍 종달리 산 28
표고 247.8m
비고 88m

수많은 오름 중에서 성산일출봉과 산굼부리 다음으로 많은 여행자가 찾는 오름, 제주를 여행하는 사람이라면 누구나 한번쯤 올라봤을 오름이 용눈이오름일 것이다.

용눈이오름은 전형적인 풀밭 오름으로, 오름의 어느 귀퉁이에 서있어도 시야가 탁 트여 주변 경관을 감상하기에 좋고, 걸음이 편안한 풀밭 능선을 오르내리며 어여쁜 오름의 곡선에 맘껏 취하기도 좋고, 거침없이 불어오는 바람을 과감하게 맞이하기도 좋은 최고의 오름이다. 그리 높지도 않고, 산체가 넓고 듬직하여 굼부리 둘레길을 따라 천천히 걷다보면 마음까지 평온해진다. 자주 욱하고 나쁜 성질 피우는 사람을 데려오면 왠지 마음을 순하게 정화시켜주고 평화를 심어줄 것만 같다.

용눈이오름은 북동쪽의 정상을 중심으로 세 봉우리를 이루고, 그 안에 동서쪽으로 다소 트여있는 타원형 분화구가 세 군데로 갈라져 있다. 분화구 모양이 마치 용이 누웠던 자리 같다고 하여 '용눈이'라고 불렀는데, 서있는 위치가 달라질 때마다 중앙의 굼부리 모양도 조금씩 달리 보이므로 용이 누운 자리를 추측해 찾아보는 것도 재미나다.

용눈이오름 구석구석에는 사계절 수많은 들꽃이 피어나 트레킹의 맛과 향기를 더해준다. 특히 겨울에는 봉우리 등성이가 영락없이 강아지 머리털 같아서 손으로 마구마구 쓰다듬고 싶다. 능선을 돌아 용눈이오름 정상으로 오르는 길은 경사가 심해서 가쁜 숨을 쉴 새 없이 몰아쉬어야 하지만, 동쪽 해안으로 푸른 바다와 성산일출봉, 우도까지 보이니 한눈 제대로 팔면서 오르는 길이 유쾌하다.

정상에 오르면 저만치 다정하게 마주보고 있는 다랑쉬와 아끈다랑쉬가 인사를 건네고, 드넓은 동부 중산간 들판에서 불어오는 향긋한 바람이 온몸을 휘감는다. 바람 한 점 없는 날도 있지만, 바람이 심한 날에는 몸을 가누고 서있기 힘들 만큼 거세게 몰아친다. 가끔 미치도록 바람이 맞고 싶을 때 올라오면, 이러다 진짜 바람이 될 것 같다는 생각이 들 정도로 푸른 바람 향기가 온몸으로 스며들어 얼얼해지고 진짜 날아갈 것처럼 기분이 좋아진다.

그런데 이렇게 아름다운 용눈이오름을 당분간 오를 수 없게 되었다.

이른 새벽부터 늦은 저녁까지 쉴 새 없이 몰려드는 탐방객들로 인해 심각할 정도로 훼손되어 오름의 자연식생 복원과 지속가능한 보전을 위해 2021년부터 자연휴식년제출입제한를 실시하고 있기 때문이다. 그동안 하루도 쉬지 못하고 몸살을 앓았을 용눈이가 휴식년 동안 편히 쉬길 바란다.

How to Go

내비게이션에 '용눈이오름' 입력

제주공항에서 37.5km 위치, 약 50분 소요, 용눈이오름 주차장 이용

제주공항 1층 1번 게이트 – 표선, 성산, 남원 방면(1번) 정류장 이용

121번(40분), 122번(50분)을 승차할 경우 → 대천환승정류장(표선 방향)에서 하차 → 대천환승정류장(세화 방향)까지 260m, 2~3분 이동하여 810-1번 승차을 승차하고, 공항에서 112번을 승차할 경우(50분) → 대천환승정류장(세화 방향)에서 810-1번으로 환승

용눈이오름 정류장에서 하차(20분) → 용눈이오름 주차장을 지나 오름 입구까지 2~3분 이동

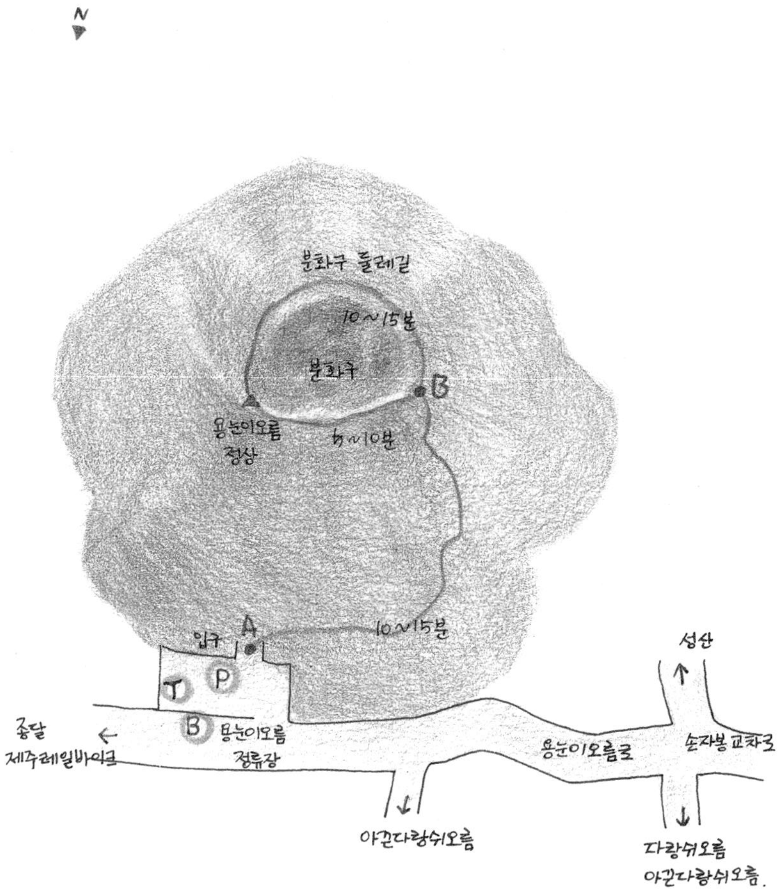

용눈이오름 정상 코스(A 용눈이오름 입구, B 분화구 둘레 갈림길)

A→B→오른쪽 분화구 둘레길→정상→B→A순으로 트레킹

현재 용눈이오름은 자연휴식년제 시행으로 2023년 1월까지 출입이 전면 통제됨

- 왕복 40~50분 소요
- 시간 제한 없음
- 운동화, 식수, 모자, 선글라스, 선크림
- 오름 주차장 옆 화장실, 오름 입구 매점 또는 인근 레일바이크 매점 이용
- 풀밭으로만 이루어져 그늘이 전혀 없음. 출입 통제 구간은 반드시 지킬 것
- 혼자서도 좋고, 연인, 가족과 함께하면 더 좋음
- 여름철 한낮, 태풍주의보 내린 날

1

(왼쪽부터 아래로)
제비꽃, 할미꽃, 개민들레,
제주양지꽃, 산자고, 무릇꽃
개쑥부쟁이, 꽃향유

+ 용눈이오름 들꽃 용눈이오름에 오르면 이름 모를 수많은 들꽃이 사시사철 다양한 빛깔과 향기로 시선을 사로잡는다. 꽃이름을 몰라도 발견한 것만으로도 기분이 좋아지고 눈인사를 건네며 밟지 않게 살금살금 걸음을 이어가면 환한 미소가 절로 피어난다.

1 초여름 용눈이오름 탐방로 **2** 용눈이오름의 고운 능선 **3** 매서운 바람이 몰아치는 겨울날 용눈이오름 탐방로

X자 삼나무 군단 뒤에 숨은 수줍은 봉우리

손지오름

접근성 상	**정상 뷰** ★★★★	**별칭** 손자봉
난이도 중	**분화구 뷰** ★★★★	**트레킹 포인트** 전망, 분화구, 능선길
추천계절 10월~5월	**탐방로 상태** ★★	**함께 트레킹** 다랑쉬오름, 용눈이오름

주소 제주시 구좌읍 종달리 산 52
표고 255.8m
비고 76m

용눈이오름과 다랑쉬오름으로 가는 길목에 있는 손지오름은 X자 모양의 독특한 장식이 있어 멀리서도 단번에 시선을 사로잡는다. 가까이 다가가면 용눈이처럼 전 사면이 풀밭이고, 용눈이만큼이나 고운 능선을 지니고 있는데, 오름 사면에 삼나무가 X자 형태로 줄지어 심어져 있고, 정상 굼부리 주변과 오름 경계선인 밑자락에도 삼나무가 빙 둘러져 있다. 마치 삼나무 군단을 정면에 배치하여 손지오름을 방어하는 것 같은 형세가 호기심을 증폭시킨다. 그 안에 무엇이 숨어있기에 삼나무를 이렇게 심어놓았을까? 어쩌면 이 X자 표시가 없으면 길 하나를 사이에 두고 자리한 용눈이오름과 비슷해 엄청 혼동했을지도 모르겠다. 손지오름만의 독특한 아이덴티티는 X다.

그 독특한 외형 때문에 누구나 손지오름을 보면 호기심을 갖는데, 쉽게 입구를 찾을 수 없어 포기하는 경우가 허다하다. 손지오름은 용눈이오름과 손지오름을 가르는 중산간동로를 따라 내려가면, 줄지어 서있는 삼나무 사이로 거짓말처럼 입구가 뻥 뚫려있다.

첫번째 관문을 어렵게 찾아 통과하고 들어서면 그 흔한 매트도 깔려있지 않은 자연 그대로의 풀밭길이 기다리고 있다. 그러나 걱정할 것 없다. 오름 마니아들이 꾸준히 찾는 오름이라 자연스레 길이 나있어 한여름만 피하면 오르는 데 큰 문제가 없다. 봄철에는 산자고와 제비꽃이 쑥쑥 고개를 내밀어 반갑게 인사를 건네고, 가을에는 키를 훌쩍 넘는 억새가 장관을 이루며 탐방객을 맞이하니 걸음걸음 절로 미소가 피어난다. 길섶에 핀 어여쁜 들꽃을 행여나 밟을까 조심하며 오름 봉우리에 다다르니 삼나무가 빙 둘러 앞을 가로막는다. 삼나무 사이 철조망을 넘어 두번째 관문도 통과하니 드디어 입성이다.

그렇게 첫발을 내딛는 순간 얼음이 된다. 한 번도 상상해보지 못한 경치가 눈앞에 펼쳐지니 그 어떤 말도 떠오르지 않고 그저 넋 놓고 쳐다본다. 크고 작은 세 개의 고운 봉우리가 앙증맞은 굼부리를 품고 다소곳이 앉아있는데, 그 고운 능선이 어찌나 우아하고, 수줍어 보이는지 마치 어여쁜 꽃 한 송이를 보는 것 같다. 어디 그뿐이랴. 솜털 같은 억새가 수려한 능선과 굼부리에 가득 담겨 출렁이는데, 그 그림이 장관이다. 그래, 이 정도면 당연히 꽁꽁 숨겨놓고 삼나무 군단을 앞세워 든든하게 지켜주는 것이 옳다.

깐깐하게 길을 막고 서있는 억새를 살살 달래가며 그 고운 능선길을 유유히 걸어본다. 봉긋한 봉우리로 올라서니 전망 또한 훌륭하다. 손지오름은 오름 모양이 한라산과 비슷하게 생겼다 하여 한라산의 손지손자라는 뜻에서 손지오름, 손자봉孫子峰, 손지악孫枝岳으로 불리는데, 한라산과 닮았는지는 모르겠고, 멋지고 아름다운 건 확실하다.

How to Go

내비게이션에 '손자봉' 입력

내비게이션에 따라 손자봉 교차로 주변으로 상이하게 안내하므로 지도 참조

제주공항에서 36.3km 위치, 45분 소요, 손지오름 입구 공터에 주차

제주공항 1층 1번 게이트 – 표선, 성산, 남원 방면(1번) 정류장 이용

121번 승차(40분) → 대천환승정류장(표선 방향)에서 하차 → 대천환승정류장(세화 방향)까지 260m, 2~3분 이동하여 211, 212번 승차(15분) → 손지오름 정류장 하차 or **111번 승차**(42분) → 대천환승정류장(세화 방향)에서 211, 212번으로 환승 → 손지오름 정류장 하차 → 손지오름 입구까지 40~50m, 1~2분 이동

Trekking Map & Tip

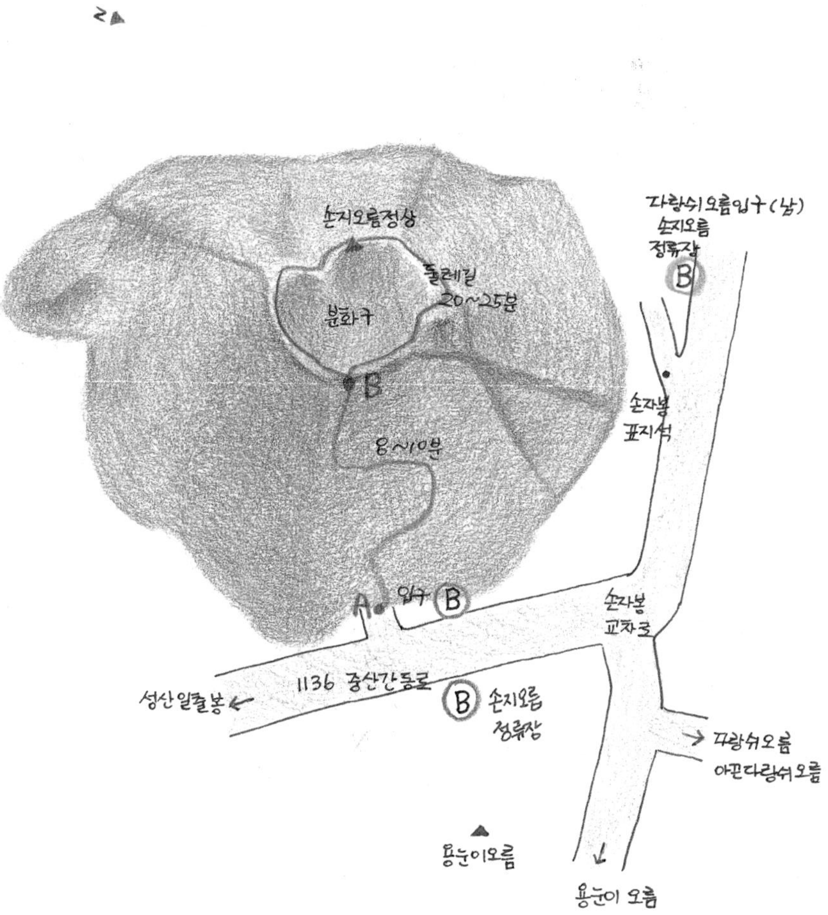

손지오름 정상 및 분화구 둘레길 코스

A→B→분화구 둘레길→B→A순으로 트레킹

A에서 B로 오르는 길은 정해진 탐방로가 없는 풀밭이기 때문에 길이 보이는 곳으로 오르면 됨

B지점 삼나무 라인을 통과하면 좌우 어느 쪽 길을 선택해도 무방하지만 오른쪽 방향 추천

- 왕복 40~50분 소요
- 시간 제한 없음
- 운동화, 긴바지, 식수, 모자, 선글라스, 선크림 / 가을철에는 장갑, 스틱 필요
- 없음. 주변 오름 시설 이용
- 가을철 억새가 가득해지면 탐방로 억새를 헤쳐 나가는 게 쉽지 않아 스틱 필요
  진드기가 많아 각별한 주의가 필요하고, 여름철에는 오르지 않는 것이 좋음
- 혼자보다는 동행이 좋음
- 풀이 무성한 여름철 한낮, 폭우 내리는 날

1

2

3

4 5

+ 손지오름 주변 오름 손지오름 봉우리에 오르면 주변 오름을 가까이 조망해볼 수 있는데, 하나둘 찾아보는 재미가 쏠쏠하다. 그동안 손지오름은 주변 오름에서 호기심 어린 눈빛으로 바라봄의 대상이었는데, 바로 그 오름에 올라서서 주변 오름을 둘러보니 왠지 모를 뿌듯함과 특별함이 느껴진다. 아름다운 능선 너머로 보이는 동검은이오름과 용눈이오름은 특히 인상적이다.

6

1 가을 해질 무렵 손지오름 굼부리와 능선 **2** 손지오름 입구 **3** 가을날 억새 능선 **4** 손지오름 능선에서 본 용눈이오름
5 손지오름 능선에서 본 동검은이오름 **6** 주변 도로에서 올려다본 손지오름

여행자의 사랑이 듬뿍

용눈이 다랑쉬 코스 손지오름–용눈이오름–다랑쉬오름–아끈다랑쉬오름

제주 동부 지역에서 가장 핫한 오름이 모여있는 코스로, 용눈이오름과 다랑쉬오름은 사계절 내내 여행자의 발길이 끊이지 않을 만큼 인기가 많다. 특히 손지, 용눈이, 다랑쉬, 아끈다랑쉬 오름은 어느 한 곳만 골라 트레킹해도 좋지만, 네 곳 모두 연이어 트레킹해보면 서로 비슷하면서도 다른 점을 비교해볼 수 있고, 각 오름의 개성 넘치는 모습을 만날 수 있다.

네 곳 모두 정상 능선이 풀밭으로 이루어져 있어 탁 트인 전망과 시원한 바람을 만끽하며 편안하게 걸을 수 있는데, 조금 떨어진 위치에서 각 오름의 생김새를 조망해볼 수 있음이 무엇보다 신기하고 특별하다. '다랑쉬로'는 다랑쉬에서 손자봉 교차로를 잇는 도로로, 버스를 이용할 경우 다랑쉬오름까지 걸어갈 수 있다. 다랑쉬로를 걷다보면 앙상하게 뼈대만 남은 팽나무 한 그루와 표지석만 덩그러니 남은 다랑쉬 마을터가 보인다. 제주 4.3사건으로 잃어버린 마을이 된 아픈 사연이 깃든 곳으로, 주변에 학살된 주민 유골이 발견된 다랑쉬굴이 있다.

* 용눈이오름은 자연휴식년제 시행으로 2023년 1월까지 출입 제한

START

손지오름(40~50분)

1.8km
25~30min

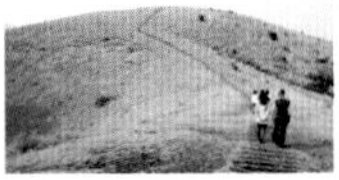

용눈이오름(40~50분)

200m
2~3min

용눈이~아끈 샛길
(총 2.2km 구간)

2.6km
35~40min

다랑쉬오름
(50분~1시간 30분)

230m
3~4min

아끈다랑쉬오름
(30~40분)

740m
10~12min

다랑쉬 마을터

1.4km
15~20min

GOAL

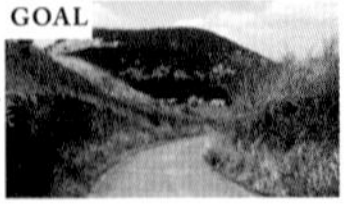

다랑쉬로~손자봉 교차로

소요시간
4시간 20분~5시간 40분

Trekking Tip

- 손지오름 정류장에 하차하여 손지오름부터 트레킹하고, 마지막 다랑쉬오름 트레킹을 마친 다음, 다랑쉬로를 통해 출발지점인 손자봉 교차로로 돌아온다.
- 각 오름 입구까지 차를 타고 이동하여 오름 입구에 주차하고 트레킹하는 것이 편리하다.

Tip
1. 손지오름에서 용눈이오름으로 도보 이동할 경우 인도가 따로 없기 때문에 위험하다. 다랑쉬오름 입구(남) 정류장에서 810-1번을 타고 용눈이오름 정류장까지 이동할 수 있다.
2. 각 오름 주변에는 편의점이나 식당이 없으므로 사전에 준비하거나 용눈이오름 입구 매점이나 레일바이크 매점을 이용한다.

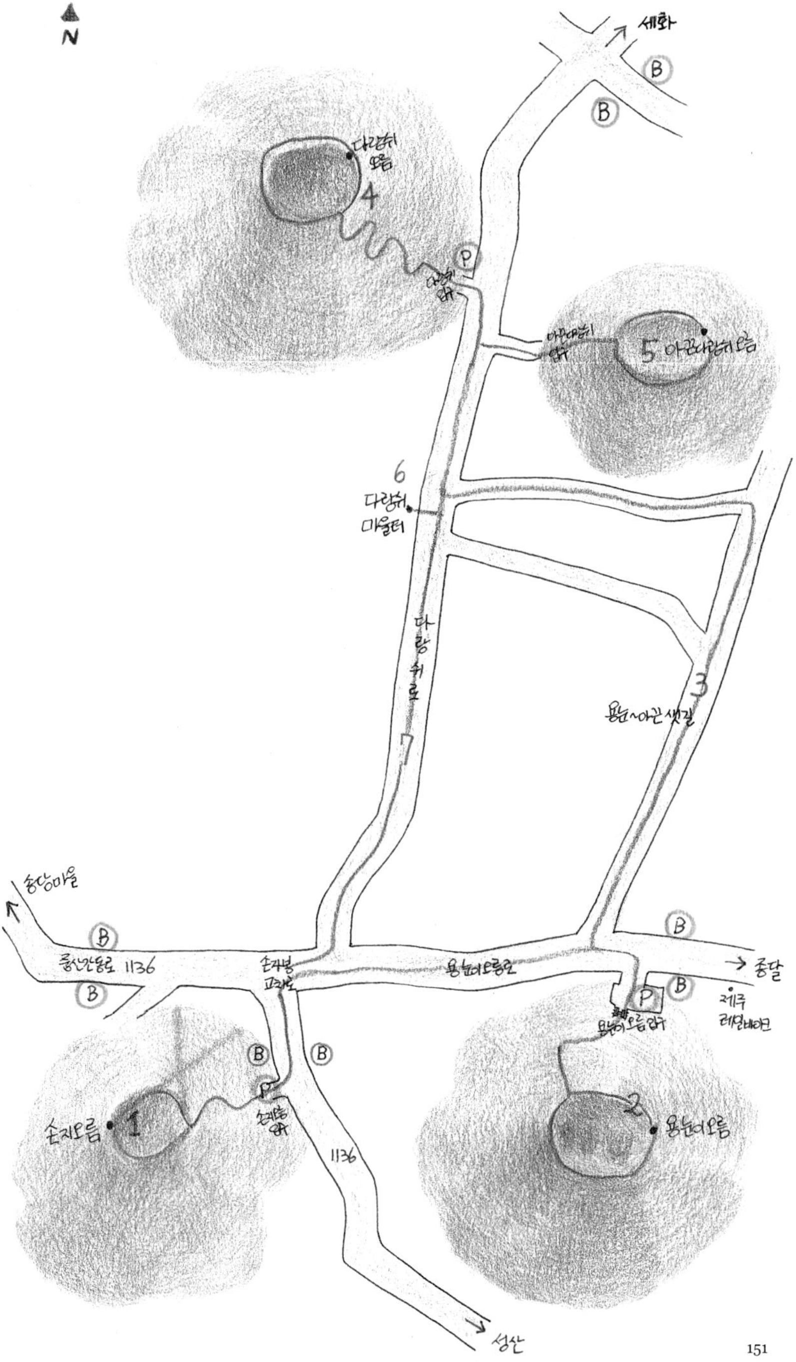
N
세화
B
다랑쉬 오름
4
P
다랑쉬 입구
아끈다랑쉬 입구
5 아끈다랑쉬오름
6
다랑쉬 마을터
다랑쉬로
7
3
용눈~아끈 샛길
송당마을
중산간동로 1136
손자봉 교차로
용눈이오름로
종달
제주 레일바이크
용눈이오름 입구
2
용눈이오름
손지오름
1
손지오름 입구
1136
성산

접근성 상	**정상 뷰** ★★★★	**별칭** 앞오름
난이도 하	**분화구 뷰** ★★★★★	**트레킹 포인트** 분화구, 능선길, 전망
추천계절 사계절	**탐방로 상태** ★★★★	**함께 트레킹** 백약이오름, 높은오름

소똥 냄새 풀 내음 폴폴 걷기 좋은

아부오름

주소 제주시 구좌읍 송당리 산 164-1
표고 301.4m
비고 51m

제주 오름 중에서 가장 쉽고 편하게 걸을 수 있는 오름을 꼽으라면 단연 아부오름이다. 4~5분이면 정상 능선에 올라설 수 있고, 부드러운 풀밭으로 이루어진 완만한 능선, 푹 팬 굼부리, 굼부리 안 삼나무숲, 한가로이 풀을 뜯는 소떼까지 작지만 오름의 매력을 골고루 갖고있다. 특히 걷거나 오르는 걸 무척 싫어하는 사람도 부담스럽지 않게 즐길 수 있는 오름이라 강력 추천한다.

아부오름 입구로 들어서면 제일 먼저 방목중인 황소가 보이는데, 종종 탐방로를 가로막고 서있을 때가 있다. 부릅뜬 커다란 눈으로 빤히 쳐다보면 어찌나 기가 죽는지, 옆으로 가지도 못하고 황소가 지나갈 때까지 묵묵히 기다린다. 황소와 여러 번 만남을 갖다보면 황소에게 다가가 비키라고 무언의 압력을 행사하며 눈싸움도 즐기게 된다.

능선으로 올라서면 시원한 바람에 기분이 한껏 좋아지고, 발아래 거대한 원형 분화구에 깜짝 놀라 저절로 탄성이 쏟아진다. 분화구가 마치 도넛 같은 모양인데, 분화구라기보다는 그냥 거대한 원형경기장이다. 그 넓은 분화구 중앙에는 삼나무가 빙 둘러 심어졌는데, 너무 훌륭한 걸작이라 볼 때마다 감탄한다. 분화구 주변으로는 이웃한 오름이 제각각 덩치를 자랑하며 아부오름을 내려다보는데, 그 오름의 이름을 맞추는 재미가 쏠쏠하다. 아부오름은 주변 오름에 비해 높이는 낮지만 시야가 탁 트여 시나브로 걸으며 주변 경치를 감상하기 좋다.

특히 아부오름 능선은 풀이 무성하게 자란 한여름에도 식욕이 좋은 황소가 수시로 풀을 뜯어먹어 부담 없이 걸을 수 있다. 그러나 욕심껏 포식한 황소들이 풀밭에 센스 넘치게 소똥 지뢰를 마구 쏟아놓아 풍경놀이에 빠져 걷다보면 자칫 큰일을 당할 수 있으니 조심하자. 마른 지뢰는 그나마 괜찮은데, 뜨끈뜨끈한 지뢰는 사후 처리가 쉽지 않으니 지뢰를 잘 피해 걸어야 한다.

소똥 지뢰를 피해 요리조리 풀밭을 살피다보면 노랑, 분홍, 파랑 빛깔 곱고 향긋한 들꽃이 쑥쑥 고개를 내밀고, 소똥 냄새와 풀 내음이 폴폴 풍기는 둘레길을 걷다보면 어느새 한바퀴 돌아 제자리다.

아부오름은 산 모양이 움푹 패어있어 마치 가정에서 어른이 믿음직스럽게 앉아 있는 모습과 같다 하여 아부악亞父岳, 아부오름이라고 부르게 되었다.

How to Go

내비게이션에 '아부오름' 입력

제주공항에서 30.8km 위치, 약 40분 소요, 아부오름 입구 갓길 주차

제주공항 1층 1번 게이트 – 표선, 성산, 남원 방면(1번) 정류장 이용

112번 승차(53분) → 대천환승정류장(세화 방향)에서 810-1번으로 환승(7분) → 아부오름 정류장 하차 → 바로 앞 오름 입구로 이동

112번 승차(53분) → 대천환승정류장(세화 방향)에서 211, 212번으로 환승(7분) → 아부오름 정류장 하차 → 오름 입구까지 520m, 7~8분 이동

121번 승차(42분) → 대천환승정류장(표선 방향)에서 하차 → 대천환승정류장(세화 방향)까지 260m, 2~3분 이동하여 810-1번 승차(8분) → 아부오름 정류장 하차 → 바로 앞 오름 입구로 이동

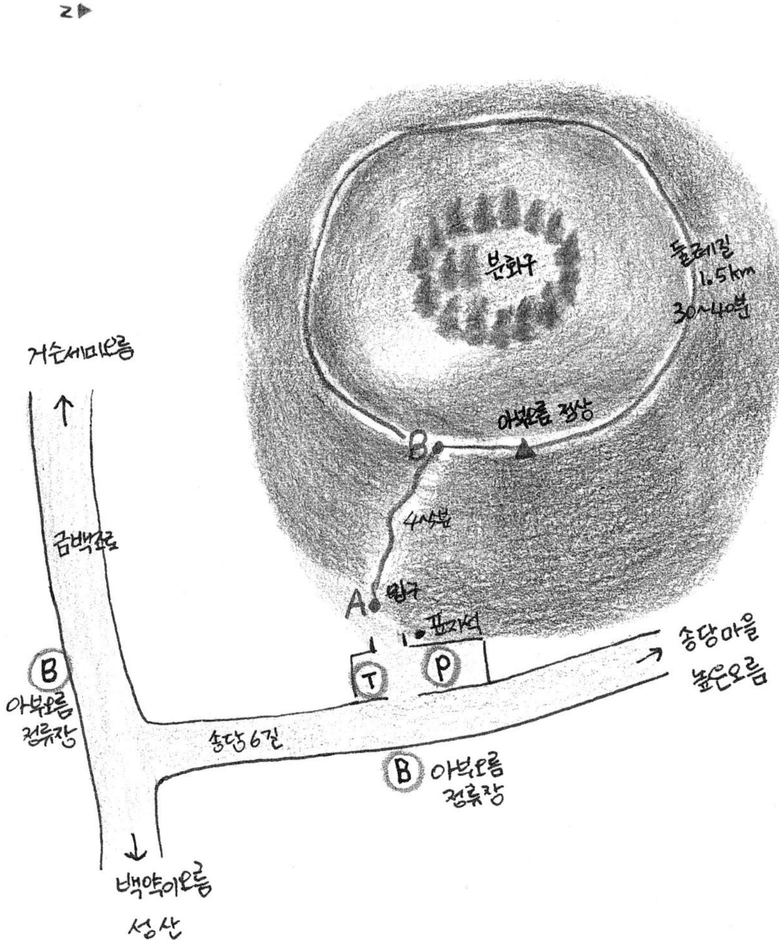

아부오름 분화구 둘레길 코스(A 아부오름 입구, B 분화구 둘레 갈림길)
A→B→분화구 둘레길→B→A순으로 트레킹, 둘레길은 왼쪽 방향으로 추천

- 40~50분 소요
- 시간 제한 없음
- 운동화, 식수, 모자, 선글라스, 선크림
- 오름 입구 화장실 이용, 송당 마을 식당이나 편의점 이용
- 소들이 종종 탐방로를 걸어다니고, 탐방로 곳곳에 소똥이 많으니 주의
- 혼자서도 좋음
- 여름철 바람 없는 날 한낮, 비 오는 날

1 아부오름의 가을 **2** 여름철에도 걷기 좋은 시원한 아부오름 **3** 여름날 아부오름 분화구 **4** 아부오름 분화구와 주변 오름 **5** 아부오름 입구의 황소들 **6** 소똥 지뢰 **7** 아부오름 노을

+ **아부오름 노을** 아부오름은 멋진 분화구와 주변 전망 등 볼거리가 풍성하고 걸음도 편안하다. 특히 봄부터 가을까지 풀이 쑥쑥 자라는 시기에는 탐방로 곳곳에서 황소를 볼 수 있는데, 소똥마저도 푸근하고 정겹게 느껴진다. 또한 아부오름은 높이가 낮고 탐방로가 완만해서 여유롭게 노을 구경하기도 좋은데, 한라산과 주변 오름의 실루엣을 물들이는 은은한 노을빛은 언제 봐도 아름답다.

동부 중산간 최고 전망대

높은오름

접근성 하　**정상 뷰** ★★★★★　**트레킹 포인트** 분화구, 전망
난이도 중　**분화구 뷰** ★★★★★　**함께 트레킹** 아부오름, 동검은이오름
추천계절 9월~5월　**탐방로 상태** ★★★★

주소 제주시 구좌읍 송당리 산 213-1
표고 405.3m
비고 175m

높은오름은 이름에서 느껴지듯이 다른 오름에 비해 높이부터 확실히 다른 오름으로, 순수 높이는 175m지만 주변 일대에서 유일하게 표고가 400m가 넘어 주위의 수많은 오름을 압도하는 느낌을 준다 하여 '높은오름'이라 불린다. 때문에 제아무리 유명한 다랑쉬, 용눈이, 백약이오름이라도 높은오름 높이에 고개를 숙이고, 높은오름 정상에 서면 한라산은 물론 주변 모든 오름을 막힘없이 시원하게 조망해볼 수 있어 동부 중산간 최고 전망대로 손색이 없다. 높은오름에 가려면 구좌읍공설묘지를 찾아가야 하는데, 오름 기슭에 조성된 공설묘지 사잇길을 통과해야 높은오름에 오를 수 있다. 첫걸음부터 묘지라 주눅이 들 수도 있으나, 제주 중산간 오름은 어딜 가도 묘지 없는 오름이 없으므로 오름 트레킹을 하다보면 묘지마저도 익숙한 풍경이 된다. 죽은 자보다 산 자가 더 무서운 세상이라 생각하면 오히려 담담해지고 편안해진다.

정상까지 오르는 길은 오직 한 길로 거의 일직선으로 오르는데, 제아무리 높아도 순수 높이로만 따지면 다랑쉬오름보다 낮고, 급경사 계단길로 오르는 지미봉보다 훨씬 수월하니 걱정할 것 없다. 물론 경사진 오르막이 결코 쉽지 않지만, 등 뒤로 펼쳐지는 풍경이 장관인데다 오름 기슭에 방목중인 말을 구경하며 쉬엄쉬엄 오르면 힘든 줄 모르고 정상에 선다. 높은오름 능선에 올라서면 높이가 높이인 만큼 바람 또한 그 위세를 톡톡히 발휘하는데, 바람이 심한 날에는 몸을 가누기가 힘들고 조금만 서있으면 거센 바람에 콧물까지 훌쩍인다. 그런데도 거침없이 사방으로 펼쳐진 황홀한 360도 파노라마 뷰에 빠져 추운 줄도 모르고 히죽거리며 이리저리 구경하기 바쁘다.

높은오름은 세 개의 작은 봉우리가 완만한 등성이로 이어져 있고, 군데군데 바위가 박혀있으며 중앙에는 움푹 팬 원형 분화구가 있다. 굼부리 깊이는 다랑쉬나 동검은이에 비하면 그리 깊지도 위협적이지도 않으면서 포근하다. 굼부리가 만만해서일까? 바람이 굼부리 안까지 어찌나 세차게 불어대는지 억새는 허리를 펴지 못하고, 듬성듬성 자리한 몇 그루의 소나무마저 옆으로 비스듬히 서있다.

높은오름에 다녀오면 한동안 다른 오름은 눈에 들어오지 않고 시시하다. 만일 높은오름과 여러 오름을 연계하여 트레킹할 계획이라면 높은오름은 가장 나중에 들러야 한다. 그래야 다른 오름의 매력을 골고루 느낄 수 있고, 높은오름의 위력마저 제대로 확인할 수 있기 때문이다.

How to Go

내비게이션에 '높은오름' 입력

제주공항에서 35km 위치, 약 50분 소요. 내비게이션이 오름 입구 약 100m 전에 종료되므로 조금 더 직진, 파란지붕 건물과 화장실 주변 갓길에 주차

오름 근처에 버스정류장이 없어 송당 마을에서 내려 이동해야 하므로 승용차 이용이 편리함

제주공항 1층 1번 게이트 – 표선, 성산, 남원 방면(1번) 정류장 이용

111번(50분), 112번(1시간) 승차 → 송당로타리 정류장에서 하차 → 높은오름 입구까지는 2.7km, 30~40분 이동. 인도가 없으니 차량 조심. 대물동산 쪽 샛길을 이용하면 차량이 다니지 않아 조금 더 안전하고 빠르지만, 인적 드문 길이라 동행과 함께라면 추천하지만, 혼자라면 큰길 이용

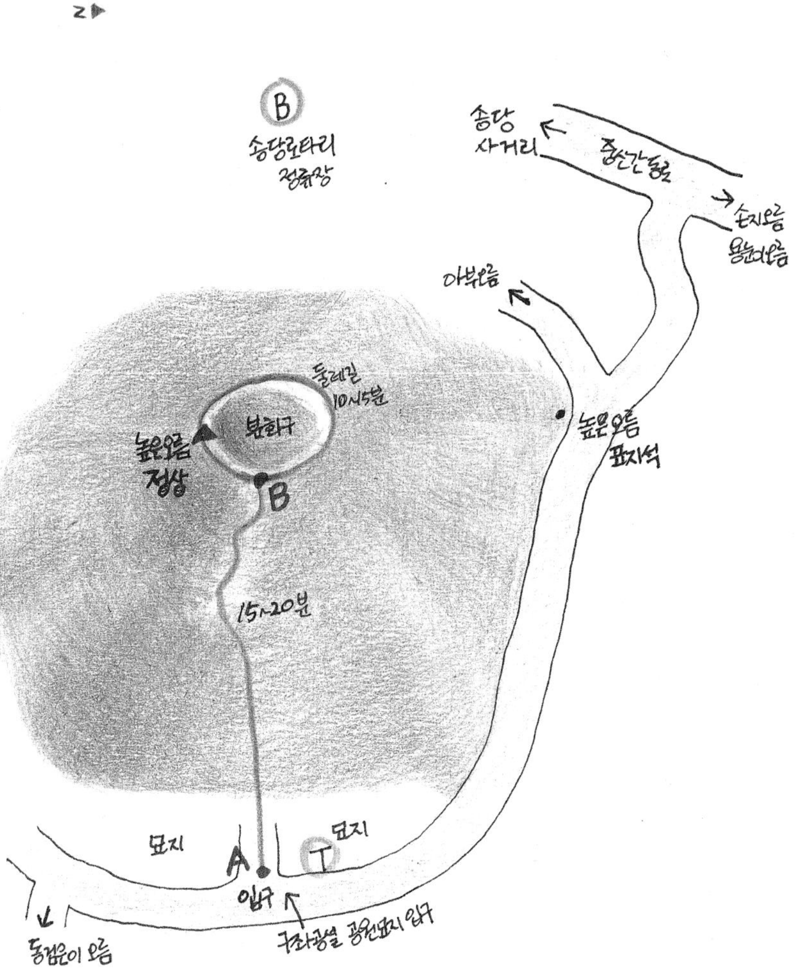

높은오름 정상 및 분화구 둘레길 코스(A 높은오름 입구, B 분화구 둘레 갈림길)
A→B→분화구 둘레길→B→A순으로 트레킹, 둘레길은 좌우 어느 쪽을 먼저 선택해도 무방

왕복 1시간~1시간 20분 소요

시간 제한 없음

트레킹화, 스틱, 식수, 모자, 선글라스, 선크림

오름 입구 화장실, 송당 마을 식당이나 편의점 이용

오름 기슭과 정상 능선에 말을 방목중이니 말 조심, 일출 명소로 인기
오름 입구가 대규모의 공원묘지로, 건물 옆 구좌읍공설공원묘지입구 표지석이 있는 길로 오름

혼자도 괜찮지만, 조금 무서울 수 있으니 동행 추천

여름철 바람 없는 한낮, 태풍주의보 내린 날, 비 오는 날

+ 높은오름의 말 제주 오름에는 소와 말을 방목하는 곳이 많은데, 높은오름은 말을 방목한다. 경사진 기슭과 정상 능선에 서있는 말을 보면 너무 높아 떨어지지 않을까 걱정될 정도다. 말은 사람이 엉덩이 뒤쪽에 서면 공격하는 성향이 있으므로 바로 뒤에 서지 않도록 조심하고, 먼저 공격하지 않으니 겁낼 건 없다.

1 보기만 해도 아찔한 높은 능선에서 한가로이 풀을 뜯는 말 **2** 다랑쉬오름을 보고있는 높은오름의 말
3 느긋하게 산책하기 좋은 굼부리 둘레길 능선 **4** 한라산까지 시원하게 펼쳐진 전망 좋은 능선
5 쉴새 없이 바람이 휘몰아치는 움푹 팬 분화구 **6** 온갖 식물들이 반겨주는 오르막 탐방로

소가 풀을 뜯고 노루가 뛰어다니는

백약이오름

접근성 상
난이도 중
추천계절 9월~5월

정상 뷰 ★★★★
분화구 뷰 ★★★★
탐방로 상태 ★★★★

트레킹 포인트 분화구, 전망, 능선길
함께 트레킹 아부오름, 동검은이오름

주소 서귀포시 표선면 성읍리 산 1
표고 356.9m
비고 132m

백약이오름 주차장 옆 좁다란 샛길을 따라 들어가면 넓은 초원이 펼쳐지고, 멋스러운 탐방로가 초원을 가르며 백약이오름까지 이어진다. 나무계단 한 조각, 풀밭 한 조각, 나무계단 한 조각, 풀밭 한 조각, 띄엄띄엄 질서 있게 이어진 탐방로에는 제비꽃과 민들레, 이름 모를 수많은 들꽃이 쑥쑥 고개를 내밀며 향긋한 인사를 건넨다. 널찍한 초원 한편에는 황소가 한가로이 풀을 뜯으며 구경꾼을 쳐다본다. 안녕안녕~ 유쾌한 걸음으로 초원을 건너가면 어느새 백약이오름 중턱에 서고, 문득 뒤돌아본 초원에는 무리에서 이탈한 황소 한 마리가 푸른 초원을 마음껏 누비고 있다. 그 너머로 기이하고 독특한 생김새의 동검은이오름이 시선을 사로잡고, 길 건너 좌보미오름 기슭에는 어마어마하게 많은 황소떼가 동그란 샘물 주변으로 무리지어 있는데, 마치 황소 천국처럼 평화롭다.

백약이는 예로부터 온갖 약초가 많이 난다고 하여 백약이오름百藥岳이라 불렀다. 약초가 있어도 그 가치를 알아보지 못하는 눈뜬장님에게는 눈에 보이는 모든 것이 그냥 풀일 뿐이다. 그렇지만 복분자딸기, 층층이꽃, 찔레나무, 향유, 오이풀, 떡쑥, 방아풀, 꿀풀, 초피나무 등 약용식물 수십 가지가 산재해 있다고 생각하면 걸음마다 약초 향기가 나는 것 같고, 왠지 좋은 기운이 몸으로 스며드는 것 같아 기분이 한껏 상쾌해진다.

백약이오름의 중앙에는 움푹 팬 커다란 원형 분화구가 있는데, 강우량에 따라 분화구 안에 물이 고여 있을 때도, 메말라 있을 때도 있다. 분화구 둘레 능선은 경사가 완만한 풀밭이라 편안하게 걸으면서 주변 풍광을 감상할 수 있다. 푸른 하늘을 향해 넉넉하게 열려있는 굼부리 풍경이 한 폭의 수채화처럼 멋스럽고, 굼부리 연못에서 푸른 약초 향기가 폴폴 풍기는 것 같아 한참을 음미한다.

천천히 백약이 둘레길을 한바퀴 돌고 내려오니 초원의 황소 무리는 어딘가로 사라지고, 텅 비어있는 초원에는 노루가 제 세상을 만난 양 콩콩거리며 신나게 뛰어놀고 있다. 그 모습이 어찌나 사랑스러운지 사진을 찍으려고 카메라를 꺼내는데, 어느새 사라지고 없다. 소가 풀을 뜯고 노루가 뛰어다니는 그림, 제주 오름에서는 흔히 볼 수 있는 풍경이지만, 볼 때마다 신기하고 유쾌하다.

최근 백약이오름은 급격하게 늘어난 탐방객으로 인하여 오름 정상 봉우리의 송이층이 유실되는 등 훼손 정도가 심각하여 정상부 주변 출입이 통제되고 있다.

How to Go

내비게이션에 '백약이오름' 입력

제주공항에서 31.5km, 약 40분 소요, 백약이오름 주차장 이용

제주공항 1층 1번 게이트 – 표선, 성산, 남원 방면(1번) 정류장 이용

111, 121, 131번 승차(24분) → 봉개동 정류장에서 211번 환승(28분) → 백약이오름 정류장 하차 → 주차장 옆 백약이오름 입구로 이동

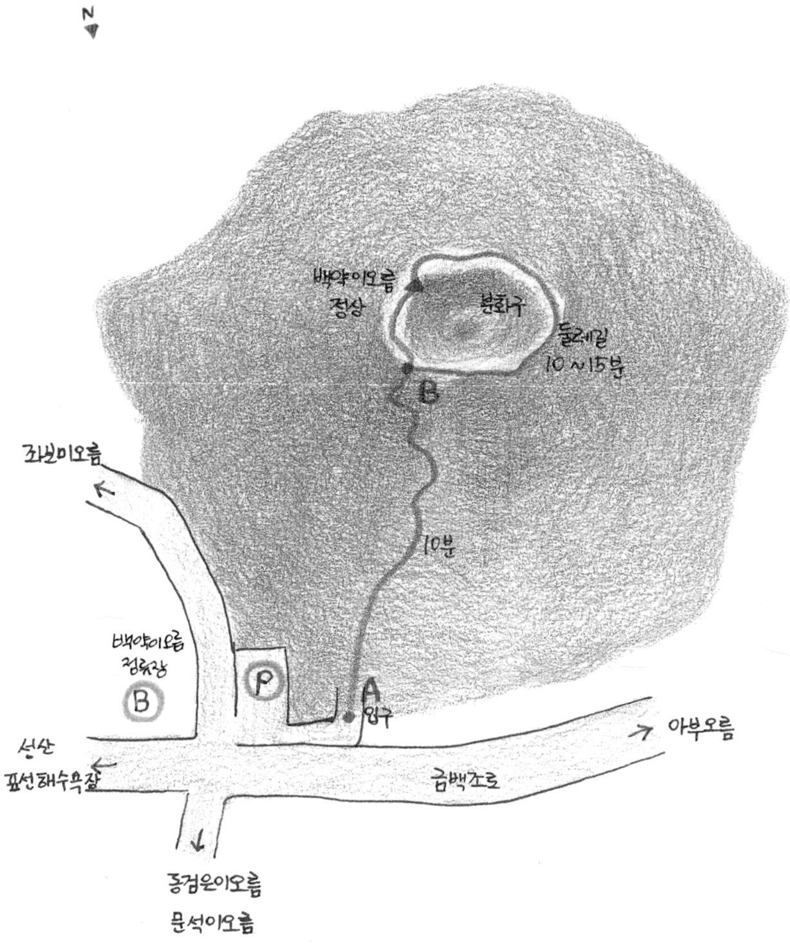

백약이오름 분화구 둘레길 코스(A 백약이오름 입구, B 분화구 둘레 갈림길)

A→B→분화구 둘레길 한 바퀴→B→A순으로 트레킹

현재 백약이오름은 정상 봉우리의 훼손이 심각하여 2022년까지 출입이 제한됨

정상 봉우리에는 올라갈 수 없으나 기존처럼 능선 둘레길은 한 바퀴 돌아볼 수 있음

- 왕복 40~50분 소요
- 시간 제한 없음
- 운동화, 식수, 모자, 선글라스, 선크림
- 없음
- 오름 정상부는 풀밭이고 그늘이 없음. 탐방로에는 종종 노루가 뛰어다님
- 혼자서도 좋음
- 여름철 한낮, 폭우 내리는 날

1 초원을 가르는 백약이오름 입구 계단길 **2** 백약이오름에서 본 동검은이오름 **3** 정상에서 내려다본 분화구
4 백약이오름 정상 **5** 출입통제 중인 백약이오름 정상부
6 초원에서 뛰노는 노루 **7** 소떼가 한가로이 풀을 뜯는 백약이오름 입구 초원

3

4

5

6

7

+ 초원을 가르는 계단길 백약이오름은 분화구와 능선길도 멋지지만, 오름 초입 초원을 가로지르는 나무계단길이 특히 멋지다. 소를 방목하는 초지라서 종종 소도 만날 수 있고, 노루가 깡충깡충 뛰어가는 모습도 볼 수 있다.

오름 트레킹의 묘미가 느껴지는

좌보미오름

접근성 중
난이도 상
추천계절 10월~4월

정상 뷰 ★★★★
분화구 뷰 ★★★
탐방로 상태 ★★

트레킹 포인트 다섯 개의 봉우리, 숲길, 전망
함께 트레킹 백약이오름, 동검은이오름

주소 서귀포시 표선면 성읍리 산 6
표고 342m
비고 112m

좌보미오름은 다섯 개의 큰 봉우리가 서로 연결되어 커다란 산체를 형성하고 있는데, 진짜로 한 오름이 맞나 싶을 정도로 독특한 구성체다. 다섯 개의 봉우리는 이름만 같았지 저마다의 개성을 뽐내며 다른 모습으로 앉아있다. 굼부리 또한 여러 갈래로 흩어져 오름과 오름 사이가 움푹 패어있는데다 가장 큰 굼부리 안에는 귀여운 알오름까지 봉긋이 솟아있다. 이 때문에 오름 트레킹을 할 때 일정한 순서대로 진행하지 않으면 현재 위치가 알쏭달쏭해지고 어디로 가야 할지 헤매기 십상이다.

좌보미오름으로 가려면 백약이오름 주차장부터 찾아야 한다. 주차장 옆 시멘트 포장도로를 따라 약 2km 진입하면 좌보미오름 입구가 나온다. 걸으면 30여 분이 소요되니 차로 움직이는 것이 좋지만, 종종 진입로가 물에 잠겨 곤란할 때가 있으니 조심하자.

좌보미오름 입구에 이르면, 코앞에 보이는 오른쪽 오름이 1봉이고, 정면에 가깝게 보이는 왼쪽 오름이 5봉, 5봉 너머로 봉우리만 살짝 보이는 오름이 최정상 주봉인 4봉, 나머지 2봉과 3봉은 1봉에 기려 보이지 않는다. 효율적으로 트레킹하려면 1-2-3-4-5봉, 또는 5-4-3-2-1봉순으로 진행하는 것이 좋다. 오른쪽 첫번째 오름부터 들어서면 날것 그대로의 숲길이 펼쳐지고, 잘 정돈된 오름에서 느낄 수 없는 투박한 자연의 향기가 진하게 배어나온다. 높이가 낮은 봉우리라 7~8분이면 정상이 주어지고, 주변으로 펼쳐지는 풍경 또한 아주 좋다. 그렇게 1봉에서 2봉으로, 2봉에서 3봉으로 신나게 트레킹을 이어간다. 그런데 3봉에서 4봉을 바라보면 유난히 몸집도 크고 울창해서 가뿐히 넘어왔던 다른 봉우리와는 차원이 다르게 느껴져 머뭇거려진다. 아니나 다를까. 4봉으로 들어서면 나무가 빽빽해 하늘도 제대로 보이지 않을 정도다. 그래도 생각했던 것보다 높지 않아 어렵지 않게 정상에 올라서고, 숲길을 따라 조금 더 진입하면 앞이 뻥 뚫린 전망대다. 4봉은 다른 봉우리보다 높아서 전체 봉우리와 함께 좌보미오름의 형세를 들여다보기 좋다. 마지막으로 5봉을 오르는데, 출렁이는 억새와 한라산 전경이 기가 막히게 아름답다. 하나의 이름을 지닌 오름인데도 어찌 이리 다양한지. 각 봉우리마다 내어주는 주변 풍광이 조금씩 다 다르고, 서로 다른 봉우리의 생김새를 관찰하는 것 또한 흥미진진하다.

한 번의 걸음으로 5봉 5색을 트레킹하는 맛이 참말로 맛나고 재미난 좌보미다.

'좌보미'는 정확한 어원을 알 수가 없지만, 한자로는 좌보산左輔山, 좌보악左輔岳으로 표기하고, 이를 풀어 좌우에 봉우리가 있어 서로 의지하는 격이라 하여 '좌보뫼'라고 했던 것이 '좌보미'로 변형되어 불리게 되었다. 서로를 가까이에서 든든하게 바라봐주고 서로 의지한다고 하여 좌보미, 이름처럼 볼수록 매력 있고 멋진 오름이다.

How to Go

내비게이션에 '좌보미오름' 입력

제주공항에서 37km 위치, 약 1시간 10분 소요. 길 찾기가 쉽지 않을 경우 먼저 백약이오름 주차장을 찾은 다음에 백약이오름 주차장 옆 샛길로 2km 더 진입하면 좌보미오름 입구에 도착. 오름 입구 갓길 주차

버스를 이용할 경우, 백약이오름 버스 정보 참조

백약이오름 정류장에서 하차 → 백약이오름 주차장 옆 샛길 따라 좌보미오름 입구까지 2km, 30분 이동

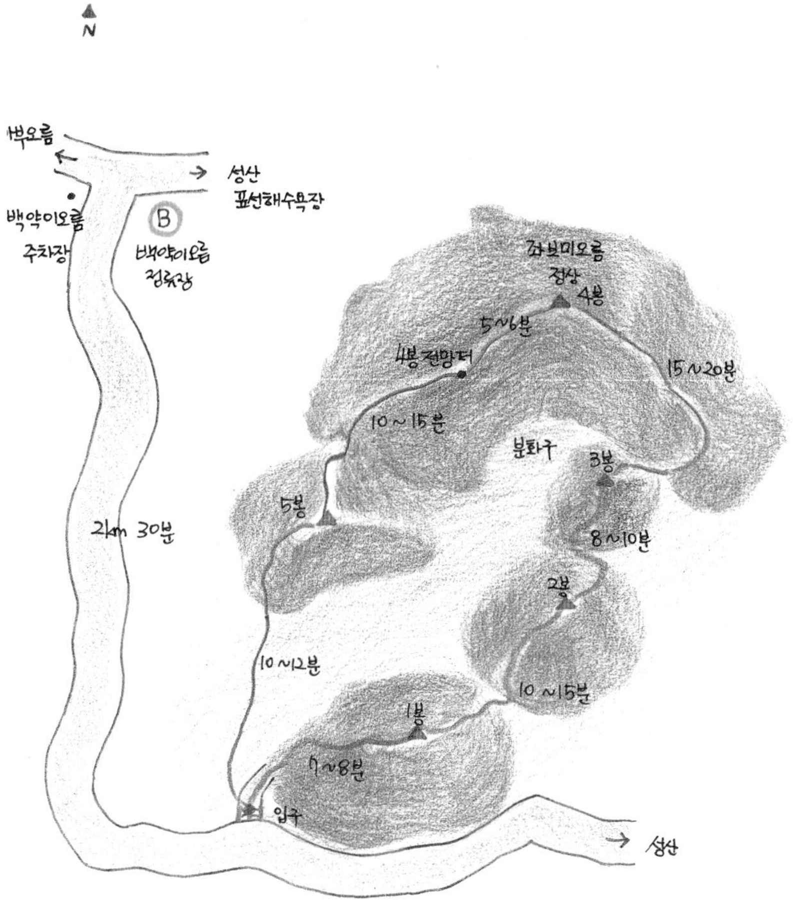

좌보미오름의 다섯 개 봉우리 코스

좌보미오름 출입로→1봉→2봉→3봉→4봉 정상→4봉 전망터→5봉→오름 출입로

여러 개의 봉우리가 흩어져 있어서 오름 입구 오른쪽에 있는 첫번째 봉우리부터 차례대로 들러 마지막 다섯번째 봉우리를 통해 다시 시작점으로 돌아오는 코스가 효율적이지만, 다섯번째 봉우리부터 거꾸로 트레킹해도 무방

총 1시간 30분~2시간 소요

시간 제한 없음

트레킹화, 긴바지, 스틱, 식수, 간식, 모자, 선글라스, 선크림

없음

다섯 봉우리 중 네번째 봉우리가 가장 높고 규모도 크고 숲길 또한 멋짐
거친 풀밭과 자연 그대로의 흙길, 정비되지 않은 탐방로가 특히 매력적임
소를 방목하는 오름이라 탐방로에서 소와 마주칠 수 있음

혼자서는 위험하니 동행 추천

날씨 흐려 전망 좋지 않은 날, 비 오는 날

1 2봉에서 뒤돌아본 1봉 **2** 좌보미 입구와 오른편 1봉 **3** 1봉에서 본 5봉(좌), 4봉, 2봉(우)
4 울창한 숲길로 이루어진 4봉 **5** 4봉에서 본 다른 봉우리와 분화구 **6** 억새와 주변 전망이 좋은 5봉
7 5봉에서 바라본 백약이오름 **8** 4봉에서 바라본 동검은이오름

7 8

+ 다섯 봉우리에서 찾아보는 주변 오름 좌보미오름의 다섯 봉우리는 각각 전망이 좋아서 어느 봉우리나 머묾이 좋다. 한라산을 비롯하여 주변 오름이 시원스럽게 펼쳐져 트레킹의 재미를 더해주는데, 가까이 보이는 동검은이오름과 백약이오름의 또 다른 생김새를 관찰하는 것이 흥미진진하다. 특히 4봉의 울창한 나뭇가지 사이로 고개를 내밀면 보이는 용눈이오름과 손지오름이 무척이나 반갑게 느껴진다.

다른 세상에 온 것 같아

동검은이오름

접근성 중	**정상 뷰** ★★★★★	**별칭** 거미오름
난이도 중	**분화구 뷰** ★★★★★	**트레킹 포인트** 분화구, 능선길, 전망
추천계절 9월~5월	**탐방로 상태** ★★★★	**함께 트레킹** 백약이오름, 높은오름

주소 제주시 구좌읍 종달리 산 70
표고 340m
비고 115m

동검은이는 모든 오름 중에서 가장 독특한 생김새를 지닌 오름이라고 해도 과언이 아닐 만큼 거의 독보적인 외형을 지니고 있다. 워낙 생김이 독특해 주변 오름에 오르면 단연 시선 강탈의 대상이 되고, 그냥 한 번 보는 것만으로도 잊히지 않을 만큼 인상 깊다. 동검은이오름은 사면이 둥글고 층층이 언덕진데다 봉우리에서 사방으로 등성이가 뻗어나간 모습이 마치 거미와 비슷하여 예로부터 '거미오름'이라 불렸고, 송당리 서쪽 검은오름서검은오름과 구분하기 위해 '동검은오름'이라고 불린다. 표지판에는 '동검은이오름'이라 쓰여있지만, 생김새를 보면 거미오름이 더 잘 어울린다.

동검은이오름에 가려면 높은오름 쪽에서 차를 타고 진입하거나, 백약이오름 주차장에서 도보로 진입하는 방법이 있는데, 보통 백약이오름 주차장에 주차하고 길 건너 문석이오름과 동검은이오름으로 가는 널찍한 농로를 이용한다.

동검은이오름 입구로 들어서면 곧바로 오르막 숲길이 시작되고, 조금 더 올라서면 탁 트인 능선길이 열리면서 동시에 아름다운 두 개의 봉우리가 나타난다. 마치 여인의 가슴처럼 볼록한 봉우리와 보드라운 능선을 보면 엄마 품에 안긴 것처럼 포근해 바깥에서 기이하게 쳐다보았던 그 오름이 맞나 싶어 적잖이 놀란다. 폭신한 능선 풀밭길에는 야생화 천국이 바로 이곳이구나 싶을 정도로 형형색색의 다양한 들꽃이 촘촘히 피어있고, 살랑살랑 부는 바람에 꽃향기까지 더해지니 더할 나위 없이 만족스럽다.

그리고 이어지는 급경사 오르막길. 좀 전의 여유는 온데간데없고 순식간에 호흡은 거칠어지고 심장은 요동치는데, 몇 번을 멈춰 서서 숨 고르기를 한 후에야 겨우 정상 봉우리에 이른다. 그런데 기뻐할 새도 없이 '추락주의'라는 푯말과 함께 아찔한 깊이의 굼부리 바닥이 내려다보여 순간 현기증이 오고 오금이 저린다. 야박하게도 봉우리 탐방로 면적이 어찌나 좁은지 발을 헛디디기라도 하면 금방이라도 아래로 떨어질 것 같아 각별히 조심한다. 조심조심 걸어 안전지대로 이동하니 전혀 다른 세상이 발아래 펼쳐진다. 누렁이들이 한가로이 풀을 뜯고, 능선 뒤편에는 앙증맞은 바람개비가 돌아가고, 멀리 동쪽 해안으로는 우도와 성산일출봉이 보이고, 가까이에는 용눈이, 손지, 다랑쉬, 높은오름이 옹기종기 앉아있다. 오직 동검은이만이 내어줄 수 있는 역대급 풍광에 할말을 잃고, 어느 프레임도 버릴 것 없이 이보다 완벽할 수 없고, 이보다 멋질 수 없어 감탄사를 연발한다. 그 황홀한 능선 한귀퉁이에 걸터앉아 시간 가는 줄 모르고 풍경놀이에 빠져본다. 진짜 다른 세상에 온 것 같다.

How to Go

내비게이션에 '백약이오름' 입력

제주공항에서 31.5km 위치, 약 40분 소요. 백약이오름 주차장에 주차하고 길 건너서 도보로 970m, 10분 이동
백약이오름 쪽에서 동검은이오름으로 진입하는 길은 매우 거칠어서 차량 운행은 불가능함
동검은이오름 입구까지 차로 가려면 높은오름을 지나 반대편에서 진입 – 내비게이션 안내 불가 – 먼저 높은오름을 찾은 다음, 약 200m 직진 후 동검은이오름 쪽으로 좌회전하여 직진

버스를 이용할 경우, 백약이오름 버스 정보 참조

백약이오름 정류장에서 하차 → 맞은편 농로를 이용하여 동검은이오름 입구까지 이동

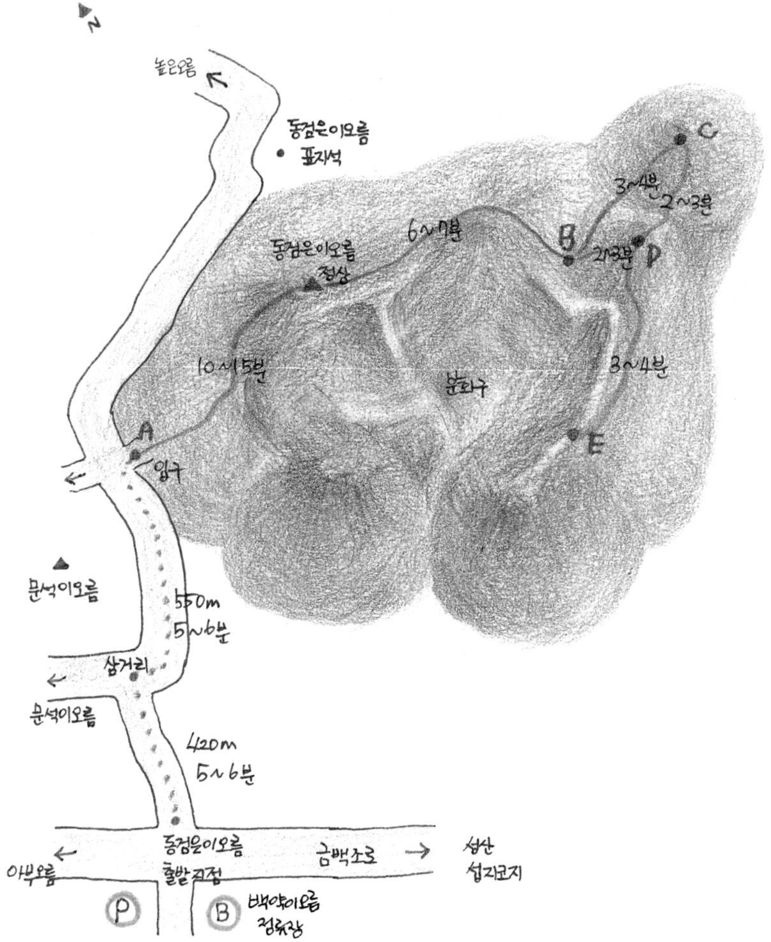

동검은이오름 정상, 분화구 주변 능선 코스

(A 오름 입구, B 지름길로 올라가는 지점, C 뒤쪽 봉우리, D 능선 갈림길, E 앞 봉우리)

A→정상→B→C→D→E→D→B→정상→A순으로 트레킹

E지점에서 분화구 아래로 이어지는 길이 있으나 혼자서는 위험하므로 오던 길로 되돌아 나오는 것을 추천, 일행이 있고 11월~3월쯤이면 분화구 탐방로를 통해 A지점으로 나아가는 것을 추천

총 50분~1시간 소요

시간 제한은 없으나 정상 부근이 가팔라서 어두워지면 위험

트레킹화, 긴바지, 스틱, 식수, 간식, 모자, 선글라스, 선크림

없음

오름 능선이 풀밭이고 그늘 없고, 종종 황소들이 탐방로를 가로막고 있음

혼자서도 괜찮지만, 동행 추천

여름철 바람 없는 날, 바람 심한 날, 비 오는 날

1

2

3

4

5

+ **문석이오름** 동검은이오름과 이웃한 문석이오름(표고 291.8m, 비고 67m)을 함께 트레킹해보자. 좁은 길을 사이에 두고 마주본 문석이에 올라 동검은이를 바라보면 전망이 꽤 좋다. 문석이오름 정상은 평평하고 억새로 뒤덮여서 늦가을이나 겨울이 좋다. 억새를 모두 베어낸 시기에 오르면 평평한 운동장 같아서 걷기가 편안하다. 현재 문석이오름은 2021년 12월까지 자연휴식년제 적용으로 출입통제하고 있다. (추후 연장 가능)

+ 추락주의 동검은이는 그 어느 오름보다 주변 오름을 관찰하기가 좋다. 특히 손지오름과 용눈이오름의 색다른 모습에 감탄사가 쏟아진다. 그런데 깊이가 70~80m나 되는 아찔한 분화구를 품고 있어 정상 봉우리에 올라서면 발밑을 쳐다보기가 무서울 정도고, 특히 바람 심한 날에는 절대 올라오지 말아야지, 하고 굳은 다짐까지 하게 될 만큼 봉우리 경사와 굼부리 깊이가 아찔하므로 각별히 조심하자.

1 정상 봉우리 아래 자리한 산담 두른 무덤 **2** 걷기 좋고, 걸터앉아 쉬기도 좋은 완만한 탐방로
3 능선에서 바라본 손지오름과 용눈이오름 **4** 오름 정상에서 내려다본 평화로운 분화구 둘레 능선
5 문석이에서 바라본 동검은이오름

매력 만점 오름을 한꺼번에

금백조로 코스 백약이오름–좌보미오름–동검은이오름–문석이오름

금백조로 코스는 제주 오름 중에서 가장 독특하고 매력 만점 오름을 한꺼번에 만나볼 수 있다. 아름다운 분화구를 조망하며 편안하게 산책할 수 있는 백약이오름, 다양한 다섯 개의 봉우리를 맛보며 오름 트레킹의 묘미를 느낄 수 있는 좌보미오름, 독특한 생김새와 포스를 뽐내는 동검은이오름을 연달아 트레킹할 수 있어 흥미진진하다. 백약이오름은 많이 알려져 있어 탐방객이 많은 편이지만, 나머지 오름은 탐방객이 많지 않아 혼자 찾아가기에는 부담스러우니 누군가와 함께 트레킹하는 것이 좋겠다. 오름 주변에 편의시설이 전혀 없어 불편하지만 그 불편함을 감수해도 좋을 만큼 만족스러운 코스이므로 특별한 오름을 찾는 이들에게 강력 추천한다. 동검은이오름으로 갈 때는 농로를 이용해야 하는데, 울퉁불퉁 돌멩이와 물이 고여있는 웅덩이 때문에 차량 통행이 불가능하므로 백약이오름에 주차하고 걸어가는 것이 좋다.

* 문석이오름은 자연휴식년제 시행으로 2021년까지 출입 제한

소요시간 4~5시간, 차량 이용하지 않고 전체를 도보로 트레킹 시 5~6시간 소요

백약이오름(40~50분)

2km
승용차 5~6min
도보 30min

좌보미오름(1시간 30분~2시간)

백약이 주차장까지 2km
승용차 5~6min
도보 30min

문석이오름으로 가는 농로

동검은이 입구까지
990m, 10~15min

동검은이오름(50분~1시간)

좁은 길 건넘
1min

문석이오름(20~25분)

600m
7~8min

백약이오름 주차장

Trekking Tip

🚌 백약이오름 정류장에 하차하여, 순서대로 트레킹한다.

🚗 백약이오름 주차장에 주차하고 백약이오름 트레킹 → 좌보미오름 입구까지 자동차로 이동 → 좌보미오름 트레킹하고 다시 백약이오름 주차장으로 이동 주차 → 백약이오름 주차장에서부터 문석이와 동검은이오름은 도보로 이동하여 각각 트레킹 → 다시 백약이오름 주차장으로 돌아와 트레킹을 마친다. 비가 많이 내리면 며칠 동안 백약이오름에서 좌보미오름으로 가는 샛길에 물이 많이 고여서 차량 이동이 어려울 수 있다.

Tip 1. 높은오름까지 추가로 트레킹을 원한다면, 동검은이오름 입구에서 높은오름으로 도보 이동할 수 있으나, 다시 돌아오는 길이 멀기 때문에 문석이오름 트레킹을 마친 후 백약이오름 주차장으로 돌아와 차를 타고 높은오름 주차장으로 이동하여 트레킹하는 것이 효율적이다.

2. 인근에 편의시설이 전혀 없으므로 식수와 간식은 사전에 준비하고, 화장실을 이용할 경우 거슨세미오름 주차장(3.7km, 5~6분) 화장실을 이용한다.

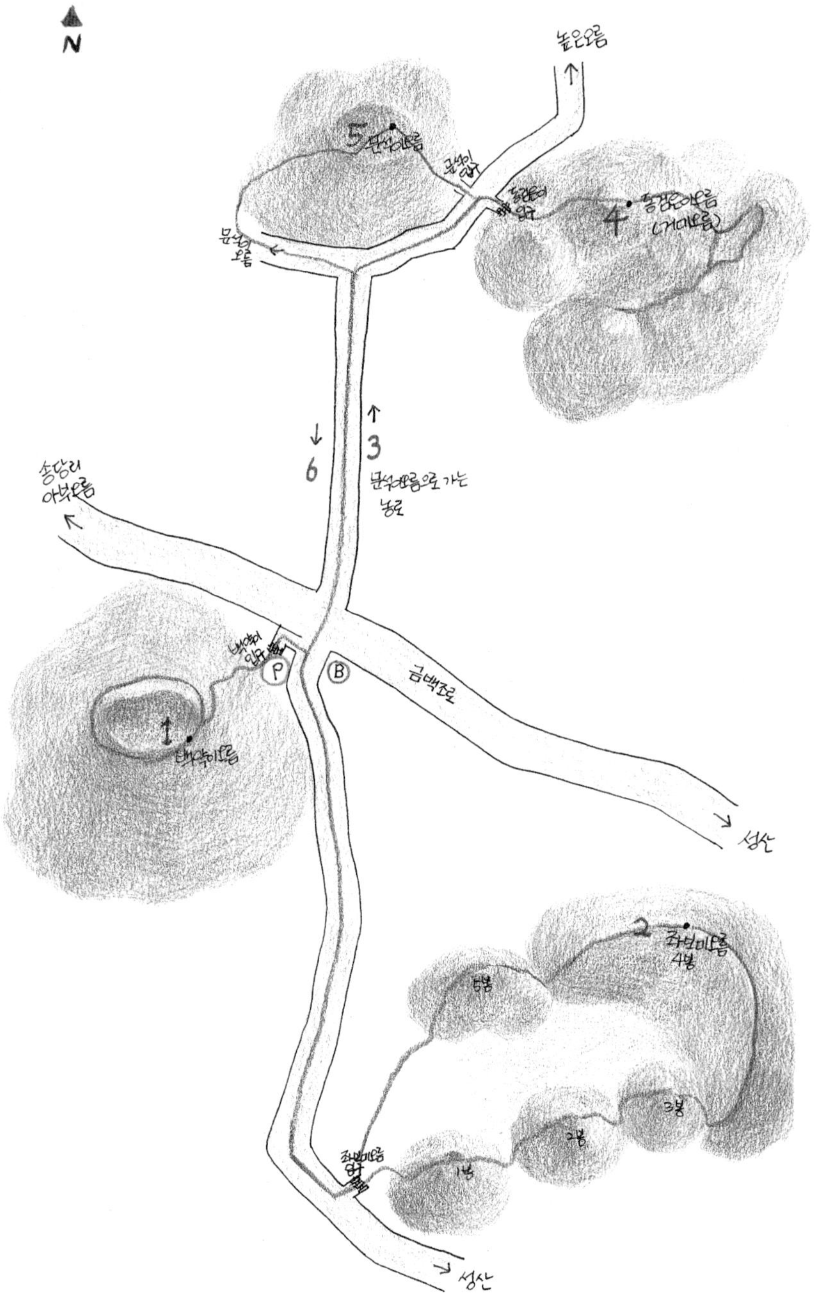
N
높은오름
5
4
(거미오름)
3
6
송당리
아부오름
P
B
금백조로
성산
2
4봉
5봉
3봉
2봉
1봉
성산

돛오름하자!

돝오름

접근성 하
난이도 중
추천계절 사계절

정상 뷰 ★★★★
분화구 뷰 ★★★
탐방로 상태 ★★★★

별칭 비지오름, 돛오름
트레킹 포인트 숲길, 전망
함께 트레킹 높은오름, 다랑쉬오름

주소 제주시 구좌읍 송당리 산 3, 평대리 산 16
표고 284.2m
비고 129m

구좌읍 송당리와 평대리 경계에 자리한 돝오름은 오름 모양이 돼지를 닮았다고 하여 돝오름'돝'은 돼지의 옛말이라 불리게 되었는데, 도대체 어떤 모습을 보고 돼지를 닮았다고 하는지 도통 모르겠다. 근처 어느 쪽에서 봐도 돼지 형상은 보이지 않고, 울창한 숲으로 둘러싸인 평범한 오름만 보일 뿐이다. 오히려 인근 마을 사람들은 돝오름을 '비지오름'이라 부르는데, 그 이름이 더 설득력 있다. 돝오름은 비자림의 뒷산으로, 비자림을 '비지곶'이라 불렀는데, '비지'는 비자를, '곶'은 숲을 말한다.

돝오름 탐방로는 독특하게도 바위계단으로 시작된다. 처음부터 험준한 길이 펼쳐지면 어쩌나 살짝 긴장하며 계단을 오르면, 걷기 좋은 삼나무숲길이 이어진다. 곧이어 둘레길과 정상으로 가는 갈림길이 나오는데, 시간이 여유롭다면 둘레길을 한바퀴 돌고 정상을 향해 올라도 좋다. 삼나무숲에서 벗어나 오름 중턱으로 올라서면 시야가 탁 트이면서 정겨운 오솔길이 이어지고 발아래로 울창한 비자숲이 펼쳐진다.

돝오름은 능선이 예뻐서 한길음한걸음 걸음이 더해질 때마다 흐뭇한 미소가 피어난다. 적당히 키가 큰 나무는 시야를 크게 방해하지 않고, 능선을 지나는 바람도 적당히 부드럽고, 야트막하게 팬 굼부리 또한 포근하게 열려있다. 굼부리 안으로 들어찬 덤불과 소나무도 굼부리의 조망을 해치지 않을 만큼 자리를 차지하고 있어서 무엇 하나도 불만 없는 걸음이 이어진다.

굼부리 둘레 능선길에는 어린 소나무가 줄지어 심어졌는데, 파릇파릇 생기가 넘쳐 건강해 보인다. 소나무 재선충소나무에 치명적인 해충으로, 감염되면 100% 고사한다으로 많은 오름의 소나무가 말라 죽어가는데, 이러다 소나무가 모두 없어질까 걱정이다. 이 어린 소나무는 재선충에 걸리지 않고 무럭무럭 건강하게 자라면 좋겠다.

둘레길을 돌아 정상에 오르니, 널찍한 풀밭 봉우리에 벤치가 놓여있고 전망은 막힘없이 시원하다. 돝오름은 다른 오름과 제법 멀리 떨어져 있어서 왠지 짠해 보이는데, 다랑쉬오름과 둔지오름이 그나마 가까이 있어 조금은 덜 외롭겠다.

넉넉한 봉우리 쉼터에 앉아 주변을 둘러보고 있노라면 왠지 들판에 홀로 떠있는 돛단배에 오른 느낌이다. 하늘은 파랗고 뭉게구름은 두둥실, 들판의 바람도 시원하다. 그렇게 돝오름에 누워서 제주의 들판을 유유히 떠다니면 좋겠다.

머묾이 참 좋은 돝오름, 너 오늘부터 그냥 돛오름하자!

How to Go

내비게이션에 '돝오름' 입력

제주공항에서 34.8km 위치, 약 45분 소요, 돝오름 주차장 이용

버스 이용은 쉽지 않고, 승용차 이용이 편리함

오름 근처에 버스정류장이 없어서 송당 마을에서 하차해 이동해야 함

제주공항 1층 1번 게이트 – 표선, 성산, 남원 방면(1번) 정류장 이용

111번(50분), 112번(1시간) 승차 → 송당로타리 정류장에서 하차 → 돝오름 입구까지 2.4km, 30분 이동.
인도가 없으니 차량 조심

Trekking Map & Tip

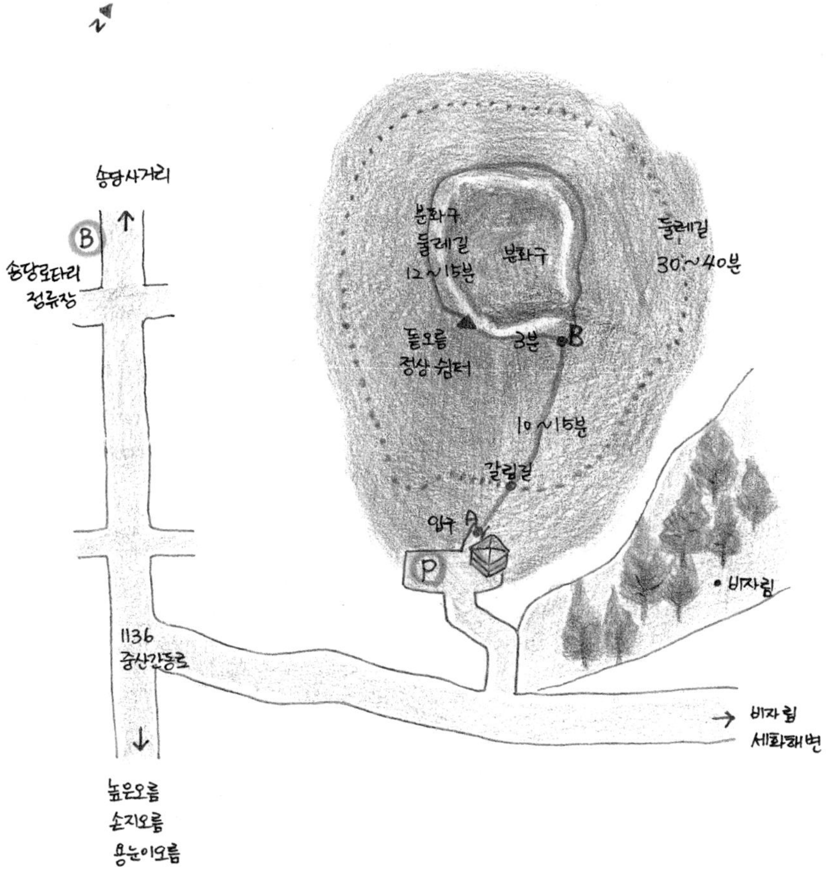

돝오름 정상 분화구 둘레길 코스, 돝오름 둘레길 코스(A 돝오름 입구, B 분화구 둘레 갈림길)

1. 정상 분화구 둘레길 코스 A→B→직진, 분화구 둘레길→정상→B→A순으로 트레킹

B에서 왼쪽 정상으로 오르는 길은 경사가 심해 힘들고, 정면 능선을 돌아 올라가는 것이 수월

2. 둘레길 코스 A로 진입하여 1~2분 정도 오르면, 곧바로 오름 정상과 둘레길로 나뉘는 갈림길

둘레길은 경사가 완만하고 편안하여 좌우 어느 쪽으로 한 바퀴 돌아도 무방

정상만 트레킹하면 총 40~50분 소요, 둘레길까지 트레킹하면 1시간 10분~1시간 30분 소요

시간 제한 없음

운동화, 식수, 모자, 선글라스, 선크림

없음

오름 초반부는 삼나무숲길, 오름 능선은 소나무숲길, 봉우리는 풀밭길

인적이 드문 오름이므로 동행 추천

한여름 낮, 비 오는 날

1 오름 초입 빽빽한 삼나무숲길 2 도로에서 올려다본 돝오름
3 이른 봄 돝오름 탐방로 4 여럿이 함께 걸어도 좋은 돝오름 둘레길
5 돝오름에서 본 비자림 6 비자나무숲을 감싸고 있는 돌담길

2

3

4

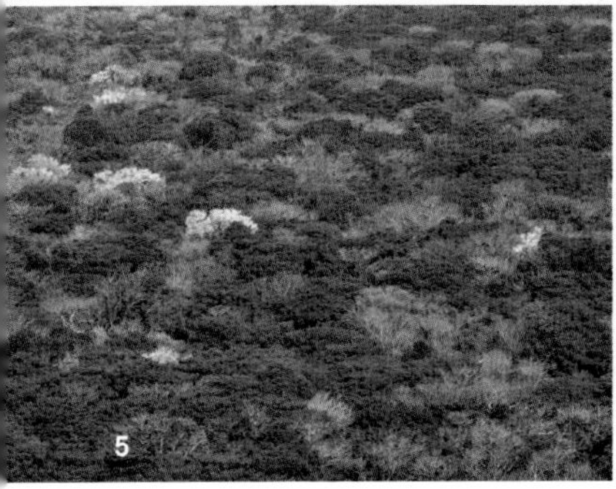

5

6

+ **비자림** 돝오름에 오르면 발아래로 500~800년생 비자나무 2,800여 그루가 자생하고 있는 천연비자나무 군락지인 비자림이 마치 양탄자처럼 드넓게 펼쳐진다. 돝오름에서 비자림까지 탐방로가 이어져 있지는 않지만, 돝오름 주차장에서 비자림 입구까지 3.3km, 차량으로 약 5분이면 갈 수 있으니 비자림까지 연이어 트레킹해보자. 비자림은 탐방 코스를 따라 짧은 코스는 40분, 긴 코스는 1시간 20분 정도면 돌아볼 수 있고, 비가 오는 날에 걷기도 좋다.

거슬러 흐르는 샘이 있어

거슨세미오름

접근성 상
난이도 중
추천계절 사계절

정상 뷰 ★★★
분화구 뷰 ★
탐방로 상태 ★★★

별칭 세미오름, 샘오름
트레킹 포인트 숲길
함께 트레킹 안돌오름, 밧돌오름

주소 제주시 구좌읍 송당리 산 145
표고 380m
비고 125m

거슨세미오름은 최근에 제주도가 비자림로 확장 공사를 한다면서 삼나무 수백 그루를 무참하게 베어낸 바로 그 주변에 위치한 오름으로, 입구에 버스정류장이 있어서 버스를 타고도 쉽게 찾을 수 있다. 다른 오름에 비해 오름 출입로가 여러 곳이라 초행에는 헤매기 십상인데, 주차장을 통해 들어가는 출입로에서 트레킹을 시작하는 것이 좋다.

거슨세미오름은 제주의 그 어떤 오름에도 뒤지지 않을 만큼 숲길이 아름답다. 오름 전체를 한 바퀴 돌아볼 수 있는 둘레길에는 비자나무, 삼나무, 편백나무숲이 조성되어 있고, 육지의 산에서 볼 수 있을 법한 다양한 수종의 울창한 숲을 만끽할 수 있다. 둘레길이 잘 정비되어 있어서 사계절 어느 날씨에 찾아도 불편함 없이 트레킹할 수 있고, 경사가 완만하여 아이들과 함께 걸어도 좋다.

거슨세미오름은 말굽형 분화구를 지닌 오름으로, 좌우 양팔을 길게 늘어뜨리고 앉아 있는 형국이라 늘어뜨린 한쪽 능선으로 올라갔다가 정상을 지나 반대편 능선으로 내려올 수 있는데, 시간이 넉넉하다면 둘레길을 걷고 나서 정상까지 들러 보면 더 좋겠다.

둘레길에서 벗어나 정상으로 오르는 탐방로로 들어서면 시야가 트이고 주변의 익숙한 오름이 하나둘 보이는데, 샛길 하나를 사이에 두고 마주앉은 안돌과 밧돌오름이 무척이나 가까워 보이고, 도넛 모양일 거라 생각했던 아부오름은 색다른 생김새를 보여준다. 정상을 지나 반대편 능선으로 내려가면 정겨운 오솔길이 이어지고, 내리막이 끝나고 평지에 다다를 즈음 거슨샘이 보인다.

제주의 오름 중에는 샘이 있는 오름이 몇 있는데, 그 샘은 대부분 고여 있거나 흐르더라도 바다를 향해 흐른다. 그런데 유독 이곳 거슨샘만 바다 방향이 아닌 한라산이 있는 방향으로 흐른다. 제주에서는 한라산이 제일 높으니까 물이 흘러도 한라산에서 바다 쪽으로 흐르는 것이 당연하다. 그런데 이곳의 거슨샘은 한라산 방향을 향해 물이 흐른다. 물이 아래서 위로 역류한다는 의미가 아니라, 일반적인 형세를 따르지 않고 홀로 역행한다는 뜻에서 이곳을 '거슨세미'라고 불렀고, 오름 이름 또한 그런 거슨샘이 있는 오름이라 하여 '거슨세미오름' '거슨새미오름'이라 부르게 되었다.

How to Go

내비게이션에 '거슨세미오름' 또는 '거슨세미오름 주차장' 입력

제주공항에서 28km 위치, 약 35분 소요. 거슨세미오름 주차장이나 오름 입구 갓길 주차

제주공항 1층 1번 게이트 – 표선, 성산, 남원 방면(1번) 정류장 이용

121번 승차(42분) → 대천환승정류장(표선 방향)에서 하차 → 대천환승정류장(세화 방향)까지 260m, 2~3분 이동하여 211, 212, 711-1, 721-2, 810-1번 승차(3분) → 거슨새미오름, 안돌오름 정류장에서 하차 → 길 건너 주차장으로 이동

112번 승차(53분) → 대천환승정류장(세화 방향)에서 211, 212, 711-1, 721-2, 810-1번으로 환승(3분) → 거슨새미오름, 안돌오름 정류장에서 하차 → 길 건너 주차장으로 이동

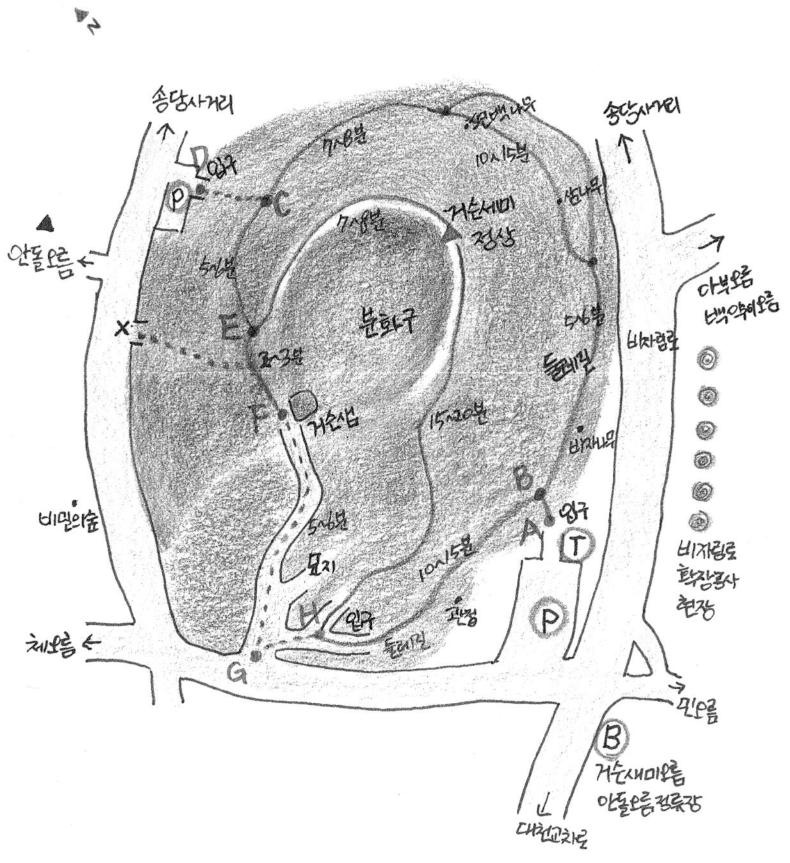

거슨세미오름 정상 코스, 거슨세미오름 둘레길 코스

(A 주차장, 오름 입구, B 오름 서쪽 입구와 동쪽 둘레길의 갈림길, C 안돌오름 주차장 출입로, 서쪽 둘레길의 갈림길, D 안돌오름 주차장, 오름 출입로, E 거슨샘물(오름 서쪽 입구), 오름 정상, 동쪽 둘레길의 갈림길, F 거슨샘, G 오름 서쪽 출입로, H 정상으로 오르는 입구와 주차장 갈림길)

1. 정상 코스 G→H→거슨세미 정상→E→F→G순으로 트레킹

2. 둘레길 코스 A→B→오른쪽 둘레길→C→E→F→G→H→B→A순으로 트레킹

3. 정상 및 둘레길 전체 코스 A→B→오른쪽 둘레길→C→E→거슨세미 정상→H→F→G순으로 트레킹

- 1번 코스는 40~50분, 2번 코스는 1시간~1시간 20분, 3번 코스는 1시간 10분~1시간 30분 소요
- 시간 제한 없음
- 트레킹화, 스틱, 식수, 간식
- 주차장 화장실 이용, 송당사거리 쪽 식당이나 편의점 이용
- 비자나무, 삼나무, 편백나무와 함께 다양한 수종의 나무를 관찰할 수 있는 울창한 둘레길이 트레킹하기 좋음
  지도에서 X표시한 안돌오름 쪽 거슨세미오름 출입로는 농로이므로 탐방 자제
- 탐방객이 거의 없으니 혼자보다는 동행 추천
- 비 오는 날, 바람 없는 한여름

1

+ 거슨샘 진짜로 물이 거슬러 흐르는 것일까? 설마 낮은 곳에서 높은 곳으로 물이 흐르는 것은 아니겠지? 온갖 기대를 하며 거슨샘 주변을 살펴보는데, 평범한 연못만 보인다. 이 연못은 거슨샘에서 흘러내리는 물을 저장하기 위해 만든 곳으로, 주변 지형을 살펴보니 한라산을 바라보고 한라산 방향으로 샘물이 흐른다. 그래서 거슬러 흐른다는 표현을 한 것이다. 어쨌든 오름 기슭에 이런 샘이 있다는 것은 신기한 일이고, 농부에게는 아주 소중한 샘물이 될 듯하다.

1 한여름의 거슨샘 2 사계절 아름다운 거슨세미오름 둘레길 삼나무숲

평화롭다

안돌오름, 밧돌오름

안돌오름	**주소** 제주시 구좌읍 송당리 산 66-2	**표고** 368.1m	**비고** 93m
밧돌오름	제주시 구좌읍 송당리 산 66-1	352.8m	103m

본디 제주 오름은 나무가 없는 민둥오름이 대부분이었지만, 부지런히 숲을 가꾼 탓에 지금은 울창한 숲으로 둘러싸인 오름이 대부분이라 오름 본연의 형세를 파악하기가 쉽지 않다. 때문에 용눈이오름처럼 풀밭으로 이루어진 오름은 어디서든 눈길을 끈다.

안돌오름과 밧돌오름 역시 풀밭 오름으로, 오름 밀집지역인 송당리 들판에 나란히 앉아있다. 안돌, 밧돌오름은 서쪽의 이달봉과 이달촛대봉처럼 누가 형이고 동생인지 모르게 사이좋게 맞닿은 형제봉으로, 두 오름 중 하나는 안쪽에 들어앉아 있어 안돌오름內石岳, 다른 하나는 바깥쪽에 나앉아 있어 밧돌오름外石岳이라 부른다.

안돌오름 탐방로는 풀밭이지만, 경사가 매우 심해서 결코 얕잡아 보면 안 된다. 초반부터 겸허한 자세로 허리를 숙여가며 거친 숨을 쉼 없이 내뱉고 나서야 겨우 오름 등성이에 올라설 수 있다.

안돌오름 분화구는 다른 오름과 달리 탐방로 옆으로 분화구가 평평하게 열려있고, 분화구 전체가 키 작은 잡목과 덤불로 우거져 울창한 골짜기를 연상시킨다. 건너편 V라인 능선 사이로 밧돌오름 봉우리가 살짝 보이는 것이 앙증맞다. 완만한 등성이를 따라 안돌오름 정상에 서면 시간이 멈춘 듯 고요하다. 거슨세미오름, 체오름, 밧돌오름이 각각 길 하나를 사이에 두고 안돌오름을 촘촘히 에워싸고 있는데, 마치 고즈넉한 산사에 들어선 기분이다. 바깥세상의 소음은 완전히 사라지고, 이따금씩 청아한 새소리가 정적을 깨고 굼부리에 울려 퍼진다. 바람 또한 부드럽고 상쾌하여 더할 나위 없이 평화롭다.

안돌오름과 밧돌오름이 맞닿은 경계지역에는 원래 잣담돌담이 쌓여있었는데, 지금은 삼나무 울타리가 대신하고 있고, 두 오름을 자유롭게 드나들던 출입로도 굳게 잠겨 있다. 때문에 각각의 출입로를 통해 안돌과 밧돌을 오르내려야 한다.

밧돌오름은 안돌에 비해 전망과 고즈넉함이 훨씬 좋은데, 길 건너 체오름은 물론 아부오름과 높은오름, 백약이와 동검은이오름 그리고 멀리 떨어진 동쪽의 돝오름과 둔지오름까지 조망하며 느긋하게 앉아 쉬는 맛이 일품이다. 특히 밧돌에서 바라본 안돌오름은 시선을 뗄 수 없을 만큼 아름답기 때문에 안돌오름을 오롯이 감상하기 위해서라도 밧돌에 반드시 올라야 한다.

밧돌오름은 5~6월이 되면 오름 전체가 개민들레꽃으로 가득한데, 바람이 살랑거릴 때마다 오름 전체가 노란 물결로 출렁인다. 봉우리에 올라 그 광경을 보고 있노라면 숨이 멎을 듯 황홀하다.

안돌, 밧돌오름은 그 어느 오름보다 평화롭고 아름다워 소중한 이와 함께하고픈 오름이다.

평화롭다 안돌오름

접근성 중
난이도 중
추천계절 9월~5월

정상 뷰 ★★★★
분화구 뷰 ★★★
탐방로 상태 ★★★★

트레킹 포인트 능선길, 주변 전망
함께 트레킹 밧돌오름, 거슨세미오름

How to Go

내비게이션에 '안돌오름' 입력

제주공항에서 약 30km 위치, 40~50분 소요. 거슨세미오름 입구 쪽 도로는 비포장으로 차량 운행이 쉽지 않으니 편안한 도로를 원한다면 송당 마을 쪽으로 직진한 다음 송당상동 버스정류장 못 미쳐서 유턴 후, 오른쪽 길로 2km 직진하면 안돌오름 입구 도착, 안돌오름 주차장 이용

내비게이션에 따라 오름 입구에 정확히 안내하지 않고, 200~300미터 전에 종료하거나 거슨세미교차로 주변으로 안내하는 경우가 있으므로, 오름 주차장이 보일 때까지 지도를 참조하여 이동

거슨세미오름 버스 정보 참조

거슨새미오름, 안돌오름 정류장에서 하차 → 안돌오름 입구까지 약 1.6km, 20~25분 이동

거슨세미오름 G지점(거슨세미오름 약도 참조)을 지나 사거리에서 우회전

평화롭고 평화롭다 밧돌오름

접근성 중
난이도 중
추천계절 9월~5월

정상 뷰 ★★★★★
분화구 뷰 ★★★★
탐방로 상태 ★★★

트레킹 포인트 능선길, 주변 전망
함께 트레킹 안돌오름, 거슨세미오름

How to Go

내비게이션에 '밧돌오름' 입력

제주공항에서 약 33km 위치, 40~50분 소요. 내비게이션에 따라 도착 지점이 상이하고, 오름 입구에 특이 사항이 없어 찾기 어려우므로 지도를 참조하여 오름 입구까지 이동

참고로 송당별장에서 오름 입구까지 950m거리이고, 오름 입구 주변에는 주차할 공간이 없으므로 오름 가기 전에 갓길 주차

제주공항 1층 1번 게이트 – 표선, 성산, 남원 방면(1번) 정류장 이용

111번 승차(42분) → 대천환승정류장(세화 방향)에서 211, 212, 711-1번으로 환승(7분) → 송당상동 정류장에서 하차 → 길 건너 송당별장 쪽 도로로 진입 → 오름 입구까지 1.3km, 10~15분 도보 이동

121번 승차(42분) → 대천환승정류장(표선 방향)에서 하차 → 대천환승정류장(세화 방향)까지 260m, 2~3분 이동하여 211, 212, 711-1번 승차(7분) → 송당상동 정류장에서 하차 → 길 건너 송당별장 쪽 도로로 진입 → 오름 입구까지 1.3km, 10~15분 도보 이동

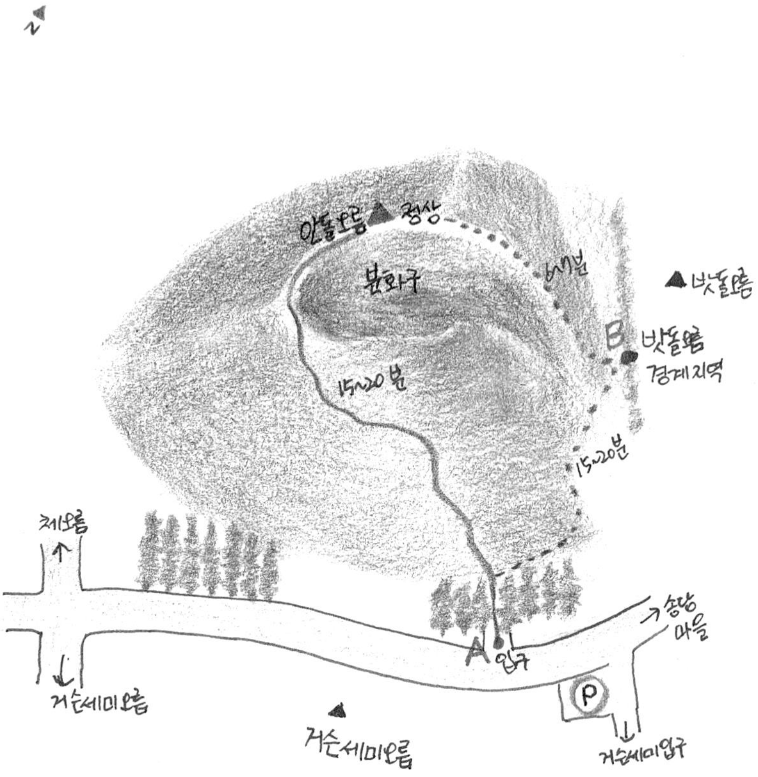

안돌오름 정상 코스(A 안돌오름 입구, B 안돌오름 둘레길 초원, 밧돌오름 경계 지역)

1. 추천 코스 A→안돌오름 정상→A순으로 트레킹

2. 난이도 높은 와일드 코스 A→안돌오름 정상→B→안돌오름 둘레길→A순으로 트레킹

1번 코스는 30~40분, 2번 코스는 40~50분 소요

시간 제한 없음

트레킹화, 스틱, 식수, 모자, 선글라스, 선크림

거슨세미오름 화장실 이용, 송당사거리 쪽 식당이나 편의점 이용

풀밭으로 이루어져 그늘이 없음, 소떼가 종종 탐방로를 점령하기도 함
안돌오름 주변에 사진 인기 장소인 비밀의 숲이 있어 진입로가 매우 혼잡하니 각별히 주의

정상 코스는 혼자서도 좋지만, 와일드 코스는 반드시 동행과 함께

여름철 한낮, 비 오는 날

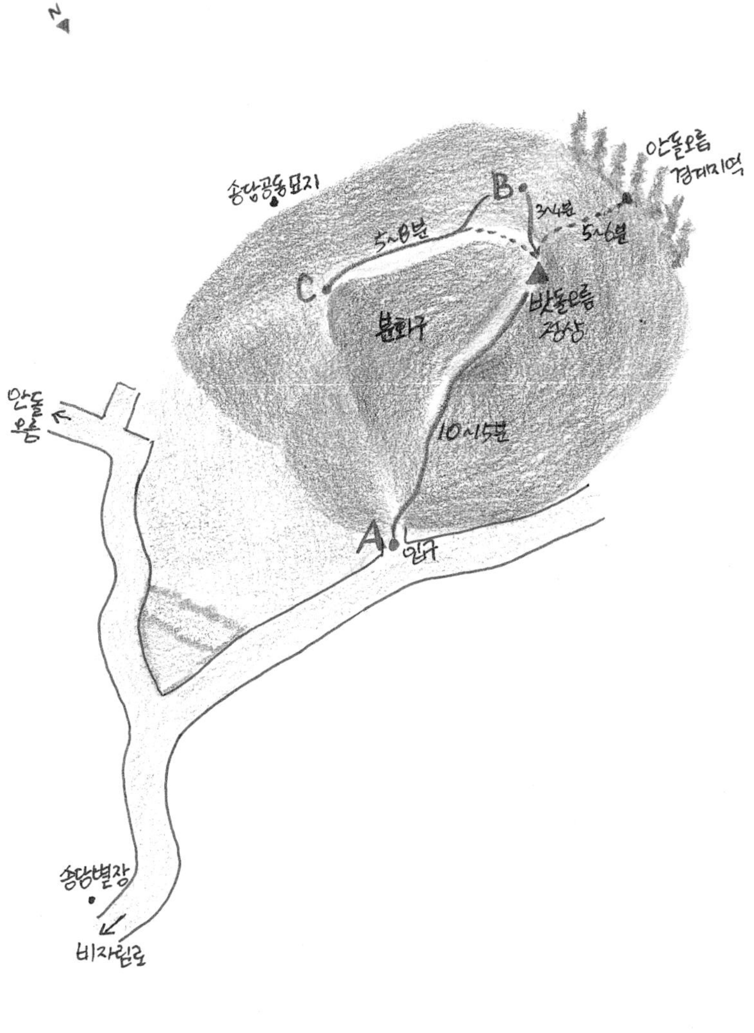

밧돌오름 정상 코스(A 밧돌오름 입구, B 안돌오름 분화구 뷰 포인트, C 맞은편 봉우리)

A→밧돌오름 정상→B→C→밧돌오름 정상→A순으로 트레킹

- 30~40분
- 시간 제한 없음
- 트레킹화, 스틱, 식수, 모자, 선글라스, 선크림
- 거슨세미오름 화장실 이용, 송당사거리 쪽 식당이나 편의점 이용
- 그늘이 전혀 없어 뜨거운 한낮만 피한다면, 아름다운 주변 경관을 감상하며 정상 쉼터에서 오래도록 머물 수 있어 좋음
- 혼자보다는 동행과 함께
- 여름철 한낮, 비 오는 날

1 밧돌오름 정상에서 내려다본 안돌오름과 주변 오름 **2** 봄날 안돌오름에서 바라본 밧돌오름
3 개민들레꽃 활짝 핀 5월의 밧돌오름 능선 **4** 밧돌오름 둘레 초원의 황소들 **5** 안돌오름 입구 **6** 안돌오름 입구 삼나무숲

+ 안돌오름 삼나무숲 안돌오름 자락에 있는 비밀의 숲은 유료 입장으로 전환되었지만, 안돌오름 입구의 삼나무숲은 누구나 자유롭게 입장이 가능하고, 규모는 작지만 아름다워 오름 트레킹 전후 잠깐 머물다 가기 좋다

유네스코 세계자연유산

거문오름

접근성 상	**정상 뷰** ★★★★	**별칭** 서검은이오름
난이도 중	**분화구 뷰** ★★★★	**트레킹 포인트** 분화구, 전망, 숲길
추천계절 사계절	**탐방로 상태** ★★★★	**함께 트레킹** 산굼부리, 안돌오름

주소 제주시 조천읍 선흘리 산 102-1
표고 456.6m
비고 112m

거문오름은 2005년 국가지정문화재로 지정되었고, 2007년 유네스코 세계자연유산에 등재되었다.

거문오름을 탐방하려면 몇 가지 절차가 필요하다. 먼저 거문오름 웹사이트에서 사전 예약을 하고, 예약시간 10분 전까지 도착해 매표한다. 출입증을 받은 후에 같은 시간대에 탐방하는 그룹과 함께 해설사의 안내에 따라 탐방한다. 만일 무단출입이나 출입증 없이 탐방할 경우 문화재보호법에 따라 처벌까지 받는다. 귀하고 소중한 자연유산이기에 어느 정도의 불편은 감수할 수밖에 없다.

오름 트레킹의 매력은 오름을 지나는 바람처럼 자유롭게 오르내리고 여유롭게 머무는 데 있는데, 그런 자유와 여유로움을 좋아하는 이에게는 거문오름 탐방 방식이 불편할 수 있다. 반면 해설사가 거문오름에 관련된 많은 정보를 주기 때문에 오름과 관련해 유용한 지식을 습득할 수 있어 좋다.

거문오름은 주변 오름에 올라가서 봐도 산체가 한눈에 쏙 들어오지 않을 만큼 옆으로 넓게 펼쳐져 있다. 총 아홉 개의 크고 작은 봉우리는 능성이로 이어져 있고, 중앙에는 거대한 말굽형 분화구가 북동쪽 방향으로 트여있다. 거문오름의 최대 매력은 울창한 산림지대로 형성된 분화구 내부를 직접 들어가볼 수 있다는 것이다. 대부분의 오름은 분화구 둘레 능선에서 분화구를 내려다보기만 하고 안으로 들어가기 쉽지 않은데, 거문오름은 분화구 안쪽까지 탐방로가 이어져 해설사의 안내에 따라 분화구 내의 생태계와 숯가마터, 화산탄, 풍혈, 용암함몰구, 일본군 갱도진지 등을 살펴볼 수 있다.

또한 거문오름은 다른 오름처럼 분화구를 지닌 화산체에 그치지 않고, 화산이 수차례 폭발하면서 북동쪽 해안가로 용암이 흘러가 벵뒤굴, 만장굴, 김녕굴, 용천동굴, 당처물동굴까지 약 13km에 이르는 직선형 용암동굴은 물론, 용암협곡과 용암함몰구, 수직동굴 등을 만들어놓았다.

거문오름은 숲으로 덮여 검게 보인다 하여 검은오름, 거문오름이라 부르게 되었다는 견해도 있고, '검은'을 신神이라는 뜻의 고조선의 '곰·감·검'에 뿌리를 두는 것으로 풀이하여 '신령스러운 산'이라는 의미에서 거문오름으로 부르게 되었다는 견해도 있다. 검게 보이는 신령스러운 산, 거문오름에서 특별한 걸음을 체험해보자.

How to Go

내비게이션에 '거문오름 탐방안내소' 입력

제주공항에서 23.4km 위치, 약 30분 소요, 거문오름 주차장 이용

제주공항 1층 1번 게이트 – 표선, 성산, 남원 방면(1번) 정류장 이용

111, 121, 131번 승차(24분) → 봉개동 정류장에서 211, 221번으로 환승(17분) → 거문오름 입구 정류장에서 하차 → 거문오름 입구(제주세계자연유산센터)까지 900m, 10~15분 이동

810-1, 111번 승차(42분) → 대천환승정류장(세화 방향)에서 하차 → 대천환승정류장(제주 방향)으로 260m, 3~4분 이동하여 810-2번 승차(7분) → 제주세계자연유산센터 거문오름 정류장 하차 → 거문오름탐방안내소까지 130m, 1~2분 이동

유료 입장(탐방안내문의 : 064-710-8981)

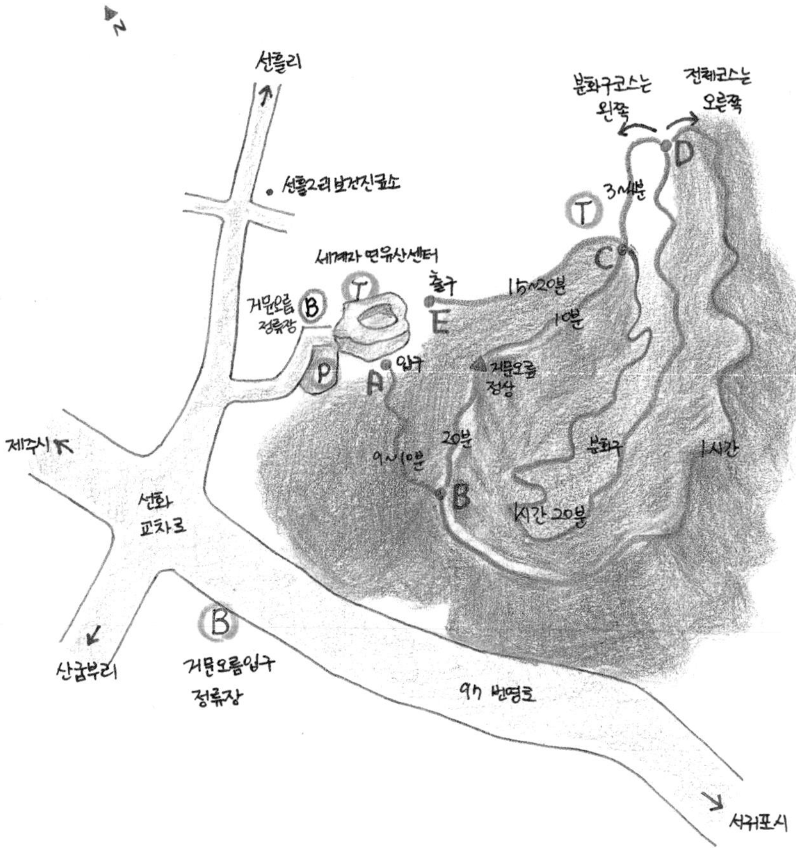

정상 코스, 분화구 코스, 전체 코스

(A 오름 입구, B 정상 코스 갈림길, C 분화구 코스 갈림길, D 전체 코스 갈림길, E 출구)

1. 정상 코스 A→B→정상→C→E

2. 분화구 코스 A→B→정상→C→분화구→D→C→E

3. 전체 코스 A→B→정상→C→분화구→D→B→A

오름 주변을 조망하고 싶다면 1번 코스를, 분화구 내 알오름과 역사유적지까지 보고 싶다면 2번 코스를, 거문오름의 나머지 봉우리도 모두 완주하고 싶다면 3번 코스 선택

1코스 약 1.8km, 1시간 / 2코스 약 5.5km, 2시간 30분 / 3코스 약 10km, 3시간 30분 소요

오전 9시~오후 1시(30분 간격 출발) / 매주 화요일, 설날, 추석 휴식일

운동화, 식수 / 앞트임 샌들, 등산용 샌들, 양산, 우산, 스틱, 아이젠, 음식물 불가

센터 입구 편의점 및 화장실 이용

사전 예약 탐방, 1일 450명 제한, 자연유산해설사 동행 탐방, 거문오름 웹사이트에서 사전 예약
전일 오후 5시까지 예약 가능, 기상악화 시 전면 통제, 애완동물 입장 금지

혼자도 좋음

비 오거나 눈 오는 날 미끄럼 주의

+ **제주세계자연유산센터** 세계자연유산센터는 거문오름 탐방로 입구에 있다. 트레킹을 마치고 전시장을 관람해보자. 제주도의 지질과 한라산 백록담의 형성 과정, 제주 오름의 비밀을 풀어보고 이해하는 알찬 시간이 될 것이다.
관람 시간 오전 9시~오후 6시

1 거문오름 분화구 숲길 **2, 3** 거문오름 분화구 탐방로 **4** 제주세계자연유산센터 입구
5 제주세계자연유산센터 전시장 내부 **6** 거문오름 삼나무숲 탐방로

좋다좋다

큰지그리오름

접근성 중
난이도 중
추천계절 사계절

정상 뷰 ★★★★
분화구 뷰 ★
탐방로 상태 ★★★

트레킹 포인트 교래곶자왈숲, 편백나무숲길, 전망
함께 트레킹 붉은오름

주소 제주시 조천읍 교래리 산 119
표고 598m
비고 118m

지그리 지그리, 이름이 너무 예뻐 호감 가는 오름. 왜 '지그리'라 불렀을까? 찾아보니 그 어디에서도 '지그리'의 어원은 찾아볼 수 없고, 다만 지그리오름 옆에 작은 오름을 하나 거느리고 있어서 각각 '큰지그리' '족은지그리'라 부른다는 것만 알려져 있다.

큰지그리오름에 가려면 민오름이나 바농오름을 통해 갈 수도 있지만, 그 길은 탐방로가 정비되어 있지 않고 초행길에는 헤맬 수 있으니 탐방로가 잘 정비된 교래곶자왈숲길을 이용하는 것이 좋다. 교래자연휴양림은 유료지만, 입장료가 전혀 아깝지 않다. 매표소에서 약 2km 이상의 곶자왈 구간을 지나야 큰지그리오름에 당도할 수 있다.

곶자왈숲길로 들어서면 동화에서나 나올 법한 울창한 숲 풍경이 눈앞에 펼쳐져 감탄사가 쏟아진다. 자연 그대로의 원시림 품에서 켜켜이 쌓인 나뭇잎을 밟으며 걷는 걸음이 환상이다. 꼬불꼬불 좁다란 길로 금방이라도 뱀이 쑥 지나갈 것만 같은데 겁도 없이 '좋다좋다'를 연발하며 사기충천해 걷게 된다. 그렇게 한참을 곶자왈 그림에 빠져 흥에 겨워 걷다보면, 숲길과 초지길로 나뉘는 갈림길이 나오는데, 어느 길을 선택해도 무방하다. 초지길은 탁 트인 하늘과 넓은 초원이 펼쳐지는 길로, 무엇보다 큰지그리오름을 한눈에 조망할 수 있어 좋다. 숲길 구간 또한 여태까지 감탄사를 쏟아내며 걸어온 곶자왈의 연장선으로, 더 오랫동안 숲에 머물고 싶다면 숲길을 선택한다.

큰지그리오름 탐방로로 들어서면 제법 울창한 편백나무숲길이 이어진다. 쭉쭉 뻗은 편백나무 사이로 시원한 바람과 햇살이 스며들어 편백숲의 향기를 더해주니, 이 길 또한 좋다좋다를 연발하며 초록에너지를 제대로 충전할 수 있다. 편백숲을 통과하면 제법 경사진 계단길이 이어지는데, 정상까지 오르는 길이 만만치 않다. 그래 봐야 순수 높이 118m의 낮은 오름이다.

정상에 올라서면 엄청 가까워진 한라산의 위용에 깜짝 놀란다. 이제 동부 해안이나 중산간에서 흔히 봐왔던 오름은 너무 멀어져서 찾아내기도 힘들 정도로 작다. 반면 한라산 가까이 산간 쪽에 자리한 오름은 엄청나게 크게 보여 큰지그리오름의 위치를 가늠케 한다. 특히 주변 오름과 함께 어우러진 한라산 그림이 무척이나 아름답다. 발아래로는 돌문화공원과 교래곶자왈의 울창한 숲이 양탄자처럼 깔려있고, 파란 하늘과 드넓은 들판 풍경 또한 한없이 여유로우니 마음껏 앉아있어도 좋겠다. 특히 큰지그리오름 정상 전망대는 나무판으로 넉넉하게 쉼터를 만들어놓아 편안히 앉아 풍경놀이하기에 더할 나위 없이 좋다.

How to Go

내비게이션에 '교래자연휴양림 주차장' 입력

제주공항에서 21.5km, 약 35분 소요, 교래자연휴양림 주차장 이용

제주공항 1층 1번 게이트 – 표선, 성산, 남원 방면(1번) 정류장 이용

111, 121, 131번 승차(24분) → 봉개동 정류장에서 231번으로 환승(15분) → 교래자연휴양림 정류장에서 하차 → 교래자연휴양림 입구까지 약 600m, 6~7분 이동

₩ 유료 입장(탐방안내문의 : 064-710-7475)

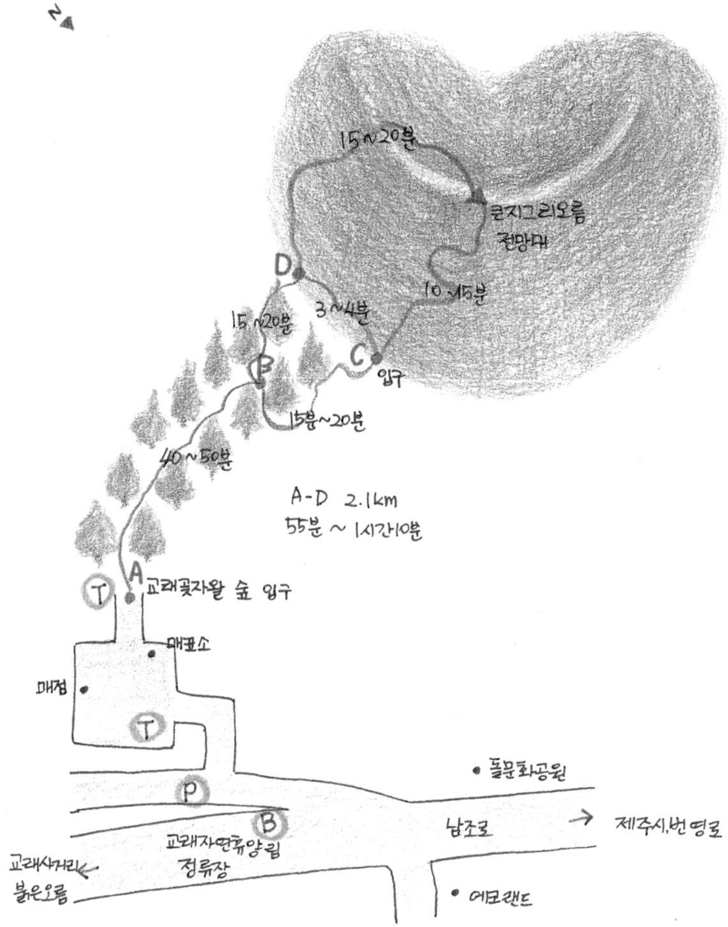

교래곶자왈숲길 코스, 큰지그리오름 전망대 코스(A 곶자왈숲 입구, B 초지 갈림길, C 오름 입구, D 곶자왈숲 갈림길)

12월~3월 A→B→C→D→전망대→C→B→A순으로 트레킹

4월~11월 A→B→D→전망대→C→D→B→A순으로 트레킹

B–C 구간은 큰지그리오름을 조망해볼 수 있는 초지길로 탐방이 허용되는 기간에는 놓치지 말 것

총 3.5km, 최소 2시간 30분~3시간

오전 7시~오후 4시(동절기 3시까지)

트레킹화, 스틱, 긴바지, 식수, 간식

매표소 옆 화장실, 매점(컵라면, 김밥, 스낵, 음료수) 이용

오름에 오르려면 교래곶자왈숲을 통과해야만 갈 수 있음

4~11월 진드기나 뱀 때문에 위험하니 초지길은 탐방 금지

혼자서도 좋지만, 혼자 보기 아까워 함께 걸으면 더 좋음

비 오는 날

+ **교래곶자왈숲길** 곶자왈이란, 제주말 '곶(숲)'과 '자왈(나무와 덩굴이 마구 엉클어져 어수선한 곳)'의 합성어로, 화산 활동으로 분출한 용암류가 만들어낸 암괴지대에 나무와 덩굴식물 등 다양한 식생이 어우러진 원시림을 의미한다. 큰지그리오름에 가기 위해서는 반드시 거쳐야 하는 교래곶자왈숲. 무려 2.1km 구간을 통과해야 하지만 일부러 찾고 싶을 만큼 아름다운 숲이다. 이 숲길 덕분에 큰지그리오름 트레킹이 한층 더 풍성해진다.

1 초가을 목초지에서 올려다본 큰지그리오름 **2** 한겨울 큰지그리오름 탐방로 입구 **3** 큰지리오름 입구 편백나무숲길
4 한겨울 큰지그리오름 정상에서 올려다본 한라산과 주변 오름 **5** 큰지그리오름의 관문, 교래곶자왈숲길
6 가을 교래곶자왈숲길 **7** 전망 좋은 큰지그리오름 정상 전망대

다채롭다

붉은오름

접근성 상	**정상 뷰** ★★★★	**트레킹 포인트** 전망, 분화구 둘레길
난이도 중	**분화구 뷰** ★★★	**함께 트레킹** 사려니숲길, 물영아리오름
추천계절 사계절	**탐방로 상태** ★★★★	

주소 서귀포시 표선면 남조로 1487-73
표고 569m
비고 129m

제주 오름은 숲으로 이루어진 곳이 많아서 짧은 숲길 트레킹에 제격이다. 해안이나 중산간 낮은 지역에 자리한 오름일수록 일 년 내내 푸른 삼나무와 소나무로 조림된 곳이 많고, 중산간지대 이상 한라산과 가깝게 자리한 오름일수록 자연림이 많다. 때문에 삼나무나 소나무로 조림된 숲은 사계절 내내 초록빛을 감상할 수 있어 좋고, 낙엽수림 등 자연림으로 이루어진 숲은 계절 변화에 민감해 계절이 바뀔 때마다 다채로운 빛깔을 감상할 수 있어 좋다.

붉은오름 기슭에는 삼나무와 해송이 있어 사계절 한결같이 푸르지만, 중턱부터는 낙엽수림 등 자연림이 숲을 이루고 있어 정상에 가까워질수록 사계절의 변화가 확연히 드러난다. 봄에는 땅밑에서부터 서서히 올라오는 연둣빛과 노란 복수초가 봄날의 기운을 한껏 북돋아주고, 여름에는 폭발할 듯 더해가는 초록빛 잔치에 숲의 기운이 더욱 풍성해진다. 또한 가을에는 울긋불긋 나뭇잎과 성급한 낙엽이 어우러져 숲의 운치를 더해주고, 겨울에는 앙상한 나뭇가지와 함께 쓸쓸한 빛마저 감돌지만, 사계절 숲의 정취는 여전히 매력적이다. 때문에 찾아갈 때마다 빛깔과 분위기가 달라져서 깜짝 놀라고, 새로운 계절이 찾아올 때마다 바뀐 풍경화가 궁금하다.

붉은오름은 흙빛이 붉어서 '붉은오름'이라 부른다고 하는데, 어쩌면 숲이 형성되기 이전에는 정말 붉게 보였을지 모르겠다. 지금은 워낙 숲이 울창한 데다 휴양림이 조성되면서 흙이 드러난 탐방로까지 매트와 나무계단을 촘촘하게 깔아 붉은 흙을 찾아보기가 쉽지 않다.

붉은오름 굼부리는 우묵한 원형인데, 굼부리 안팎이 엄청 우거져서 전망대에서 내려다봐도 울창한 숲만 보일 뿐 자세히 관찰하기가 쉽지 않다. 다만 굼부리 둘레길을 한바퀴 돌면서 우거진 나뭇가지 사이로 굼부리 능선 및 안쪽 형세를 조금이나마 구경해볼 수 있다.

붉은오름에 가려면 사려니숲에서 진입하는 길도 있지만, 휴양림이 조성되면서 현재 사려니숲에서 진입하는 탐방로는 막힌 상태이므로, 붉은오름자연휴양림을 통해서 입장료를 내고 올라야 한다.

유료로 입장한 만큼 휴양림에 조성된 여러 숲길과 말찻오름까지 연이어 트레킹해보자. 붉은오름은 숲을 좋아하는 이들에게 최고의 힐링 장소가 되어줄 것이다.

How to Go

내비게이션에 '붉은오름자연휴양림' 입력

제주공항에서 26km, 약 35~40분 소요, 붉은오름자연휴양림 주차장 이용(유료)

제주공항 1층 1번 게이트 – 표선, 성산, 남원 방면(1번) 정류장 이용

111, 121, 131번 승차(24분) → 봉개동 정류장에서 231번으로 환승(22분) → 붉은오름휴양림 입구 정류장에서 하차 → 붉은오름휴양림 입구 매표소까지 약 350m, 4~5분 이동

유료 입장(탐방안내문의 : 064-760-3483)

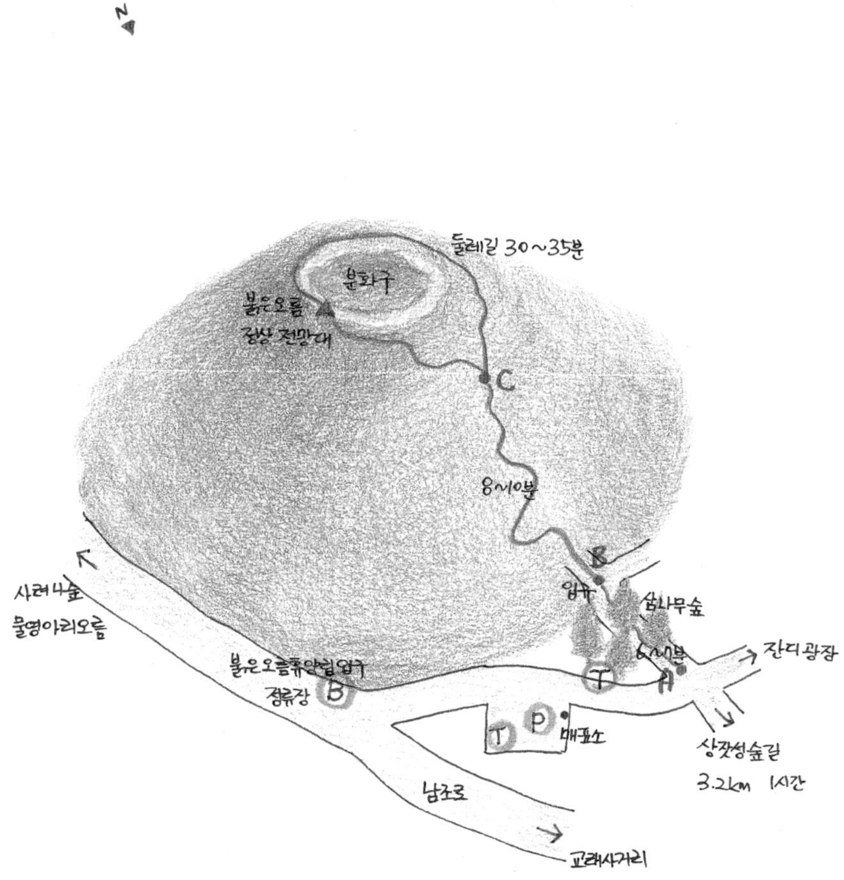

붉은오름 정상, 분화구 둘레길 코스(A 삼나무숲 입구, B 상잣성 숲길 갈림길, C 정상 갈림길)
A→B→C→정상 전망대→분화구 둘레길→C→B→A순으로 트레킹
C지점 갈림길에서 좌우 어느 쪽을 택해도 무방하나 전망대와 가까운 왼쪽 길 추천

- 총 1.7km, 1시간~1시간 30분 소요
- 일출 이후~일몰 이전, 기상에 따라 탐방이 제한될 수 있음(동절기 오후 4시 30분까지, 그외 오후 5시까지)
- 트레킹화, 식수
- 오름 입구 화장실, 매표소 앞 쉼터, 매점 없음
- 휴양림 내 상잣성 숲길(1시간), 해맞이 숲길과 말찻오름(2시간), 무장애 나눔숲길(30분) 추가 트레킹 가능
- 혼자도 좋음
- 둘레길 탐방로가 미끄러운 비 오는 날, 눈 내리는 날

1 붉은오름 진입로 삼나무숲 2 초록이 싱그럽게 피어나는 이른 봄날 아침 붉은오름 탐방로
3 알록달록 단풍빛으로 물들어가는 가을날 붉은오름 탐방로 4 한라산과 주변 오름이 시원스럽게 펼쳐지는 정상 전망대
5 사계절 다채로운 울창한 분화구 6 가을날 붉은오름 탐방로 7 겨울날 상잣성 숲길

4

5

6

7

+ 붉은오름자연휴양림 숲길 휴양림에 조성된 다른 숲길을 연계해 트레킹해도 좋다. 상잣성 숲길은 오름 진입로와 연결되어 있어 1시간 정도 추가로 트레킹하기 좋고, 말찻오름까지 갈 수 있는 해맞이 숲길은 상잣성 숲길 안쪽에 있어 좀 더 오랫동안 숲길 트레킹하기 좋다. 또한 오름 진입로에 조성된 삼나무숲길은 넉넉한 쉼터가 있어 삼나무 그늘 아래서 편하게 머무르기 좋다. 이른 아침 휴양림 입장시간은 제한이 없으나 오후에는 입장시간이 제한된다.

접근성 상
난이도 중
추천계절 사계절

정상 뷰 ★
분화구 뷰 ★★★★
탐방로 상태 ★★★★

별칭 수영악, 수영산
트레킹 포인트 람사르습지, 삼나무숲길
함께 트레킹 붉은오름

람사르습지

물영아리오름

주소 서귀포시 남원읍 수망리 산 189
표고 508m
비고 128m

물영아리는 오름 정상 분화구에 늘 물이 잔잔하게 고여있다고 해서 붙은 이름으로 '수영악水靈岳' 또는 '수령악'이라고도 부른다. 현재 물영아리오름을 람사르습지로 지정하여 보호하고 있고, 오름 진입로에 탐방안내소가 있어서 원한다면 해설가에게 습지 설명을 들을 수 있다. 탐방안내소를 지나면 넓은 초지가 펼쳐지고, 그 뒤편으로 물영아리오름이 듬직하게 자리하고 있다. 오름 밑자락과 정상으로 향하는 길에는 삼나무가 촘촘하고, 나머지 면은 상록수와 낙엽수 등으로 울창하게 덮여있다.

탐방로 입구에 서면 정상까지 일직선으로 계단이 이어지는데, 위아래 사방 어디를 둘러봐도 온통 쭉쭉 뻗은 삼나무 천지라 바깥 풍경은커녕 하늘 보기도 쉽지 않다. 오르고 또 올라도 끝나지 않을 것 같은 계단에 걸음은 점점 느려지고 숨이 가빠진다. 다행히 계단 중간중간 쉼터가 있어서 잠시 쉬면서 숨을 가다듬을 수 있고, 멋진 삼나무를 실컷 구경하면서 쉬엄쉬엄 오르다보면 어느새 계단도 줄어들고 끝이 보인다.

삼나무숲 오르막 계단이 끝나면 어느 곳이 정상인지 구분할 새도 없이 다시 내리막길이 시작된다. 이번에는 꼿꼿한 삼나무에게 반항이라도 하듯 줄기가 꾸불꾸불 아무렇게나 뻗은 나무가 반기는 숲길이다. 얼마간 내려가면 이내 눈앞이 훤해지면서 뻥 뚫린 하늘과 그 하늘만큼 널찍하고 둥그런 습지가 모습을 드러낸다. 어떻게 이 높은 봉우리에 습지가 있는지 마냥 신기하다. 습지 주변을 울창한 숲이 에워싸고 있어 마치 습지를 보호하고 있는 것처럼 느껴지는데, 계절에 따라 날씨에 따라 다른 빛깔을 뿜어내서 올 때마다 분위기가 다르다. 이곳에서는 하늘과 습지 외에 보이는 것이 없으므로 날씨를 따지지 않아도 되고, 흐린 날이나 비 오는 날도 좋다. 오히려 비 오는 날에는 더욱 운치 있고 몽환적인 습지 풍경을 기대해볼 수 있다. 삼나무숲길이 나무계단으로 이어져서 비가 와도 걷는 데 어려움이 없고, 비가 많이 내리면 습지 물도 늘어나니 어쩌면 물영아리오름 탐방은 비 오는 날이 제격이겠다.

정상까지 일직선으로 이어진 계단이 부담스럽다면 시원한 주변 전망과 함께 삼나무숲을 느긋하게 음미할 수 있는 오른쪽 둘레길을 돌아 정상으로 올라보자. 탐방 시간이 넉넉하다면 정상 습지와 함께 둘레길 전체를 한 바퀴 돌아봐도 좋겠다.

* 람사르협회에서는 람사르 협약에 따라 독특한 생물, 지리학적 특성을 가졌거나 희귀 동식물 종의 서식지 또는 물새 서식지로서의 중요성을 가진 습지를 람사르습지로 지정하여 보호하고 있다. 물영아리오름 습지는 소화산체 분화구이면서 전형적인 온대산지습지의 특징을 가지고 있고, 그 원형이 잘 보존되어 있다.

How to Go

내비게이션에 '물영아리오름' 입력

제주공항에서 30.3km, 약 40분 소요, 물영아리 생태공원 주차장 이용

제주공항 1층 1번 게이트 – 표선, 성산, 남원 방면(1번) 정류장 이용

111, 121, 131번 승차(24분) → 봉개동 정류장에서 231번으로 환승(27분) → 남원읍충혼묘지, 물영아리 정류장에서 하차 → 길 건너 물영아리 생태공원 입구로 이동

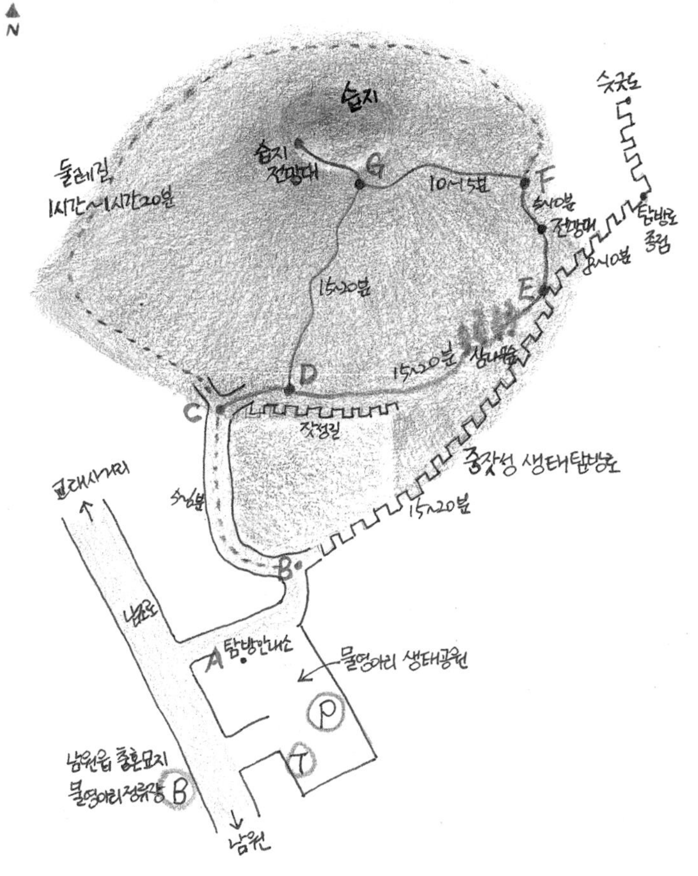

물영아리 정상 습지 코스, 정상 습지+둘레길 코스, 둘레길 코스, 중잣성 생태탐방로 코스

(A 물영아리 탐방안내소, B 중잣성 생태탐방로 갈림길, C 오름 둘레 갈림길, D 정상 습지 탐방로 입구, E 전망대 방향 둘레길, 중잣성 생태탐방로 교차 지점, F 정상 습지 탐방로 입구, G 정상 삼거리)

1. 정상 습지 코스 A→B→C→D→G→정상 습지 전망대→G→D→C→B→A순으로 트레킹

2. 정상 습지+둘레길 코스 A→B→C→D→E→F→G→습지 전망대→G→D→C→B→A순으로 트레킹

3. 둘레길 코스 A→B→C→D→E→F→C→B→A순으로 트레킹

4. 중잣성 생태탐방로 코스 A→B→E→생태탐방로 종점→E→D→C→B→A순으로 트레킹

1번 코스는 50분~1시간, 2번 코스는 1시간~1시간 20분, 3번 코스는 1시간 10분~1시간 30분, 4번 코스는 1시간~1시간 10분 소요

시간 제한 없음, 탐방안내소 오픈 시간(오전 9시~오후 6시)

운동화, 식수 / 둘레길 코스에는 트레킹화, 간식 필요

탐방안내소, 화장실, 식당 이용

탐방안내소가 있어 습지 해설을 원하면 해설사 동행 설명 가능(탐방안내소 문의)

비가 오는 날이나 비가 많이 내린 다음날에 오르면 정상 습지 풍경이 운치 있어 보기 좋음

정상 습지까지는 혼자서도 좋으나, 둘레길은 여성 혼자서는 무서우니 동행 추천

폭우 내리는 날 탐방로 일부 구간이 잠길 수 있으니 주의

1

2

\+ 물영아리오름 둘레길 물영아리오름은 습지도 멋지지만 둘레길 또한 걷는 재미가 쏠쏠하다. 잣성길, 삼나무숲길, 오솔길, 초원길, 소몰이길, 자연하천길 등 다채로운 풍경에 감탄사가 쏟아진다. 물영아리에 갈 때는 시간을 좀 더 넉넉히 두고 여유롭게 둘레길 매력에 빠져보자.

1 삼나무와 잣성이 이어진 운치 있는 둘레길 **2** 둘레길 전망대에서 보이는 시원한 전망
3 오름 입구에서 바라본 물영아리오름 **4** 중잣성 생태탐방로 **5** 삼나무 숲길
6 다채로운 풍경이 아름다운 물영아리오름 둘레길

231번 버스 타고 떠나는

남조로 코스 큰지그리오름–붉은오름–물영아리오름

중산간에 자리한 오름은 대중교통으로 접근하기가 쉽지 않은 데 비해 남조로 주변의 오름은 버스정류장에서 접근이 매우 용이하여 버스를 이용한 오름 트레킹을 계획할 때 안성맞춤인 코스다. 남조로는 제주시 조천에서 서귀포시 남원까지 북쪽에서 남쪽을 잇는 도로로, 남조로를 지나는 231번 버스를 이용하면 각 오름을 트레킹하고 버스정류장에서 다음 목적지로 이동하기가 아주 편리하다.

남조로에 위치한 오름 중 큰지그리오름, 붉은오름, 물영아리오름은 숲길 트레킹이 좋은 곳으로, 인근 사려니숲, 돌문화공원, 에코랜드와 함께 들러봐도 좋다. 남조로를 관통하는 231번 버스는 제주버스터미널에서 출발해 봉개동 – 남조로검문소 – 교래자연휴양림 – 교래사거리 – 붉은오름휴양림 – 남원읍충혼묘지, 물영아리 – 남원포구 – 서귀포 환승정류장서귀포등기소까지 운행된다. 버스노선 및 정류소 검색은 제주버스정보시스템 웹사이트에서 확인할 수 있다.

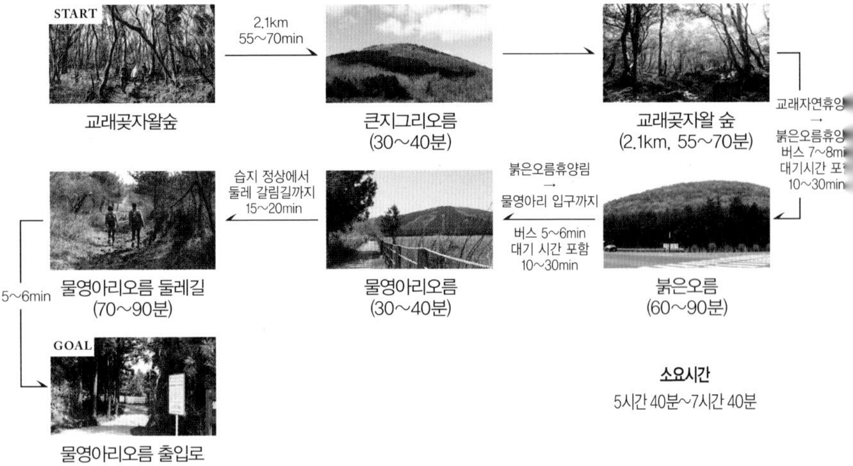

Trekking Tip

- 교래곶자왈숲과 큰지그리오름은 교래자연휴양림 버스정류장에서 하차, 붉은오름은 붉은오름휴양림 입구 정류장에서 하차, 물영아리오름은 남원읍 충혼묘지 정류장에서 하차하여 트레킹한다. 각각의 오름 트레킹을 마치고, 버스정류장에서 231번을 타고 다음 정류장으로 이동한다.
- 승용차를 이용할 경우, 각각의 오름 입구로 이동하여 트레킹하는 것이 편리하다. 교래곶자왈숲과 큰지그리오름은 교래자연휴양림 주차장에 주차하고, 붉은오름은 붉은오름휴양림 주차장에 주차, 물영아리오름은 물영아리 휴게소 주차장에 주차한 후 트레킹한다.

Tip 1. 사려니숲길을 추가로 트레킹하려면, 붉은오름 버스정류장에 하차하여 트레킹하면 된다.
2. 교래자연휴양림 매점이나 물영아리오름 입구 식당 이용할 수 있다.

1 Day Trekking

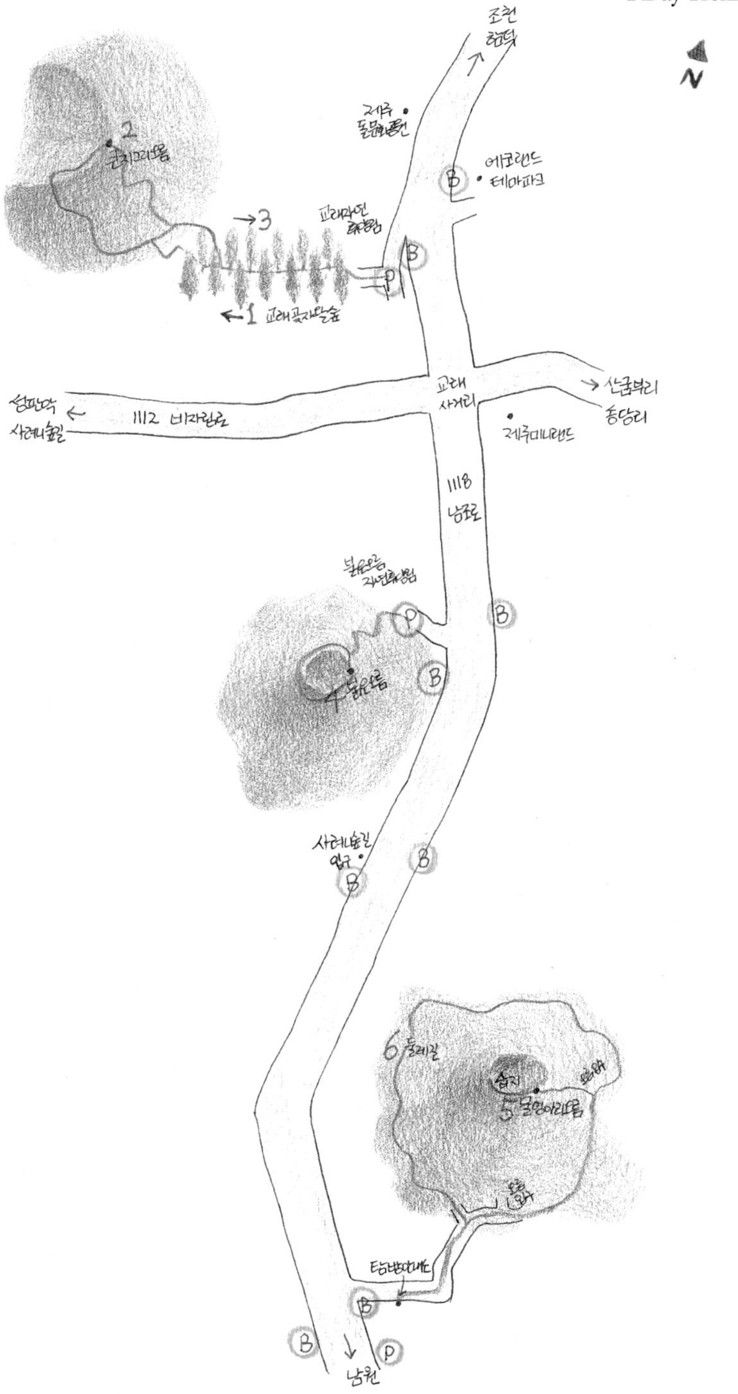

걷고 또 걷고 싶을 만큼

큰사슴이오름

접근성 중
난이도 중
추천계절 봄, 가을

정상 뷰 ★★★★
분화구 뷰 ★★★
탐방로 상태 ★★★

별칭 대록산
트레킹 포인트 전망, 분화구 둘레길
함께 트레킹 따라비오름, 갑마장길

주소 서귀포시 표선면 가시리 산 68
표고 474.5m
비고 125m

유채꽃이 장관이라 봄날 드라이브하기 좋기로 유명한 녹산로. 그 녹산로를 따라 가시리 마을 쪽으로 달리다 보면, 도로에서 멀찍이 떨어져 있는 두 개의 오름이 보인다. 사슴이 많이 살아서, 혹은 오름 모양새가 사슴 같다 하여 '사슴오름'이 된 큰사슴이대록산오름과 족은사슴이소록산오름이다.

정석항공관 옆 큰사슴이오름 주차장에 차를 세우고 오름 진입로로 들어서면 큰사슴이를 만나러 가는 길이 제법 멀다. 봄에는 유채꽃이, 가을에는 억새가 오름 주변 들판을 가득 채워 경치를 더해주니 오름까지 길은 멀지만 지루하지 않다. 넓은 들판을 지나 큰사슴이오름 품에 안기면 걷기 편안한 나무계단이 정상 능성이까지 이어진다. 정상까지 오르는 탐방로는 사방으로 시야가 트여있어 주변 경치를 감상하며 쉬엄쉬엄 오를 수 있다.

큰사슴이오름 정상에 오르면 넉넉하게 벤치가 놓여있어 편히 앉아 전망을 감상하기 좋다. 큰사슴이오름 원형 분화구는 벤치 뒤편 샛길로 내려가면 볼 수 있는데, 굼부리 둘레를 한바퀴 돌아볼 수 있다. 억새와 덤불, 키 작은 잡목들로 가득 채워진 굼부리 둘레로 수많은 사람이 다니면서 자연스럽게 만들어진 오솔길이 있는데, 매트가 깔리지 않은 자연 그대로의 흙길이라 정겹다.

둘레길을 걷다보면 동백꽃 활짝 핀 키다리 동백나무, 이름표를 단 산딸나무, 윤노리나무, 팽나무, 그리고 바람 불면 곧 쓰러질 것 같은 여리여리한 나무들까지, 생김도 각양각색인 온갖 나무가 인사를 건넨다. 멈춰 서서 가만 바라보면 마치 동화 속 한 장면처럼 소곤소곤 서로 이야기를 주고받는 것 같고, 깔깔거리며 웃는 것 같기도 해 흥미진진하다. 게다가 발아래로는 보일락 말락 앙증맞은 들꽃까지 요란하니 자꾸만 걸음이 더뎌진다.

어디선가 새들의 지저귐도 울려 퍼지는데, 그 청아한 울림이 너무 좋아서 한참을 듣고 서있다. 투박하고 소박한, 향긋하면서도 아름다운 자연 그대로의 둘레길은 둘레길이 끝날 때쯤 너무 아쉬워서 다시 뒤돌아 걷고 싶을 만큼 매력적이다.

아쉬움을 뒤로하고 둘레길을 돌아나오면 오르막과 내리막 갈림길이 나오는데, 양지바른 길섶에 진달래가 활짝 피어 참으로 곱다. 그대로 내려가면 후회할 것 같아 다시 오르막길로 올라 정상에 선다. 그리고 그 멋진 둘레길로 다시 내려가 걷는다. 종일토록 굼부리 둘레길을 걷고 또 걸어 몇 바퀴를 돌아도 좋을 큰사슴이오름은 걷는 맛이 참 좋은 오름이다.

How to Go

내비게이션에 '대록산' 입력

제주공항에서 32km 위치, 약 40분 소요, 쉽게 찾지 못할 경우 '정석항공관' 검색, 정석항공관 우측 진입로 주차장 이용

제주공항 1층 1번 게이트 – 표선, 성산, 남원 방면(1번) 정류장 이용

810–1, 111번 승차(42분) → 대천환승정류장(세화 방향)에서 하차 → 대천환승정류장(교래 방향)까지 230m, 3~4분 이동하여 810–1번 승차(8분) → 정석비행장 정류장 하차 → 정석항공관 방면으로 갓길 이용하여 오름 진입로까지 1.4km, 15~20분 이동(차량 주의)

Trekking Map & Tip

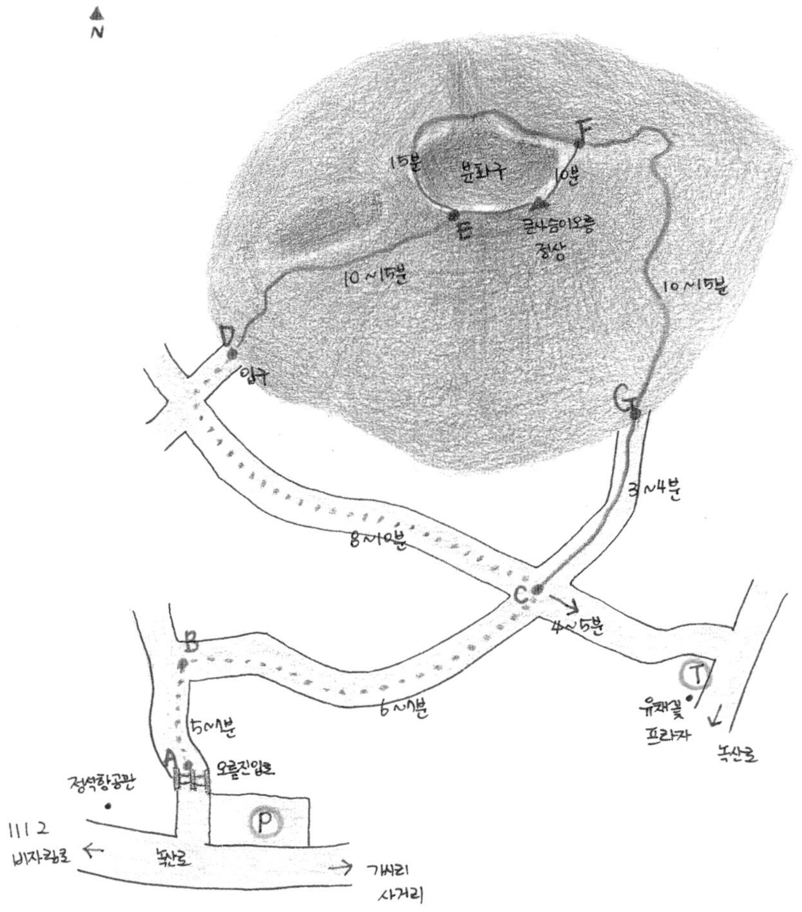

큰사슴이오름 정상, 분화구 코스

(A 오름 진입로, B 첫번째 갈림길, C 유채꽃 프라자 갈림길, D 오름 입구, E 분화구 샛길, F 오름 탐방로 갈림길, G 초지길)

오름 입구까지 이어진 길이 조금 복잡해 보이긴 하지만, 갈림길 안내가 잘 되어있어 길 찾는 데 어려움 없음

A→B→C→D→E→분화구 둘레길→F→G→C→B→A순으로 트레킹

B에서 D로 곧장 가도 무방, 가을에는 C지점의 억새 풍경 필수

E지점 벤치가 있는 쉼터 뒤편으로 분화구 샛길이 보임

왕복 1시간 20분~1시간 30분 소요

시간 제한 없음

운동화, 식수, 모자, 선글라스, 선크림

주차장 옆 화장실은 코로나19로 인하여 잠정 폐쇄됨, 유채꽃 프라자 편의시설 이용

가을에는 C–G 구간에 억새가 가득, 뱀이 많으니 주의

갑마장길과 연결되어 곳곳에 갑마장 갈림길이 있어 갑마장 연계 트레킹 가능

혼자도 좋지만, 동행 추천

여름철 한낮

1 큰사슴이오름 아래 가을날 억새 초원 **2** 벤치가 넉넉하게 놓인 정상 쉼터
3 걸음걸음이 즐거운 분화구 둘레길 **4** 녹산로 **5** 유채꽃 프라자

+ **녹산로** 해마다 봄이 되면 약 10km에 달하는 녹산로에 유채꽃과 벚꽃이 활짝 핀다. 큰사슴이오름은 녹산로 중간쯤에 위치한 유채꽃 프라자 뒤편에 있는데, 봄에는 유채꽃, 가을에는 억새가 오름 주변을 물들이는 풍경이 장관이다. 큰사슴이오름 트레킹을 마치고 녹산로를 드라이브해도 좋고, 갑마장길을 따라 따라비오름까지 트레킹해도 좋다.

억새와 굼부리가 환상적인

따라비오름

접근성 하
난이도 중
추천계절 9월~5월

정상 뷰 ★★★★
분화구 뷰 ★★★★★
탐방로 상태 ★★★★

트레킹 포인트 분화구, 능선길, 전망
함께 트레킹 큰사슴이오름, 갑마장길

주소 서귀포시 표선면 가시리 산 63
표고 342m
비고 107m

해마다 가을이 오면 제주 전역이 은빛 억새 향기로 가득하여 봄날에 벚꽃 나들이 가듯 억새 나들이에 나서고 싶다. '억새' 하면 생각나는 오름은 많지만, 그 중 으뜸은 손지오름과 따라비오름이다. 두 오름 모두 우위를 가리기 힘들 만큼 억새놀이에 좋다. 손지오름은 억새 속으로 들어가 억새와 어우러져 파도타기를 즐기는 곳이라면, 따라비는 능선에 서서 그 물결치는 억새파도를 바라보며 트레킹을 즐기는 곳이다. 때문에 억새를 편안히 바라보며 하염없이 걷고 싶을 때는 널찍한 따라비오름이 좋다.

따라비오름의 '따라비'라는 이름을 놓고 의견이 분분한데, 모지오름에 이웃해 있어 지아비와 지어미가 서로 따르는 모양이라서 '따라비'라는 견해가 있고, 오름 가까이 모지오름, 장자오름, 새끼오름이 모여있어 가장격이라 하여 '따애비'라 불리던 것이 '따래비'로 와전된 것이라는 견해, 이 오름과 동쪽의 모지오름과는 시아버지와 며느리 형국이라 하여 '따하래비'라는 견해도 있는데, 어찌됐건 지금은 '따라비'로 통칭하여 부르고 있다.

따라비는 제법 규모가 큰 오름이라 진입로에서 정상 봉우리까지 한참을 올라야 한다. 오름 입구에서 따라비오름을 정면으로 바라보며 왼쪽 길로 들어서면 좁다란 오솔길이 나오고, 그 길을 지나면 빽빽한 숲길 계단이다. 계단을 오르며 중간중간 숨을 고르다보면 어느새 억새 풍경이 장관인 오름 등성이에 올라선다. 등성이 갈림길에서는 좌우 어느 쪽을 택해도 무방하다. 모든 능선은 연결되어 있으므로 그저 억새 향기에 취해 발길 닿는 대로 마음껏 걷다보면 다시 제자리다.

따라비오름은 크고 작은 여러 개의 봉우리가 서로 어우러져 부드러운 등성이로 연결되면서 커다란 원형 분화구를 만들었고, 그 안에 또 다른 세 개의 분화구를 갖춘 아주 독특한 형태의 오름이다. 그 중에서 가장 높은 봉우리 정상에 올라서야 굼부리 형태를 제대로 파악할 수 있다. 마치 세쌍둥이처럼 생김과 온순함이 닮은 굼부리가 오손도손 앉아있고, 굼부리 안으로는 하얀 억새 눈송이가 내려앉아 반짝거리는 것이 아찔하게 아름답다. 부드러운 풀밭 능선과 억새가 가득한 굼부리, 파란 하늘과 흰 바람개비, 그리고 한라산과 주변 풍경이 어우러져 최고의 경치를 내어준다.

풍경도 풍경이지만 따라비를 휘감은 바람의 감촉이 얼마나 상쾌한지, 걸음은 자꾸 게으름을 피우고, 차가운 기운이 온몸으로 스며들어 으스스 몸이 떨리고 기어이 콧물을 보고서야 다시 걸음을 재촉한다. 따라비오름은 한여름만 아니면 언제라도 좋다.

How to Go

내비게이션에 '따라비오름 주차장' 입력

제주공항에서 40.5km 위치, 약 1시간 소요, 따라비오름 주차장 이용

오름 가까이 버스정류장이 없으므로 승용차 이용

제주공항 1층 1번 게이트 – 표선, 성산, 남원 방면(1번) 정류장 이용

121번 승차(45~50분) → 성읍 환승정류장(성읍1리사무소)에서 222, 732-1번으로 환승(7~8분) → 가시리 정류장에서 하차 → 따라비오름 입구까지 2.8km, 30~40분 이동

도보 이동은 일행과 함께라면 좋지만, 혼자라면 비추천

Trekking Map & Tip

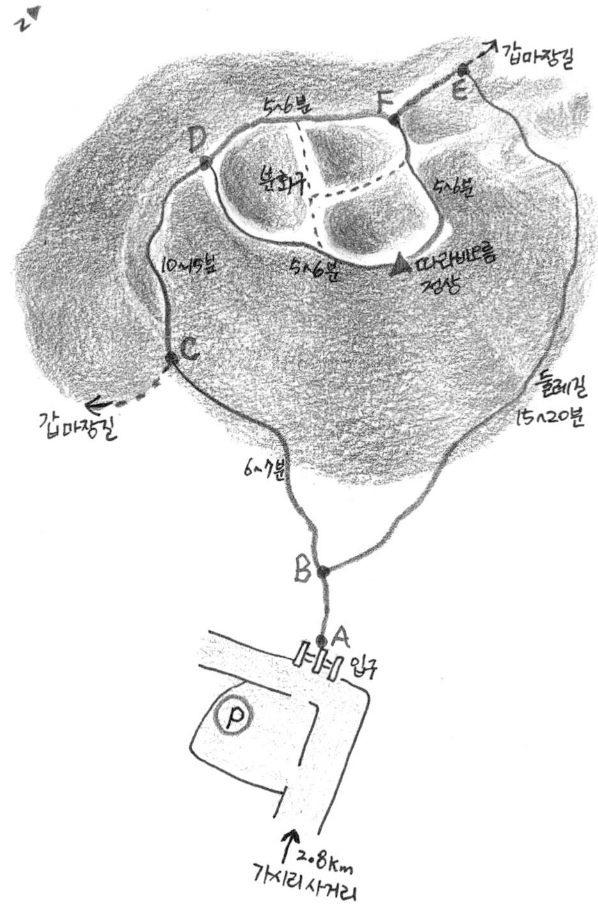

따라비오름 정상 코스, 정상+둘레길 코스(A 따라비오름 출입로, B 오름 입구 둘레길 갈림길, C 오름 정상 탐방로, 갑마장길 갈림길, D 오름 능선 갈림길, E 오름 정상 탐방로, 둘레길, 갑마장길 교차 지점, F 오름 능선 갈림길)

1. 따라비오름 정상 코스 A→B→C→D→F→오름 정상→D→C→B→A순으로 트레킹

2. 정상+둘레길 코스 A→B→C→D→오름 정상→F→E→둘레길→B→A순으로 트레킹

1번 코스 50분~1시간 10분, 2번 코스는 50분~1시간 소요

시간 제한 없음

운동화, 식수, 모자, 선글라스, 선크림

없음. 음식점 및 편의점은 가시리사거리에서 이용

오름 능선은 그늘이 없어 한낮에는 매우 뜨거우니 한낮 시간대는 피하는 것이 좋음
탐방로가 훤히 보이는 능선 갈림길에서 분화구 사이 탐방로를 모두 돌아봐도 좋음
한여름만 빼면 트레킹하기 좋은 오름으로, 특히 10~11월 억새 풍경이 최고로 볼만함
갑마장길을 통해 큰사슴이오름과 연계 트레킹해도 좋음

혼자도 좋음

여름철 한낮

1 10월 따라비오름 **2** 잣성길로 내려가며 돌아본 따라비오름
3 4월 따라비 굼부리와 능선 **4** 갑마장길 잣성 구간 **5** 가을날 따라비오름 능선 억새

3

4

5

+ 갑마장길 잣성 구간 따라비오름에서 연이어 트레킹을 원한다면 큰사슴이오름(대록산)까지 이어진 갑마장길 잣성 구간을 걸어보자. '잣성'은 조선 세종 때 제주 중산간 목초지에 만들어진 국영목장의 경계를 표시한 돌담이다. 잣성길에는 삼나무숲이 조성되어 있는데, 국궁장까지 약 3km가 이어진다. 이 구간은 숲이 우거져서 혼자보다는 함께 트레킹하는 것이 좋다. 동행이 없다면 잣성 입구까지만 내려가서 따라비오름의 높고 낮은 봉우리와 능선을 감상하고 올라와도 좋다.

내려가기 싫다!

영주산

접근성 중
난이도 중
추천계절 9월~6월

정상 뷰 ★★★★
분화구 뷰 ★★★★
탐방로 상태 ★★★

별칭 영모루
트레킹 포인트 전망, 분화구, 능선길
함께 트레킹 모구리오름

주소 서귀포시 표선면 성읍리 산 18-1
표고 326.4m
비고 176m

성읍민속마을 북쪽에 자리한 영주산은 산체가 제법 큰 오름으로, 신선이 살았다는 전설도 내려오고, 이 산봉우리에 아침안개가 끼면 반드시 비가 온다는 전설도 있는데, 예로부터 신령스러운 산이라 하여 영산으로 우러러 '영모르'라 불렸다.

영주산은 산의 순수 높이가 176m로, 만만히 올라갈 수 있는 높이는 아니지만, 탐방로가 거칠지 않고 주변 전망도 좋아서 어렵지 않게 오를 수 있다.

영주산 입구에 서면 대관령 양떼 목장이 생각날 만큼 완만한 높이의 푸른 초원이 펼쳐지는데, 그 풍경 속으로 들어가는 길이 얼마나 아름다운지, 어여쁜 들꽃까지 반겨주니 설렘 가득한 걸음이 시작된다. 초원길을 따라 중턱쯤 오르면 하늘로 활짝 열린 분화구가 넓고 깊게 패어있다. 그 한가운데 네모난 산담을 두른 묘지가 보이는데, 그 영원한 쉼은 부러움이 느껴질 정도로 평온해 보인다.

초원 등성이를 지나면 나무계단이 시작되고, 정상으로 이어진 계단을 올려다보면 금방이라도 하늘이 잡힐 것처럼 가까워 보이는데, 오르고 또 올라도 잡힐 듯 말 듯 계속 하늘만 보이는 것이 마치 하늘로 향한 길 같다. 그런데 그 계단길에서 펼쳐지는 풍경이 어찌나 평화로워 보이는지 하염없이 바라보고 있어도 좋다. 보통 오름에 오르면 바람도 좋고 주변 경치도 좋아 어디 편안히 걸터앉아 쉬고 싶은데도 온통 풀밭이라 맘 놓고 앉을 수도 없고, 벤치가 있더라도 다른 사람이 오면 금방 자리를 비켜줘야 해서 오래 머무르기가 쉽지 않다. 그런데 영주산은 어느 위치에 서나 전망이 좋고 나무계단이 길게 이어져서, 마음에 드는 계단 한조각을 골라 걸터앉아 욕심껏 쉬어가기 좋다. 특히 6월에는 계단 양옆으로 산수국이 활짝 피어 푸른빛을 더해주니 머물기 더욱 좋다.

드디어 파란 하늘과 맞닿을 것만 같은 계단이 끝나고, 정상 봉우리에 다다르면 산불초소가 있다. 그곳에서 한라산과 주변 풍경을 조망해도 좋고, 발아래 거대하게 열린 굼부리와 성읍마을의 풍경을 조망해도 좋다.

정상에서 내려올 때는 울창한 숲길로 전진하는 것보다는 왔던 길로 돌아나오는 것이 좋다. 이미 지나왔던 길이지만 내려갈수록 계단이 줄어드는 것이 아까워 계단 한귀퉁이에 걸터앉아 한없이 게으름을 피우고 싶어질 만큼 영주산은 머묾이 참 좋은 오름이다. 최근에는 영주산을 한 바퀴 돌아볼 수 있는 둘레길이 조성되어 더 오래 영주산 자락에 머물 수 있게 되었다.

How to Go

내비게이션에 '영주산 주차장' 또는 '영주산' 입력

제주공항에서 35km 위치, 약 45분 소요, 영주산 주차장 이용

제주공항 1층 1번 게이트 – 표선, 성산, 남원 방면(1번) 정류장 이용

121번(50분), 122번(1시간) 승차 → 성읍 환승정류장(성읍1리사무소) 하차 → 성읍1리 정류장까지 558m, 7~8분 이동 → 성읍1리 정류장에서 721-3번 승차(2분) → 영주산 정류장 하차 → 알프스승마장 옆길을 따라 영주산 입구까지 660m, 약 10분 이동 / 성읍 환승정류장에서 영주산 입구까지 도보로 이동 시 1.9km, 약 25분 정도 소요

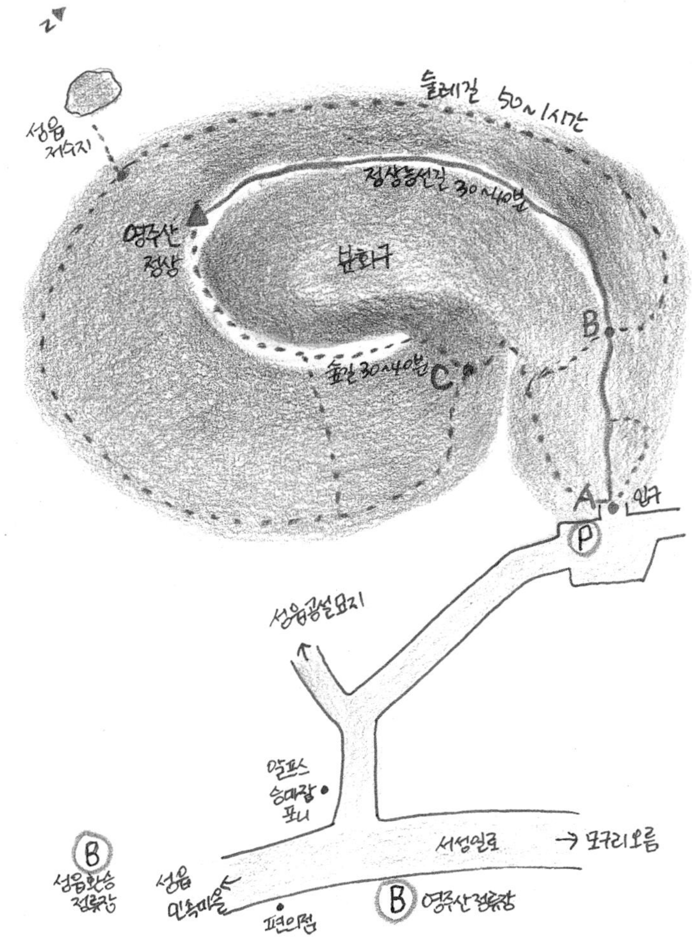

영주산 정상 코스, 둘레길 코스, 정상+둘레길 코스(A 영주산 입구, B 능선 갈림길, C 정상 탐방로, 둘레 숲길 갈림길)

1. **영주산 정상 코스** A→B→영주산 정상→B→A순으로 트레킹
2. **둘레길 코스** A→B→오른쪽 둘레길로 진입하여 한 바퀴→B→A순으로 트레킹
3. **정상+둘레길 코스** A→B→오른쪽 둘레길로 진입하여 한 바퀴→C→영주산 정상→B→A순으로 트레킹

1번 코스 50분~1시간 10분, 2번 코스는 50분~1시간, 3번 코스는 1시간 40분~2시간 소요

시간 제한 없음

운동화, 식수, 모자, 선글라스, 선크림, 긴바지

없음. 주변 성읍민속마을 편의점이나 식당 이용

영주산 둘레길에서 성읍저수지까지 연계하여 트레킹 가능
B지점 능선길을 통해 정상까지는 그늘이 없고, 소를 방목하여 소떼 주의
정상에서 C지점 구간은 숲이 울창하고, 경사가 매우 심해서 각별히 주의

정상 코스는 혼자도 좋으나 둘레길 코스는 매우 한적하여 동행이 좋음

여름철 한낮, 비 오는 날, 태풍 부는 날

+ **다채로운 영주산 탐방로** 봄에는 수많은 들꽃과 고사리, 여름에는 산수국, 가을에는 수크령, 소떼와 능선 계단길 등 한 번 오르면 쉽게 내려갈 수 없을 만큼 볼거리가 풍성하므로 영주산에 오를 때는 넉넉하게 간식을 챙겨 여유롭게 머무르자. 종종 탐방로에 소떼가 길을 막고있어서 대략 난감한 순간을 경험할 수도 있으나, 그럴 때는 소가 길을 터줄 때까지 얌전히 기다리거나 조심조심 눈치를 살피며 옆으로 지나가면 되니 너무 겁먹을 필요 없다.

1 분화구와 주변 풍경을 조망하며 걷기 좋은 아름다운 수크령 능선 **2** 푸른 초원이 펼쳐지는 이국적인 풍경의 영주산 입구
3 영주산 탐방로를 건너가는 황소 **4** 천국의 계단이라 불리는 나무계단길

올라갈까 말까

모구리오름

접근성 중	**정상 뷰** ★★★	**별칭** 모골이
난이도 하	**분화구 뷰** ★★	**트레킹 포인트** 숲길, 전망
추천계절 사계절	**탐방로 상태** ★★★	**함께 트레킹** 영주산, 독자봉, 통오름

주소 서귀포시 성산읍 난산리 2960-1
표고 232m
비고 82m

혼자서 새로운 오름을 찾을 때면 입구에서 들어갈까 말까 망설이게 되는데, 입구에서 오름 탐방로가 훤히 보이는 곳은 큰 망설임 없이 쉽게 들어서는 반면, 숲에 가려 탐방로가 전혀 보이지 않는 오름은 입구에서 서성이며 한참을 망설인다. 모구리오름은 그 망설임이 굉장히 심한 오름이다.

눈앞에 오름은 있는데 오름 입구는 보이지 않고, 오름을 끼고 옆길로 걸어가야 정상으로 가는 탐방로를 만날 수 있는 구조라 어떤 길이 펼쳐질지 전혀 예상되지 않고, 인적 또한 드물어 심하게 갈등했다. 혼자서 괜찮을까? 조금만 앞으로 걸어가볼까? 다음에 다시 올까? 온갖 걱정거리를 늘어놓다가 친구에게 '올라갈까 말까?' 메시지를 보내니 '무조건 Go!'라는 답이 와서 바로 용기 충천해 올랐던 오름이다.

모구리오름은 전 사면이 소나무와 삼나무로 조림되어 울창한 숲을 이루고 있는데, 겉에서 보면 속을 알 수 없어 답답하지만, 오름으로 첫 발을 내디디면 금방 속살이 드러나고 걷기 편안한 숲길이 반겨준다. 정상까지는 경사가 완만해 편안하게 산책하듯 걷기 좋다. 중턱쯤 올라가면 은은한 솔향이 풍기는 소나무숲인데, 고무매트에 솔잎이 수북하게 쌓여있어서 걸음은 폭신하고, 소나무숲 사이로 환한 햇살이 가득 스며들어 얼었던 마음까지 사르르 녹여준다. 정상에 오르면 산불초소와 함께 큼지막한 평상이 보이고, 앞쪽으로는 시원한 풍경이 펼쳐지니 평상에 앉아 주변 경치를 감상하며 쉬어가기 좋다.

모구리오름은 완만한 산등성이가 반달 모양으로 휘어져 남동쪽으로 벌어진 말굽형 분화구로, 굼부리 안에 또 하나의 알오름을 품은 독특한 오름이다. 오름 형세가 마치 어미개가 강아지를 껴안은 모습 같다고 하여 모구악母拘岳, 모구리라는 이름이 붙었다.

굼부리 쪽으로 향하는 내리막길은 삼나무와 편백나무가 숲을 이루고, 듬성듬성 편백나무 사이로 굼부리와 알오름이 보이는데, 잡목과 덤불이 우거져 전망은 좋지 않다. 시나브로 걷기 좋은 편백나무숲길에는 중간중간 벤치가 있어 쉬어가기에도 좋다. 다시 숲길을 벗어나면 처음에 올랐던 탐방로 입구가 보인다. 반달 모양의 모구리오름 한쪽 등성이 밑자락에서 시작해 반대편 밑자락으로 내려와 굼부리를 가로질러 다시 처음 시작점에 선 것이다.

직접 겪어보면 두렵지 않은 길인데, 모르니까 움츠러들고 두려움이 생긴다. 하지만 누구에게나 시작은 두려운 법이고, 그 시작이 있어야 과정도 있고 끝도 볼 수 있다. 올라갈까 말까 망설여진다면 일단 Go하자.

How to Go

내비게이션에 '모구리야영장' 입력

제주공항에서 36.4km 위치, 약 45분 소요

제주공항 1층 1번 게이트 – 표선, 성산, 남원 방면(1번) 정류장 이용

121번(50분), 122번(1시간) 승차 → 성읍 환승정류장(성읍1리사무소) 하차 → 성읍1리 정류장까지 558m, 7~8분 이동 → 성읍1리 정류장에서 721-3번 승차(5분) → 모구리야영장 정류장 하차 → 야영장까지 약 430m, 5~6분 소요 → 표지판을 따라 모구리오름까지 이동

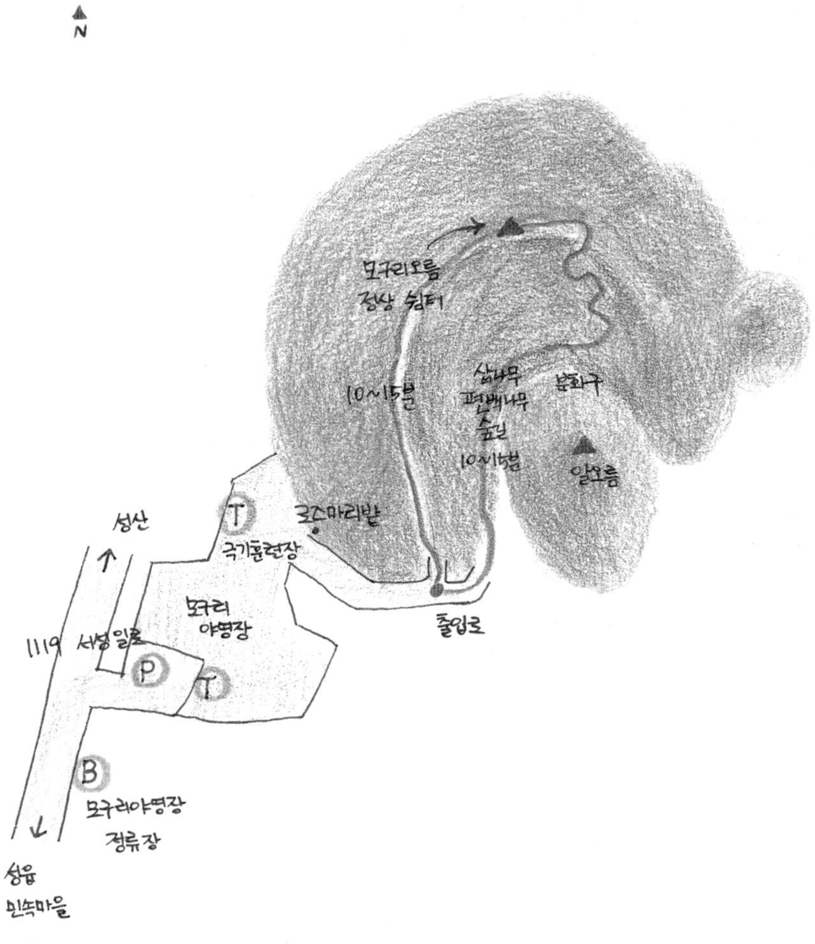

모구리오름 정상 코스

모구리야영장 주차장에서 시작→야영장→극기훈련장→모구리오름 출입로까지 이동

왼쪽 정상으로 올라가는 길을 먼저 선택→정상→삼나무, 편백나무숲길→출입로→야영장

왕복 30~40분 소요

시간 제한 없음

운동화, 식수

야영장 화장실

삼나무와 편백나무숲길 사이로 분화구와 알오름이 보임

모구리 야영장에서 캠핑하며 트레킹해도 좋음

탐방로가 완만하여 아이들과 함께 걷기 좋고, 울창한 숲길이라 동행이 좋음

한여름 한낮

1

2

3

+ 모구리야영장 모구리오름 인근에는 성읍민속마을과 영주산이 있다. 모구리야영장에서 캠핑하며 모구리오름과 함께 연이어 트레킹해도 좋다. 모구리야영장은 놀이터, 잔디축구장, 인라인스케이트장, 농구장, 족구장, 서바이벌게임장 등 다양한 시설을 갖추고 있어 아이들과 함께 이용하면 더욱 좋다. (야영장 이용문의 064-760-3408, 사전 예약 불가, 당일 현장 선착순 이용)

1 사계절 언제 걸어도 좋은 삼나무와 편백나무숲길 **2** 모구리 극기훈련장 옆 탐방로 **3** 깔끔하게 정돈된 모구리야영장
4 정상까지 이어진 향긋한 소나무숲길 **5** 편백나무 열매 **6** 편백나무 사이로 보이는 분화구와 알오름 **7** 정상 쉼터

약수터가 있는

절물오름

접근성 상
난이도 중
추천계절 사계절

정상 뷰 ★★★★★
분화구 뷰 ★★★★
탐방로 상태 ★★★★

별칭 큰대나오름
트레킹 포인트 숲길, 전망, 분화구
함께 트레킹 절물자연휴양림, 거친오름

주소 제주시 명림로 584
표고 696.9m
비고 147m

제주의 아름다운 숲을 감상할 수 있는 대표적인 휴양림으로 서귀포자연휴양림, 교래자연휴양림, 절물자연휴양림, 붉은오름자연휴양림을 꼽을 수 있는데, 특히 절물자연휴양림은 입구에서부터 쭉쭉 뻗은 삼나무숲이 인상적인 곳으로, 휴양림 내에 자리한 절물오름과 장생의 숲길, 너나들이길, 생이소리길, 숫모르편백숲길 등 여유롭게 산책과 쉼을 즐길 수 있는 공간이 넉넉해 연중 수많은 사람이 찾는다. 절물오름은 유료 입장이라는 단점이 있지만, 탐방로가 잘 정비되어 있고, 휴양림의 다른 숲길과 연계해 트레킹하기도 좋고, 편의시설까지 골고루 이용할 수 있다는 장점이 있다.

절물자연휴양림 입구의 매표소를 지나 큰 산책로를 따라 올라가면 왼편에 연못이 보이는데, 그 연못 뒤편으로 절물오름이 모습을 드러낸다. 연못을 지나면 오른쪽에 '약수암'이라는 아담한 절이 있고, 왼쪽 길을 따라가면 절물 약수터가 보인다.

'절물'이란 절 옆에 물이 있었다 하여 붙여진 이름인데 현재 그 절은 남아있지 않다. 절물오름의 원래 이름은 '대나오름'으로 바로 옆에 있는 작은 오름과 함께 큰대나오름, 족은대나오름으로 구분하였다. 큰대나오름 기슭에서 흘러나오는 물이 절물 약수고, 그 큰대나를 '절물오름'이라 부른다.

절물의 약수는 오름 기슭에서 자연 용출되는 물로, 예로부터 이곳은 가뭄이 지속되어도 마르지 않고, 신경통과 위장병에 큰 효과가 있다고 전해져서 많은 사람이 찾는다. 또한 제주시 먹는 물 1호로 지정하여 관리하고 있고, 철저한 수질검사를 실시하여 수질검사 성적서를 게시하고 있어 안심하고 마실 수 있다. 절물오름 기슭에서 흘러나오는 물이라니 더욱 신기하고 시원하다.

절물오름 입구로 들어서면 울창한 활엽수림이 반갑게 맞이해주는데, 계절이 바뀔 때마다 분위기가 달라져서 숲의 정취를 만끽하기에 아주 좋다. 정상까지 오르는 길은 크게 힘들지 않다. 오르막길 중간중간 지나온 거리와 남은 거리를 표시해놓은 푯말이 있어 첫 트레킹에 도움이 된다.

등성이에 올라서면 둘레 갈림길이 나오는데 전망대가 가까운 오른쪽 방향으로 도는 게 좋다. 전망대에 올라서면 한라산과 주변 오름이 막힘없이 펼쳐지고, 키 작은 잡목으로 가득한 절물 굼부리는 계절마다 담아내는 빛깔이 달라서 오를 때마다 다른 풍경을 선사한다.

How to Go

내비게이션에 '절물자연휴양림 주차장' 입력

제주공항에서 17.4km 위치, 약 30분 소요, 절물자연휴양림 주차장 이용(유료)

제주공항 1층 1번 게이트 – 표선, 성산, 남원 방면(1번) 정류장 이용

111, 121, 131번 승차(25분) → 봉개동 정류장에서 343, 344번으로 환승(19분) → 제주절물자연휴양림 정류장 하차 → 휴양림 매표소까지 130m, 2~3분 이동

유료 입장(탐방안내문의 : 064-728-1510)

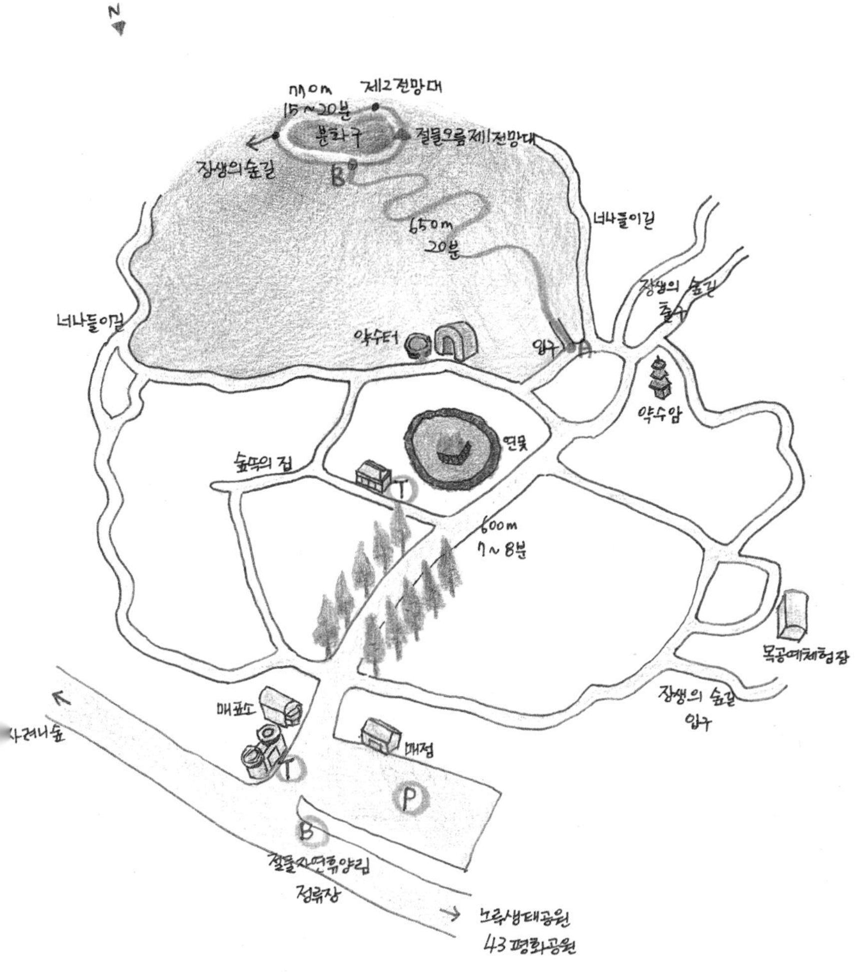

절물오름 정상 코스, 오름 둘레길(너나들이길) 코스

(A 절물오름 입구, 너나들이길 출입로, B 오름 정상 분화구 둘레 갈림길)

1. 절물오름 정상 코스 A→B→오른쪽 분화구 둘레길→절물오름 제1전망대→제2전망대→B→A순으로 트레킹

2. 오름 둘레길(너나들이길) 코스 A→너나들이길로 진입→한 바퀴 돌아 매표소까지 트레킹

- 1번 코스 1시간~1시간 10분, 2번 코스는 1시간 20분~1시간 40분 소요
- 하절기(3월~10월) 07시부터 18시까지, 동절기(11월~2월) 07시부터 17시까지
- 운동화, 식수
- 휴양림 내 시설, 주차장 입구 매점 이용
- 절물자연휴양림의 생이소리길, 장생의 숲길, 숫모르편백숲길과 탐방로가 이어져 있으므로 추가로 트레킹 가능
- 혼자도 좋음
- 비가 와 탐방로가 미끄러운 날, 여름철 한낮

1 절물오름 전망대 전경–큰개오리오름과 물장오리오름 너머로 보이는 한라산 **2** 절물오름 분화구의 봄
3 절물오름 약수터 **4** 절물오름 둘레길(너나들이길) 입구 **5** 절물오름 분화구의 가을
6 계단 없는 산책로로 누구나 편안하게 걸을 수 있는 너나들이길 **7** 숲그늘이 풍성하여 한여름에 걸어도 좋은 너나들이길

5

6

7

+ 절물자연휴양림 숲길 절물자연휴양림은 절물오름 외에도 삼울길, 너나들이길, 장생의 숲길, 숫모르편백숲길을 연이어 트레킹할 수 있다. 각 숲길이 내어주는 풍경이 다양해 모든 숲길을 걸어봐도 좋고, 트레킹 시간과 난이도가 서로 다르므로 시간과 체력에 맞게 선택해 걸어봐도 좋다. 어린아이나 연로하신 부모님과 함께라면 완만하여 걷기 좋은 너나들이길(3km/1시간)이 수월하고, 좀 더 넉넉하게 트레킹하고 싶다면 아름다운 장생의 숲길(11.1km/3시간)을 걸어보자.

숲에 대한 예의

물찻오름

접근성 중	**정상 뷰** ★★★	**별칭** 검은오름
난이도 중	**분화구 뷰** ★★★	**트레킹 포인트** 숲길, 분화구 호수
추천계절 사계절	**탐방로 상태** ★★★★	**함께 트레킹** 사려니숲길, 사려니오름

주소 제주시 조천읍 교래리 산 137-1
표고 717.2m
비고 167m

물찻오름은 사려니숲에 자리한 오름답게 울창한 숲 풍경이 멋진 오름으로, 오르는 길은 제법 가파르지만 연중 물이 고여있는 분화구 호수를 볼 수 있어 특별한 오름이다.

물찻오름은 자연휴식년제를 실시하고 있어서 현재 탐방이 제한되고 있지만, 매년 사려니숲 에코힐링 체험기간 동안에 한시적으로 개방하고 있어 그 기간에 탐방이 가능하다. 물찻오름을 오를 때는 입구에서 일정 인원이 모이면 숲해설가와 함께 동행해야 하는데, 탐방을 시작하기 전에 숲해설가로부터 물찻오름에 대해 몇 가지 설명을 듣게 된다.

'잣'은 제주어로 '널따랗게 돌을 쌓아올린 기다란 담'이라는 뜻인데, 물찻오름 분화구에는 물이 항상 고여있고, 그 둘레에 돌담잣이 형성되어 있어서 물이 차있는 잣, '물잣오름'에서 '물찻오름'으로 불리게 되었다. 분화구를 가진 오름은 많지만 대부분 물이 고여있지 않고 땅으로 스며버려 실제 물이 차있는 오름은 6~7군데밖에 없다. 그 중에서 물찻오름은 연중 물이 고여있어서 많은 사람이 몰려들어 훼손 속도가 빠르게 진행되었다. 게다가 꽤 오래 전 누군가 이곳 분화구에 고기를 놓아길렀는데, 세월이 흐르면서 엄청나게 번식해 물찻오름에 가면 고기를 낚을 수 있다는 소문이 퍼져서 낚시터가 되어버렸고, 분화구 주변은 물론 분화구로 오르는 탐방로 또한 급속도로 훼손되었다. 때문에 더 이상의 훼손을 막고, 숲을 되살리기 위한 방안으로 탐방로를 제한하게 되었다. 또한 물찻오름에는 많은 식물과 나무, 동물이 서식하고 있는데, 사람들이 만드는 엄청난 소음에 스트레스를 받아 새끼를 낳지 못한단다. 그래서 오름을 탐방할 때 가급적이면 큰 소리를 내지 말아달라는 당부도 곁들인다.

물찻오름을 오르면서 그동안 한 번도 생각하지 못했던 '숲에 대한 예의'를 생각해본다. 잠시 머묾만으로 큰 선물을 안겨주는 고마운 숲, 그 숲의 주인은 어느 개인일 수 없다. 숲에 사는 모든 동식물이 진짜 주인이고, 그들이 숲을 지탱해주어야 숲이 유지될 수 있고 그 숲을 우리가 오랫동안 누릴 수 있다는 것을 잠시 잊고 있었다. 그동안 너무나 당연하게 누려왔던 숲의 모든 것에 미안하고 감사하다.

How to Go

비자림로 사려니숲길 입구에서 시작할 경우, 내비게이션에 '사려니숲길 주차장' 입력
제주공항에서 21.7km 위치, 약 35분 소요 → 주차장에서 사려니숲길 입구까지 조릿대숲길 코스를 따라 2.5km, 50분 이동 → 사려니숲길 입구에서 물찻오름 입구까지 4.8km, 1시간 30분 이동

남조로 사려니숲길 입구에서 시작할 경우 내비게이션에 '사려니숲길 붉은오름 입구' 입력
제주공항에서 26.7km 위치, 약 40분 소요 → 숲길 입구 앞 주차장 이용 → 사려니숲길을 따라 물찻오름 입구까지 5.2km, 1시간 30분 이동

제주공항 1층 1번 게이트 - 표선, 성산, 남원 방면(1번) 정류장 이용
비자림로 사려니숲길 입구에서 트레킹 112, 122, 132번 승차(37분) → 비자림로 교래입구 정류장에서 212, 222, 232번으로 환승(2분) → 사려니숲길 정류장에서 하차 → 물찻오름 입구까지 4.8km, 1시간 30분 이동
남조로 사려니숲길 입구에서 트레킹 131번 승차(44분) → 붉은오름 정류장 하차 → 사려니숲길 입구까지 70m, 1~2분 이동 → 사려니숲길을 따라 물찻오름 입구까지 5.2km, 1시간 30분 이동

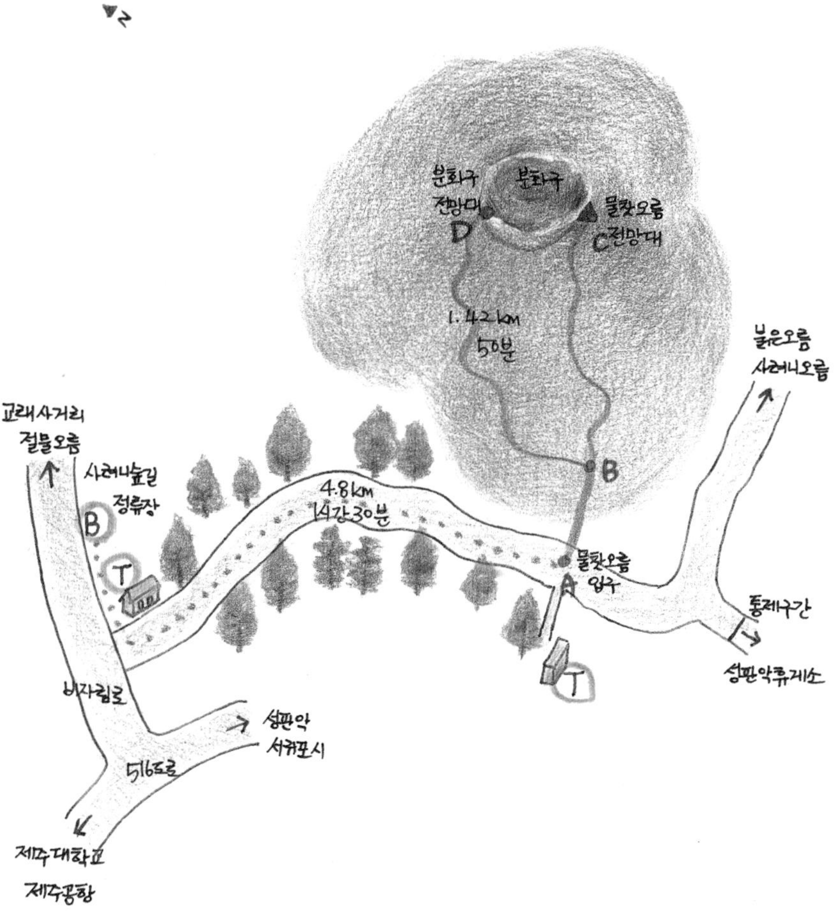

물찻오름 전망대, 분화구 전망대 코스(A 물찻오름 입구, B 갈림길, C 전망대, D 분화구 전망대)
사려니숲 비자림로 입구→A→B→C→D→B→A순으로 트레킹
붉은오름 쪽 남조로 사려니숲길 입구로 진입하여 A지점 물찻오름 입구부터 트레킹해도 무방함

왕복 50분 소요

사려니숲길은 오후 5시 이후 출입 통제
물찻오름은 사려니숲 에코힐링 체험기간 동안 오전 10시~오후 1시까지(20분 간격 출입)

트레킹화, 식수

사려니숲 입구 화장실, 오름 입구 화장실 이용

물찻오름은 자연휴식년제 실시로 2021년 12월 31일까지 출입이 제한되어 있고, 향후 출입 제한 여부를 재검토할 예정
자연휴식년제 기간에는 사려니숲 에코힐링 체험 시기에 한시적 개방, 해설사와 함께 동행

숲길 좋아하는 사람과 함께도 좋고, 혼자도 좋음

비가 오는 날에는 매트가 미끄러우니 각별히 조심

+ **사려니숲길** 물찻오름은 사려니숲길 중간쯤에 있어 사려니숲과 함께 트레킹하기 좋다. 해발고도 500~600m에 위치한 사려니숲은 완만한 평탄지형으로, 주변에는 물찻오름 외에 말찻오름, 붉은오름, 사려니오름 등과 천미천계곡 등이 있다. 전형적인 온대산지인 사려니숲에는 졸참나무, 서어나무, 때죽나무, 단풍나무 등이 자생하고 사계절 다채로운 풍경을 선사하고, 삼나무와 편백나무 등도 조성되어 숲길 트레킹의 활력소가 되어준다.

1 우거진 나뭇가지 사이로 호수가 보이는 물찻오름 분화구 전망대 **2** 봄날 사려니숲길 **3** 여름날 사려니숲길
4 사려니숲 물찻오름 입구 **5** 우거진 숲 풍경이 환상적인 6월 물찻오름 탐방로
6 한라산과 주변 오름을 볼 수 있는 물찻오름 전망대 **7** 가을날 사려니숲길 **8** 겨울날 사려니숲길

원시림 그대로

사려니오름

접근성 하
난이도 중
추천계절 6월~10월

정상 뷰 ★★★
분화구 뷰 ★
탐방로 상태 ★★★

트레킹 포인트 숲길
함께 트레킹 물찻오름, 이승이오름

주소 서귀포시 남원읍 한남리 산 2-1
표고 523m
비고 98m

제주를 대표하는 숲으로 자리잡은 아름다운 사려니숲길, 그 숲길 끝에 사려니오름이 있다. 본디 사려니숲길은 사려니오름으로 가는 길이었는데, 월든삼거리에서 사려니오름으로 이어지는 남쪽 탐방로는 특별한 기간에만 개방하고 평소에는 출입을 금지하고 있고, 한남연구시험림 탐방로를 통해서만 사려니오름 탐방이 가능하다.

해마다 5월 중순이 되면 사려니오름에 가기 위해 온라인 예약을 서두른다. 11월부터 5월 중순까지 굳게 닫혀 있던 탐방로가 오픈되기 때문이다. 사려니오름 일대는 산림청이 관리하는 국유림 지역으로, 한남시험림탐방 사전 예약 후에 오름 탐방이 가능하고, 사려니오름 외에도 멀동남오름, 삼나무 전시림 등 다양한 숲길 탐방이 가능하다.

사려니오름은 북동쪽으로 넓고 깊게 팬 반달 모양의 말굽형 분화구를 가지고 있고, 분화구 안쪽에는 자연림이 무성하고, 남동쪽 사면으로는 삼나무가 빽빽하다.

널찍한 한남연구림 탐방로를 한바퀴 돌아 사려니오름 입구로 들어서면, 울창한 숲길이 펼쳐지는데, 하늘로 쭉쭉 뻗은 나무는 서로 맞닿아 나뭇가지가 뒤엉키고 이파리도 층층이 하늘을 뒤덮고 있어 대낮에도 어두컴컴하다. 오르막 계단을 오르다 뒤돌아보면 원시림 그대로의 숲 풍경이 일품이다. 등성이로 올라서면 나무들이 어찌나 자유분방하게 앉아있는지 수없이 뻗어 나온 뿌리가 어지럽게 뒤엉켜 걸음을 옮길 수 없을 정도다. 게다가 한여름에도 낙엽이 수북하게 쌓여있어 마치 가을에서 겨울로 넘어가는 분위기다. 반면 나뭇잎은 모두 초록초록 풍성하니 잠시 계절 감각이 상실된다. 뒤엉킨 나무뿌리를 용케 피해 걸음을 이어가면 여기저기 커다란 바윗돌이 보이는데, 만약에 나무가 없는 민둥산이라면 '돌산'이라는 이름을 갖게 되지 않았을까 생각될 정도다.

숲의 정취에 푹 빠져 걷다보면 울창한 나무들 사이로 바깥을 내다볼 수 있는 '독새기달걀의 제주어 쉼팡'이 보이는데, 이곳에서 한라산을 바라보며 달걀을 까먹으면 10년이 젊어진다는 이야기가 있다. 잠시 한라산을 보며 숨을 고른 후 정상 전망대에 오르니, 여느 오름과는 사뭇 다른 경치가 펼쳐진다. 바다도 들판도 마을도 주변 오름도 멀찍이 떨어져 있고, 오름 주변으로는 온통 숲 천지라 잠시 속세에서 멀어진 특별한 느낌이다. 한라산 자락 깊은 곳 신성한 숲길 '사려니', 이 오름에 진정 딱 걸맞은 멋진 이름이다.

* 사전 예약 탐방(매년 5월 16일~10월 31일 / 인터넷 선착순 예약 정원 : 300명)
숲나들e 웹사이트→숲길→한남시험림탐방 선택하여 예약 가능(온라인 예약만 가능)
한남시험림 탐방은 별도 A구간, B구간, C구간으로 운영되며, 숲해설은 A~B구간(한남시험림 입구~삼나무전시림 입구)에서만 제공됨

How to Go

내비게이션에 '서귀포시 남원읍 서성로 651번길 235' 입력
제주공항에서 39.3km 위치, 약 50분 소요, 한남시험림 주차장 이용

없음

Trekking Map & Tip

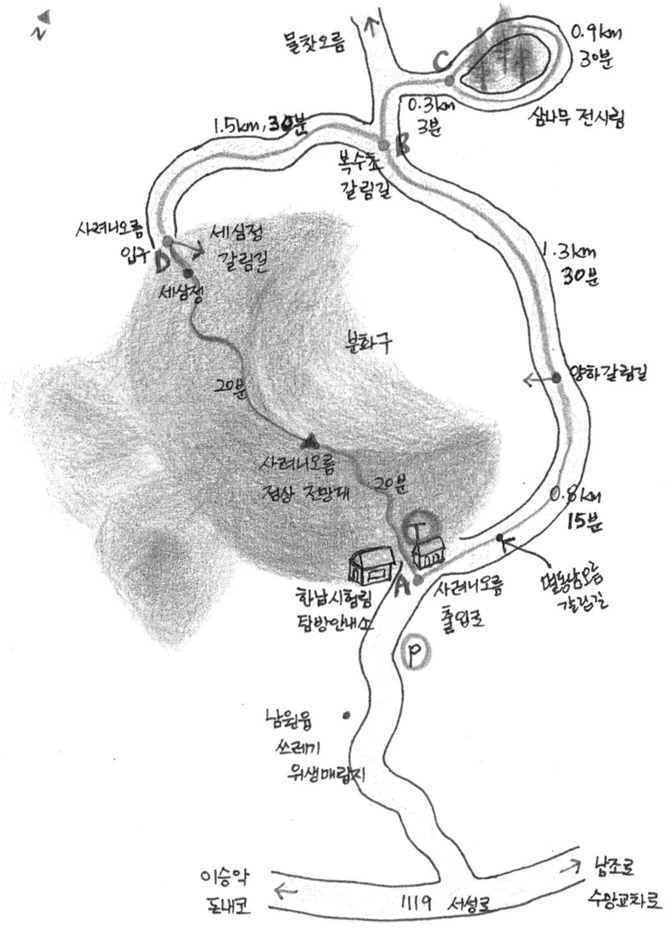

한남시험림 탐방 코스, 사려니오름 정상 코스

(A 한남시험림 입구(사려니오름 출입로), B 복수초 갈림길, C 삼나무 전시림 입구, D 오름 입구)

1. 한남시험림 탐방 코스 A→B→C→삼나무 전시림→C→B→D→사려니오름 정상→A순으로 트레킹

2. 사려니오름 정상 코스 A→사려니오름정상→D→A순으로 트레킹

한남시험림과 사려니오름 전체를 돌아볼 수 있는 한남시험림 탐방 코스 추천

한남시험림 탐방 코스는 2시간 30분~3시간 소요, 사려니오름 정상 코스는 1시간 소요

오전 9시~오후 5시(오후 5시 전까지 하산 완료), 매주 월, 화요일은 탐방 불가

숲 해설 제공시간 : 오전 9시, 오후 1시(하루 2회 / 1회 최대 20명)

운동화, 식수, 간식

오름 입구 화장실 이용

반드시 사전 예약 탐방, 애완동물 출입 금지, 스틱 금지

트레킹 좋아하는 사람과 동행

멧돼지와 들개 등 야생동물 출몰 주의

+ 삼나무 전시림 사려니오름 인근에 조성된 삼나무 전시림은 난대아열대산림연구소에서 관리하는 삼나무 전시림으로 1930년대 조성되었고, 제주도 최고령을 자랑하는 삼나무를 볼 수 있다. 총 0.9km 구간으로 여유롭게 걷는다면 20~30분 소요된다. 사려니숲길에는 삼나무숲을 어디서든 쉽게 볼 수 있지만, 이곳 전시림의 삼나무숲은 단연 최고의 풍경을 자랑한다.

1 원시림 그대로의 신비로운 탐방로 **2** 삼나무 전시림 탐방로 **3** 사려니오름 전망대 **4** 자연 그대로의 울창한 오름 숲길
5 숲 해설을 들을 수 있는 한남연구림 탐방로

특별한 날에만 열리는

사려니숲 에코힐링 코스 물찻오름-사려니오름

아름다운 사려니숲에 자리한 물찻오름과 사려니오름을 사려니숲길과 함께 트레킹하며 울창한 숲에서 제대로 힐링할 수 있는 코스다. 특히 월든삼거리에서 사려니오름 구간의 남쪽 탐방로는 에코힐링 체험기간에만 열리는 제한 구역이라 때묻지 않은 숲의 정취를 한껏 느끼기에 제격이다.

또한 사전 예약제로 탐방이 허용되는 사려니오름과는 달리 자연휴식년제 실시로 탐방이 전면 금지된 물찻오름을 오를 수 있는 흔치 않은 기회이므로 매년 여름 싱그러움이 가득한 사려니숲에서 열리는 에코힐링 체험행사를 놓치지 말자.

에코힐링eco-healing이란 자연 속에서 치유력을 회복하고 몸과 마음이 건강한 삶을 누린다는 뜻으로, 평소에 쉽게 걸을 수 없는 특별한 숲길을 에코힐링 체험기간에 만나볼 수 있다. 매년 6월초 3~5일 정도 실시, 해마다 날짜와 기간은 달라지므로 사전 확인 필요

START

사려니숲길 입구~물찻 구간

4.6km
80~90min

물찻오름(40~50분)

사려니숲길(2)
물찻~월든삼거리

1.8km
40~50min

월든삼거리 삼나무숲
.(15~20분)

사려니숲길(3)
월든삼거리~사려니오름

7.5km
100~120min

삼나무 전시림
(20~25분)

2km
30~35min

GOAL

사려니오름
(40~50분)

소요시간
6시간 20분~7시간 20분

Trekking Tip

🚌 사려니숲길 버스정류장에 하차하여 입구부터 트레킹을 시작한다. 에코힐링 체험기간에는 사려니오름에서 시작 지점까지 무료 셔틀버스를 이용하니 버스시간표를 참조하여 트레킹하면 된다.

🚗 비자림로 사려니숲길 입구에는 주차가 불가하므로, 절물자연휴양림 부근의 사려니숲 주차장을 이용하고, 사려니숲길 입구까지 약 1시간 정도 걸어와서 트레킹을 시작한다.
자가용을 이용할 경우 붉은오름 사려니숲길 주차장을 이용하는 것이 편리하다.

Tip 1. 에코힐링 체험기간에는 오후 1시 이전까지 물찻오름 입구에 도착해야 하고, 월든삼거리 진입로에는 오후 2시 이전까지 도착해야 사려니오름 트레킹이 가능하므로 오전에 서둘러서 시작하는 것이 좋다.
2. 숲길에서는 화장실 외 이용할 수 있는 편의시설이 없기 때문에 식수나 간식은 미리 충분히 준비하는 것이 좋다.

1 Day Trekking

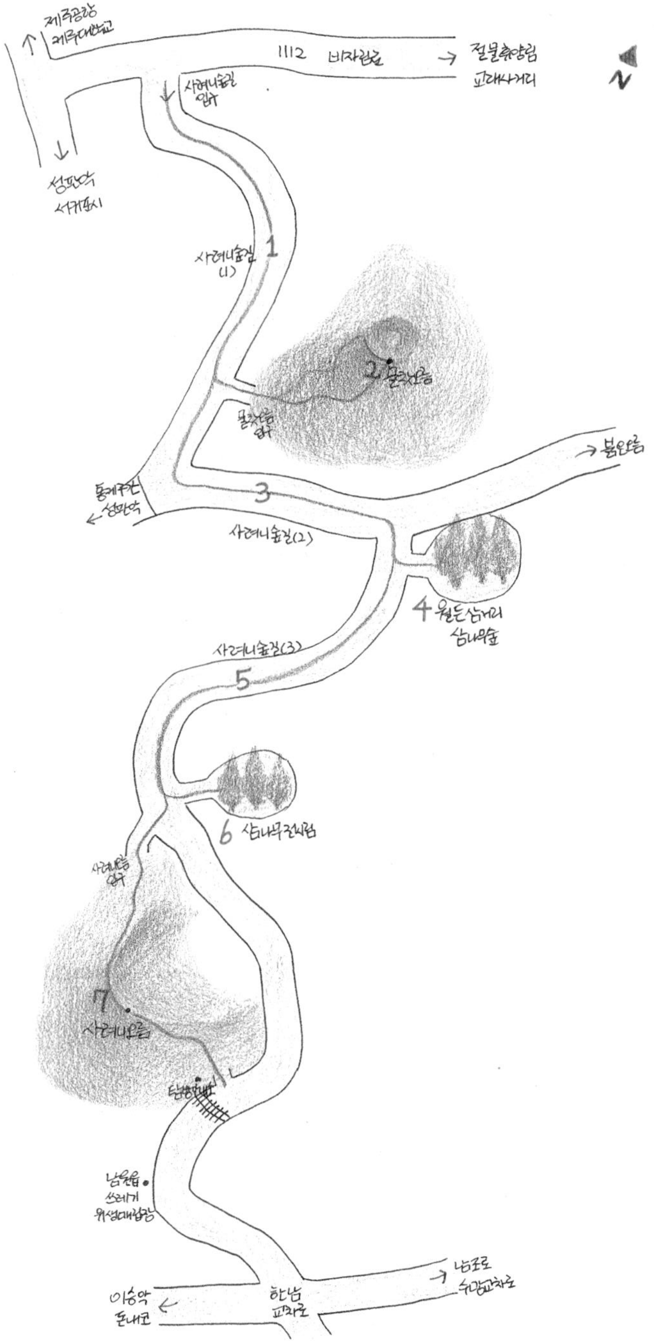

환상 숲길

이승이오름

접근성 중
난이도 중
추천계절 사계절

정상 뷰 ★★
분화구 뷰 ★
탐방로 상태 ★★★★

별칭 이승악, 이승이악, 이슥이오름
트레킹 포인트 숲길
함께 트레킹 사려니오름, 한라산 둘레길(수악길 코스)

주소 서귀포시 남원읍 신례리 산 2-1
표고 539m
비고 114m

이승이는 남원읍 신례리 공동목장 안쪽에 자리한 오름으로 입구까지 차로 갈 수 있지만, 이승악 탐방휴게소부터 트레킹을 시작해 목장길을 따라 걸어도 좋다.

이승이오름, 이슥이오름, 이승악, 이승이악 등 다양하게 불리는데, '이승이'나 '이슥이'의 어원은 분명치 않다. 오름 모양이 삵살쾡이처럼 생겨서, 삵이 서식한다는 데서 붙여진 이름이라 전해진다. '삵'은 제주말로 '슥' 또는 '식'이라고 하며, 한자로 표기한 이승악狸升岳의 이狸는 삵을 뜻한다.

이승이오름은 오름 양쪽으로 작은 계곡을 끼고있고, 둘레길에 삼나무가 일부 조림되어 있기는 하나 오름 전체가 울창한 자연림이다. 숲길이 워낙 수려하여 '신례천 생태로' '한라산 둘레길'과 연결되어 숲길 트레킹을 즐기는 이들에게 매우 인기 있는 오름이다.

이승이오름 입구에 서면 정면에 오름이 보이고 좌우 갈림길인데, 어느 쪽을 택해도 무방하다. 시간이 넉넉하면 먼저 둘레길을 한바퀴 돌아본 다음 정상으로 오르는 것이 좋다.

이승이 둘레길은 사려니숲과 멀지 않은 산림지대에 위치하여 걷다보면 사려니숲과 비슷한 분위기가 느껴지는데, 그보다 훨씬 더 싱그럽고 그윽한 맛이 일품이다. 둘레길을 걷다가 잠시 계곡으로 내려가면 해그므니해그문이소를 볼 수 있는데, 울창한 숲으로 둘러싸인 폭포가 있는 계곡으로 한폭의 수채화처럼 아름답다. 이승이의 둘레길은 안쪽으로 깊숙이 들어갈수록 그윽한 숲의 정취가 더욱 깊어져 탄성을 자아낸다. 둘레길 중간중간 갱도진지, 숯가마 등을 볼 수 있고, 울창한 삼나무숲길도 걸어볼 수 있다. 둘레길 곳곳에 '이승이오름 순환코스'라는 안내도가 세워져 있는데, 갈림길이 워낙 많아서 수시로 안내도를 참조하여 현위치를 파악해야 길을 잃을 염려가 없다.

정상으로 이어진 숲길에는 엄청난 덩치로 위압감을 주며 길을 막아서는 나무도 없고, 하늘을 뒤덮는 나무도 없다. 마치 봄에 돋아나는 새싹처럼 가느다랗고 여린 줄기를 가진 나무가 줄지어 섰는데, 쉽게 볼 수 없는 풍경이라 한껏 들떠 콧노래가 나온다. 때마침 숲의 방문객을 보고 깜짝 놀라서 잽싸게 도망가는 노루까지 만나니 이승이오름의 감동은 몇 배로 커진다. 또한 한라산과 주변 풍경이 살짝 보이는 정상 전망대 쉼터는 오랫동안 머물고 싶을 만큼 아늑하고 편안하다.

이승이 트레킹을 마치고 나오는데 온몸에서 초록 향기가 폴폴 풍기고, 미소가 가득한 것이 제대로 힐링한 기분이다. 짧은 트레킹 시간에 비해 이승이가 내어주는 숲의 에너지는 어마어마하다.

How to Go

내비게이션에 '이승이오름' 또는 '이승악오름' 입력

제주공항에서 36km 위치, 약 50분 소요. 이승이오름 입구 주차장 이용

제주공항 1층 2번 게이트 – 일주동로, 516로 방면(2번) 정류장 이용

181번 승차(56분) → 하례환승정류장(하례리입구)에서 하차 → 하례2리입구 정류장까지 240m, 3~4분 이동하여 623번 승차(10분) → 휴애리 자연생활공원 정류장 하차 → 이승악탐방휴게소 앞까지 1.3km, 약 15분 이동 → A지점에서 트레킹 시작

Trekking Map & Tip

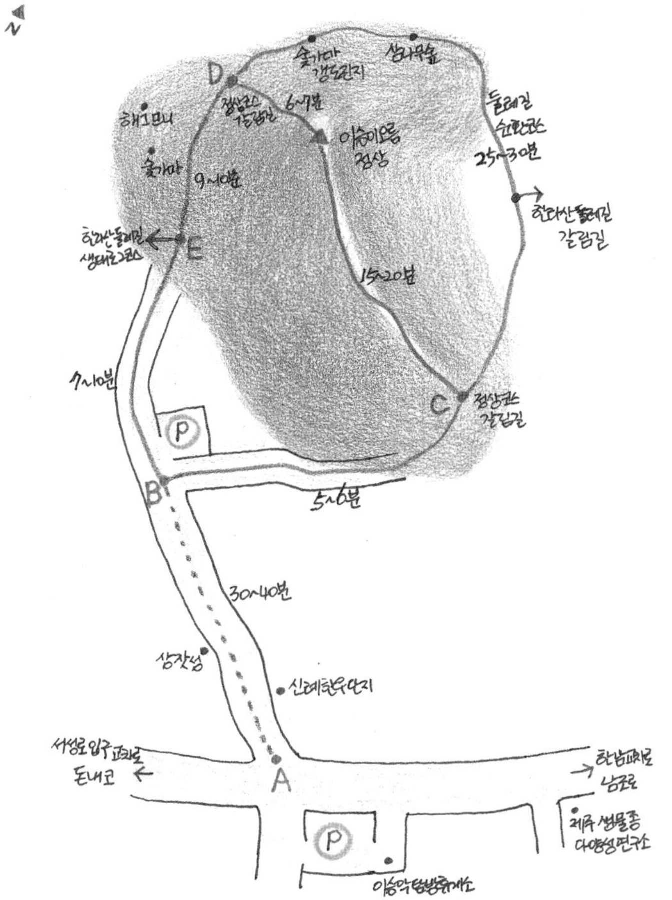

목장 탐방로 코스, 이승이오름 정상 코스, 둘레길 순환 코스(A 목장 탐방로 입구, B 이승이오름 입구 주차장, C, D 이승이오름 정상 코스 갈림길, E 한라산 둘레길, 생태로 2코스 종점 갈림길)

1. 목장 탐방로 코스 A→B, 2.3km

2. 이승이오름 정상 코스 B→C→정상→D→E→B순으로 트레킹

3. 둘레길 순환 코스 B→E→D→숯가마, 갱도진지→삼나무숲→한라산 둘레길 갈림길→C→B순으로 트레킹

4. 정상 및 둘레길 코스 B→E→D→삼나무숲→C→정상→D→E→B순으로 트레킹

- 1번 코스는 30~40분, 2번 코스는 40~50분, 3번 코스는 40~50분, 4번 코스는 1시간 10분~1시간 30분 소요
- 시간 제한은 없으나, 해지기 전에는 탐방을 마치는 것이 좋음
- 운동화, 스틱, 식수, 간식
- A지점에서 화장실과 휴게소 이용
- 한라산 둘레길 코스 중 수악길에 해당. 둘레길을 걷다보면 갈림길이 꽤 많은데 안내된 방향으로만 찾아가면 길을 잃을 염려는 없음. 절대 탐방로 밖으로 벗어나지 않도록 주의
- 혼자는 위험하니 동행. 둘레길은 야생동물 및 멧돼지 출현도 가능하니 주의
- 비가 많이 오는 날에는 계곡물이 범람할 수 있음

+ **신례리 공동목장 길** 이승이오름 입구까지 가려면 신례리 공동목장을 지나야 하는데, 걸어서 갈 수도 있고 차량으로 갈 수도 있다. 시간이 된다면 이승악 탐방휴게소에 주차하고, 오름 입구까지 목장길을 따라 걸어보자. 신례리 목장 너머로 한라산과 주변 오름이 그림처럼 펼쳐지는 아름다운 풍광을 만날 수 있다. 시간이 없다면 잠시 멈춰 구경이라도 해보자.

1 이승이오름 둘레길 삼나무숲
2 신례리 공동목장 길 **3** 이승이오름 정상 쉼터
4 이승이오름 정상 숲길을 뛰어다니는 노루
5 한라산 둘레길 **6** 이른 봄 이승이오름의 싱그러운 숲길

+ 한라산 둘레길 한라산 둘레길은 해발 600~800m 국유림 일대를 둘러싼 환상 숲길로, 천아숲길, 돌오름길, 동백길, 수악길, 사려니숲길로 연결되어 있는데, 그 중 이승이오름은 수악길(돈내코 탐방로에서 사려니오름 입구 사이 16.7km 구간)에 포함되어 있다. 이승이오름을 트레킹하고, 수악길을 따라 돈내코나 사려니오름 입구까지 연계해 트레킹해도 좋다. 이승이오름 둘레길에서 돈내코까지는 10.5km(4시간), 사려니오름 입구까지는 6.2km(2시간)다.

PART 3 서부권 중산간 오름

서부권 중산간 오름은 중산간 오름 중 서부 지역에 자리한 오름으로, 편의상 해발 150m 전후에 위치한 오름부터 해발 600m 이상 위치한 오름까지 포함했고, 동서 지역으로 나누기에 애매한 북쪽의 광이오름과 남쪽의 고근산까지 함께 구성하였다.

서부권 오름은 동부 지역만큼 오름 수가 많지는 않지만, 동부 지역 못지않게 아름다운 오름이 산재해 있고, 특히 드넓은 서부 중산간의 평원을 조망하기에 더할 나위 없이 좋다. 또한 동부 지역에서 바라본 한라산과는 또 다른 느낌의 한라산을 만날 수 있고, 바다 위에 동화처럼 봉긋 솟은 비양도를 찾아보는 재미 또한 쏠쏠하다. 무엇보다 서부권 대부분의 오름에서 환상적인 노을을 감상할 수 있어 좋다. 대중교통보다는 승용차로 접근하기 좋고, 인근 오름과 연계 트레킹하기에도 좋다.

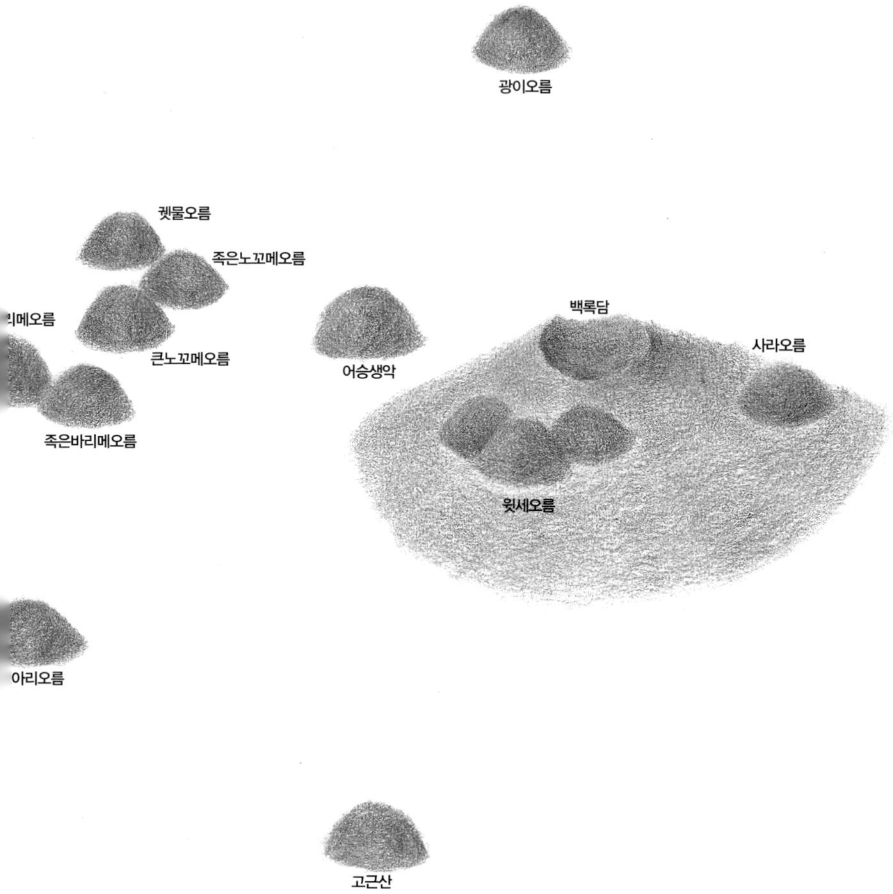

한라산국립공원 오름

한라산국립공원 내 자리한 오름은 전체 오름 중 13%를 차지하고 있는데, 출입시간이 제한되어 있어 다른 오름처럼 트레킹 시간이 자유롭지 못하고, 기상 악화 시에는 탐방이 금지되기도 한다. 각 탐방로 입구까지 수시로 버스가 다니기 때문에 대중교통을 이용하기에도 큰 불편함이 없고, 연중 어느 때라도 국립공원을 이용하는 사람이 많기 때문에 혼자서도 마음 편히 트레킹할 수 있다.

한라산 자락에 자리한 어승생악, 사라오름, 윗세오름은 한라산 봉우리를 가까이서 조망해볼 수 있고, 높이 올라온 만큼 제주도 전역의 경치를 감상하기에도 그만이다. 또한 여러 오름에서 바라보기만 했던 한라산을 직접 트레킹할 수 있어 좋고, 한라산만이 내어줄 수 있는 숲의 정취와 주변 경치는 사계절 어느 때 찾아도 아름답고 만족스러워서 트레킹 장소로는 단연 최고라 할 수 있다.

높고도 높아라

큰노꼬메오름

접근성 하
난이도 상
추천계절 사계절

정상 뷰 ★★★★
분화구 뷰 ★★★★
탐방로 상태 ★★★★

트레킹 포인트 전망, 숲길
함께 트레킹 족은노꼬메오름

주소 제주시 애월읍 유수암리 산 138
표고 833.8m
비고 234m

애월읍에 위치한 소길 공동목장 입구로 들어서면 큰노꼬메 주차장이 있는데, 주차장에서 바라보는 큰노꼬메 산체가 대단히 매력적이다. 봉긋하면서도 멋스러운 봉우리 두 개가 좌우로 마주보고, 중앙에는 말굽형 분화구가 우묵하게 패였는데, 그 수려한 자태가 너무나도 아름답다. 특히 사면이 울창한 숲으로 뒤덮여 계절에 따라 다채로운 빛깔로 변신하니, 주차장에 들어설 때마다 그 새로운 모습에 반해 한참을 올려다본다.

큰노꼬메의 진짜 매력은 숲길로 들어서면서 시작된다. 혼자 걸어도 좋을 만큼의 아늑한 숲길이 열리면서 그윽한 숲 향기가 진하게 스며든다. 햇살은 따스하고 살랑거리는 바람이 숲의 향기를 더해주니, 그 어떤 걸음도 부럽지 않다. 제1쉼터를 지나면 본격적인 오르막이 시작되는데, 한라산 돌계단처럼 경사가 심하다. 오르면 오를수록 심장은 요동치고 오르는 시간보다 쉬는 시간이 길어진다. 진짜 등산한다는 각오로 가파른 오르막을 죽기살기로 오르다보면, 갑자기 소나무숲이 나타나고 하늘이 열리면서 탁 트인 전망이 펼쳐진다. "우와!" 감탄사와 함께 우뚝 솟은 한라산과 눈맞춤이 시작된다. 다행히 정상까지는 완만한 풀밭이라 쉬엄쉬엄 오르며 편안하게 주변 경치를 감상할 수 있다.

큰노꼬메 정상 전망대는 20~30명이 앉아도 좋을 만큼 넉넉한 데크가 깔려있어 내려가고 싶을 때까지 욕심껏 머물기 좋다. 거의 1시간을 걸어 정상에 올라왔는데, 과연 높이 올라온 만큼 전망이 훌륭하다. 중산간 지역부터 북서남 해안선까지 막힘없이 시원하게 내려다보이고, 어느 오름이 어디만큼 있는지 찾아보는 재미도 쏠쏠하다. 특히 한라산 전망이 압권인데, 거리는 제법 떨어져 있지만 어승생악, 윗세오름, 백록담봉우리, 영실계곡이 선명하게 그려진다. 특히 한겨울에 큰노꼬메오름 정상에서 만나는 한라산 설경은 예술이다. 숲길도 좋고 전망까지 훌륭한 큰노꼬메오름, 햇살이 좋고 한라산이 선명하게 보이는 날에는 더욱더 만족스러운 트레킹이 된다.

제주 오름의 표고별 분포현황을 보면, 해발 200m 이하에 위치한 오름은 39%, 200m~600m 중산간 지역에 위치한 오름은 40%, 600m 이상~한라산국립공원 사이에 위치한 오름은 8%, 한라산국립공원 내 위치한 오름은 13%로, 무려 79%의 오름이 해발 600m 이하에 자리잡고 있고, 그 이상 높이에 위치한 오름은 21%에 불과하다. 또한 비고 오름의 순수 높이가 200m 이상인 오름은 전체 오름 중 불과 2%뿐이다.

그런데 해발 600m 언저리에 위치한 큰노꼬메는 순수 높이만 234m로, 높이순으로 따지면 상위 2%에 속하는 대단히 높은 오름이다. '노꼬메'의 어원은 분명치 않고 여러 견해가 있는데, 그 중 '높은 뫼'라는 뜻에서 '놉고메'로 불리다가 '노꼬메'로 변화되었다는 견해가 설득력이 있다. 큰노꼬메 정상에 올라보면 그 이름이 참 잘 어울린다는 생각이 든다.

How to Go

내비게이션에 '큰노꼬메오름 주차장' 입력

제주공항에서 21km 위치, 약 30분 소요, 큰노꼬메오름 주차장 이용

없음

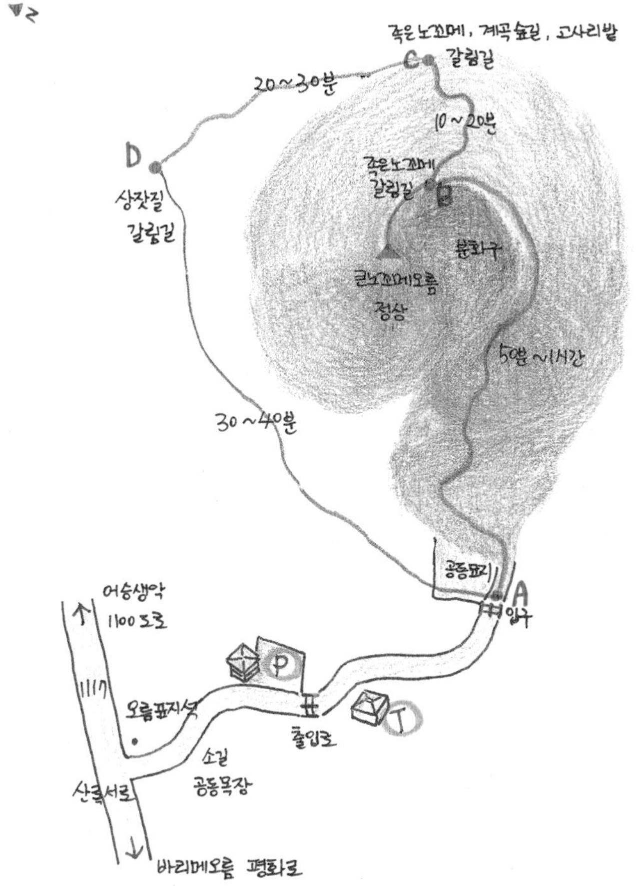

큰노꼬메오름 정상 코스, 정상–계곡 숲길–상잣질 연계 코스

(A 큰노꼬메 입구, B 족은노꼬메 갈림길, C 계곡 숲길 갈림길, D 상잣질 갈림길)

1. 큰노꼬메오름 정상 코스 A→B→큰노꼬메 정상→B→A순으로 트레킹

2. 정상–계곡 숲길–상잣질 연계 코스 A→B→큰노꼬메 정상→B→C→D→A순으로 트레킹

정상 코스와 연계 코스 트레킹 시간이 비슷하므로 정상까지만 트레킹하는 것보다는 계곡 숲길과 상잣질까지 연계해 트레킹하는 것이 좋음

주차장에서 오름 입구까지 5~6분 소요

1번 코스는 1시간 50분~2시간, 2번 코스는 1시간 50분~2시간 20분 소요

시간 제한 없음

트레킹화, 스틱, 모자, 식수, 간식 / 동절기 눈길 산행 시 아이젠 필수

오름 입구 화장실 이용, 인근 식당이나 편의점 없음

초반에는 숲길 트레킹으로 시작하지만, 능선 위로 올라서면 시야가 탁 트인 풀밭이 이어짐

중간 지점 숲길 내리막은 스틱과 밧줄을 잡고 내려올 정도로 경사가 심하고 미끄러움

정상까지 오르는 길은 혼자도 좋지만, 둘이 가면 더 좋음. 계곡 숲길과 상잣질은 동행 추천

비 오는 날, 비 온 다음 날은 숲길 오르막 등산로가 매우 미끄러워 위험

1

2

+ 큰노꼬메오름의 보물 큰노꼬메오름은 울창한 숲길과 탁 트인 능선을 동시에 맛볼 수 있어 사계절 언제라도 좋다. 봄에는 고사리, 여름에는 산딸기와 산수국, 가을에는 억새와 단풍, 겨울에는 설경을 선사하고, 길섶에 피어나는 이름 모를 들꽃과 노루와 목장의 말까지 반겨주니 걸음걸음이 즐겁다. 큰노꼬메에 오를 때는 조금 더 천천히 두리번거리며 올라보자. 특히 상잣질은 호젓한 숲길과 목초지, 다양한 풍경을 감상할 수 있어 걷는 재미가 배가 될 것이다.

1 한겨울 큰노꼬메오름 정상 능선길
2 큰노꼬메오름의 보물(왼쪽 위에서부터 산수국, 산딸기, 나리꽃, 달팽이, 청미래덩굴, 말)
3 한여름 큰노꼬메오름 정상 탐방로 **4** 큰노꼬메오름 상잣질 **5** 한여름에 걸어도 좋은 큰노꼬메오름 숲길

호젓한 숲길 산책

족은노꼬메오름

접근성 하
난이도 상
추천계절 사계절

정상 뷰 ★★★
분화구 뷰 ★★
탐방로 상태 ★★★★

별칭 소녹고악
트레킹 포인트 한라산 전망, 숲길
함께 트레킹 큰노꼬메오름, 궷물오름

주소 제주시 애월읍 유수암리 산 138
표고 774.4m
비고 124m

내비게이션이 알려주지 않는 오름을 찾을 때면 혼자서 오름 입구를 찾아내기가 여간 어려운 게 아니다. 1117번 산록서로를 달리다보면 길가에 우두커니 서있는 족은노꼬메 표지석이 보인다. 그러나 아무리 주변을 찾아봐도 오름 입구는 보이지 않고, 물어물어 무려 1.4km 오르막을 오르고올라 겨우 족은노꼬메 주차장을 찾아냈다. 나중에 보니 산록서로 입구 표지석에 화살표와 함께 1.4km라고 친절하게 써있다.

그런데 주차장에서도 족은노꼬메는 보이지 않고, 한참을 걸어 들어가야 족은노꼬메를 볼 수 있다. 주차장부터 본격적인 트레킹을 시작하려는데, 공교롭게도 갈림길이다. 정면으로 보이는 길은 고사리밭으로 향하는데, 널찍하고 호젓해 보이는 것이 강아지랑 함께 앞서거니 뒤서거니 장난치며 걸으면 좋겠다. 오른쪽으로 난 샛길은 상잣성을 따라 걷는 길로, 아기자기해 보이는 것이 누군가와 둘이서 오손도손 이야기하며 걸으면 참 좋겠다. 두 길은 처음과 나중의 차이만 있을 뿐 족은노꼬메를 휘감은 둘레길로 이어져 있다. 다만 상잣질에서 족은노꼬메 정상으로 오르는 길은 매우 가파르고 오르막 길이도 상당하므로 고사리밭으로 올라 상잣질로 내려오는 편이 수월하다.

족은노꼬메 정상에 올라서면 울창한 숲 사이로 남쪽과 북쪽의 두 봉우리가 마주보고, 그 중간에 굼부리가 움푹 패어 서쪽으로 골짜기를 이루며 기슭까지 흘러내린다. 원래는 원형 분화구였던 것이 서쪽 굼부리 둘레가 파괴되면서 말굽형을 이룬 것으로 추측된다. 숲에 가려 주변 전망은 다소 아쉽지만, 한라산 전망만큼은 훌륭하다.

족은노꼬메 바로 옆에는 큰노꼬메가 듬직하게 자리하고 있는데, 두 오름이 형제처럼 나란히 솟아있어 형제산이라는 별칭이 생겼고, 큰오름큰노꼬메에 견주어 족은오름이라 약칭하게 되었다. 또한 이 오름에 사슴이 살았다 하여 소녹고악小鹿古岳이라고도 불린다. 그런데 두 오름이 나란히 있다 보니 큰노꼬메에 가려 족은노꼬메가 저평가되는 경향이 있다. 노꼬메를 찾는 이들은 대부분 큰노꼬메를 먼저 찾는데, 큰노꼬메에서 보이는 족은노꼬메가 너무 평범한 생김새라 그냥 돌아서는 경우가 많다.

족은노꼬메는 큰오름에 비해 높이는 낮지만 덩치가 큰 편이며, 오름 전체가 울창한 숲으로 둘러싸여 숲길 트레킹하기 좋다. 또한 안쪽으로 깊이 자리하고 있어서 바깥세상의 소음이 들리지도 보이지도 않아 조용하다. 청아한 새소리만이 귀를 즐겁게 해주고, 햇살과 바람에 일렁이는 숲 그림에 탐방객은 호사를 누린다. 걷다가 어디든 걸터앉아 쉬어가기 좋고, 향긋한 나무 내음도 좋아 그야말로 호젓한 숲길 산책에 최고인 오름이다.

How to Go

내비게이션에 '족은노꼬메오름' 입력

제주공항에서 족은노꼬메오름 주차장까지 20.4km 위치, 약 40분 소요

족은노꼬메오름 주차장을 쉽게 찾지 못할 경우, 창암재활원 입구를 먼저 찾은 다음 1.4km 오르막으로 직진

없음

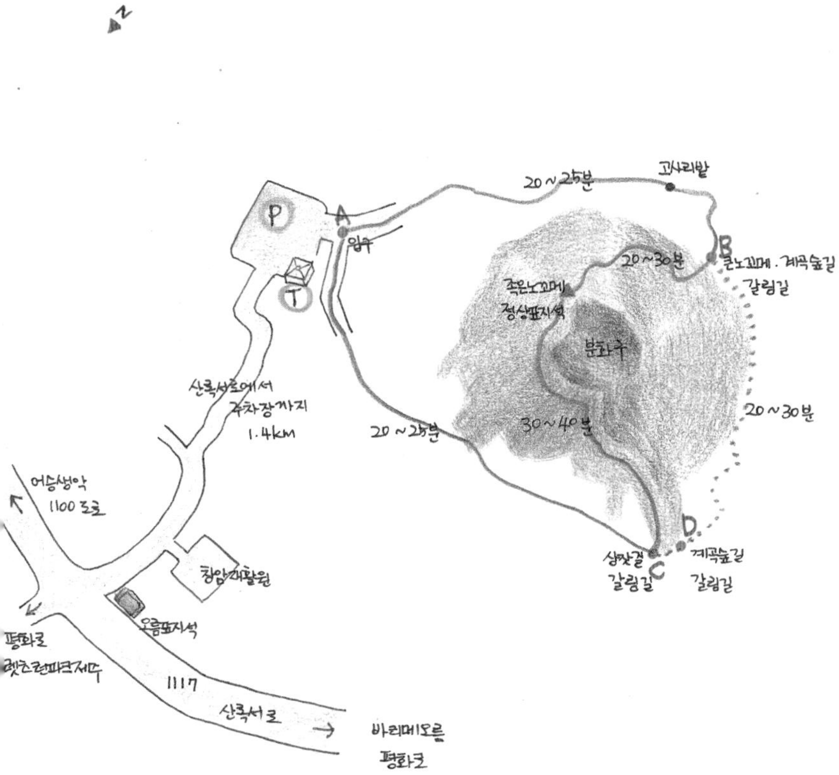

족은노꼬메오름 정상 코스, 족은노꼬메 둘레길(고사리밭-계곡 숲길-상잣질) 코스

(A 족은노꼬메 입구, B 큰노꼬메 갈림길, C 상잣질 갈림길, D 계곡 숲길 갈림길)

1. 족은노꼬메오름 정상 코스 A→B→족은노꼬메 정상→C→A순으로 트레킹

2. 족은노꼬메 둘레길 코스 A→B→D→C→A순으로 트레킹

정상까지 오르는 것이 부담된다면 족은노꼬메 둘레 숲길만 걸어도 충분히 좋음

계곡 숲길은 B와 D 구간의 경사도가 심하므로 B에서 D로 진행해야 내리막길로 편하게 걸어갈 수 있음

- 1번 코스는 1시간 30분~2시간, 2번 코스는 1시간~1시간 20분 소요
- 시간 제한 없음
- 트레킹화, 스틱, 모자, 식수, 간식 / 동절기 눈길 산행 시 아이젠 필수
- 오름 입구 화장실 이용, 인근 식당이나 편의점 없음
- 족은노꼬메 정상에서 C지점인 상잣질로 내려오는 길은 경사가 대단히 심하고 험준하므로 정상 능선을 조금 걷다가 B지점으로 다시 내려와 계곡 숲길을 따라 C지점까지 걸어와도 좋음
  산수국 활짝 피는 6월의 상잣질은 특히 아름다워서 둘레길만 걸어도 좋음
- 워낙 한적해 혼자보다는 둘 이상이 좋음
- 상잣질과 고사리밭길은 아무 때나 좋지만, 정상 오르막은 비 오는 날은 미끄러우니 조심

1 족은노꼬메 능선에서 바라본 웅장한 겨울 한라산 2 고사리밭길로 가는 널찍한 탐방로 3 족은노꼬메 상잣질

3

+ **족은노꼬메 상잣질** 족은노꼬메 입구에서 큰노꼬메 입구까지 총 2.6km의 상잣성으로 이어진 상잣질(질은 '길'의 제주말)이 남아있다. 잣성은 조선시대에 제주 중산간 목초지에 만들어진 목장 경계용 돌담으로, 위치에 따라 하잣성, 중잣성, 상잣성으로 구분된다. 그 중 해발 450~600m 일대의 상잣성은 말이 한라산 삼림지역으로 들어갔다가 얼어 죽는 사고를 방지하기 위해 만들어졌다. 경사가 거의 없는 편안한 오솔길로 상잣성을 따라 여유를 한껏 부리며 트레킹하기 좋다.

접근성 하
난이도 하
추천계절 사계절

정상 뷰 ★★★
분화구 뷰 ★
탐방로 상태 ★★★★

별칭 궤물오름, 궷물, 묘수악
트레킹 포인트 노꼬메오름 전망, 숲길
함께 트레킹 큰노꼬메오름, 족은노꼬메오름

작지만 강렬하다

궷물오름

주소 제주시 애월읍 유수암리 산 107-5
표고 597.2m
비고 57m

궷물오름 순수 높이는 57m, 오름 중에서 상당히 낮은 꼬마 오름에 속한다. 비슷한 높이의 오름으로는 제주공항 근처 도두봉55m, 동부 중산간 아부오름51m이 있는데, 이들 오름은 높이가 낮고 험하지 않아서 누구나 쉽게 오를 수 있다. 큰 기대 없이 궷물오름 주차장에 들어서는데, 엄청난 면적의 주차장과 음수대는 물론 시설 좋은 화장실까지 있어 놀란다. 중산간에는 주차장이나 화장실이 아예 없는 오름이 수두룩하기 때문이다. 덕분에 여유롭게 궷물오름 트레킹이 시작된다.

제주경찰특공대 옆 시멘트길을 따라 올라가면 족은노꼬메와 궷물로 나뉘는 갈림길이 나오고 본격적인 궷물오름 숲길이 이어지는데, 숲이 어찌나 울창하고 아름다운지 점점 기대감 상승하는 걸음이 더해진다. 숲길 왼편에는 야트막하게 경사진 언덕에 꽤 많은 평상이 있다. 나무 그늘이 시원해 넉넉하게 쉬어가기 좋을 것 같고 야영하기에도 좋겠다. 숲길 안쪽으로 깊이 들어서면 바닥에 커다란 샘 두 개가 보인다. 근처를 살펴보니 조금 높이 자리한 바위 옆 샘구멍에서 물이 흘러나오고, 바닥에 놓인 커다란 샘으로 흘러들어간다. 바닥에 있는 샘은 인공샘으로, 흘려버리는 물이 아까워 자동차도 없던 시절에 바닷가에서 모래와 자갈을 등짐으로 옮겨와 만들었다고 하니, 목축을 하던 중산간지대에서 이 물이 얼마나 귀한 대접을 받았을지 짐작된다.

궷물이란, 제주말인 궤땅속으로 팬 바위굴에서 샘물이 솟아난다고 해서 붙은 이름인데, 오름 기슭에 샘이 있어, 또는 바위에 괴어있는 물이라 해서 궨물괸물이라 알려졌고, 지금까지도 궷물오름이라 부르고 있다.

정상까지 오르는 길은 숲이 울창하고 아름다워 구석구석 구경하느라 걸음이 한없이 더뎌져 한참만에 궷물오름 정상에 올라선다. 오름 위치상 궷물에 오르면 족은노꼬메가 잘 보일 것 같아서 올라왔는데, 역시 예감은 적중했고, 덤으로 큰노꼬메까지 보인다. 눈앞에 펼쳐진 황홀한 노꼬메 형제 그림에 반해서 바위에 걸터앉아 노꼬메 삼매경에 빠져본다. 세상에 이렇게 훌륭한 뷰를 감추고 있었다니, 꼬마 오름이라고 얕잡아보면 안 될 일이다.

궷물오름은 볼거리가 풍성하고, 오르막이 힘들지 않고 정상에는 넓은 잔디밭도 있어서 유치원이나 초등학교 아이들 소풍장소로도 인기가 많다. 또한 느긋하게 노을 감상하기에도 좋으니 해질 무렵 근처를 지난다면 잠시 올라 머물다가도 좋겠다.

How to Go

내비게이션에 '궷물오름 주차장' 입력

제주공항에서 15.5km 위치, 약 30분 소요, 궷물오름 주차장 이용

없음

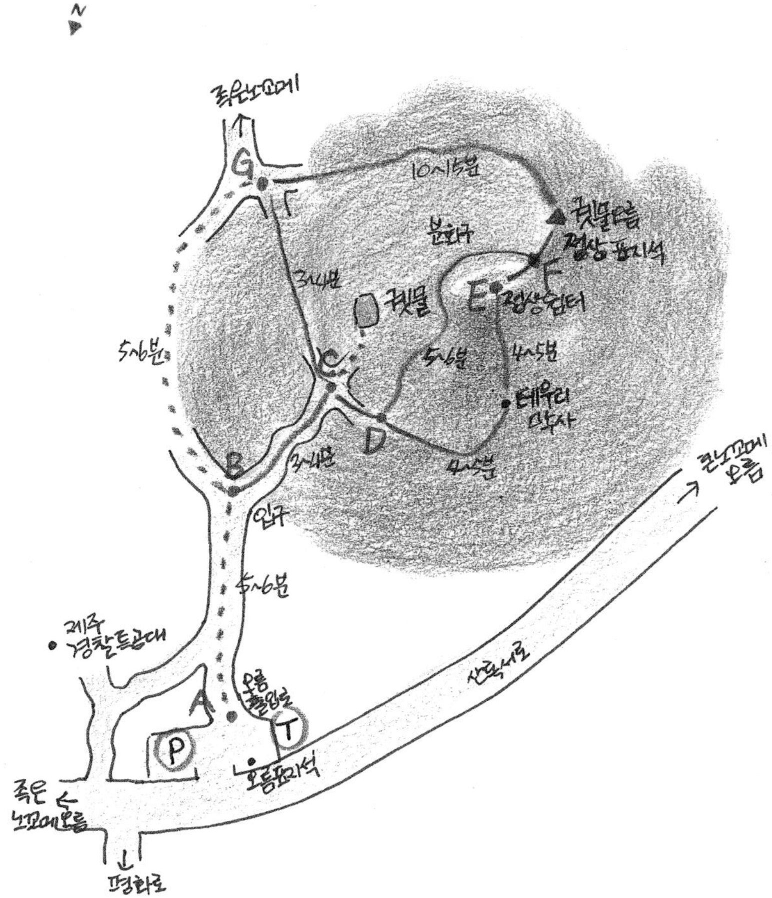

궷물오름 정상 코스, 정상+둘레길 코스

(A 궷물오름 주차장, 오름 출입로, B 족은노꼬메 방향 탐방로, 궷물오름 탐방로 갈림길, C 궷물오름 입구, 족은노꼬메 방향 탐방로 갈림길, D 정상 방향 탐방로 갈림길, E 정상 쉼터, F 정상 능선 갈림길, G 족은노꼬메 방향 탐방로, 궷물오름 둘레길 갈림길)

1. 궷물오름 정상 코스 A→B→C→D→테우리막사→E→F→D→C→B→A순으로 트레킹

2. 정상+둘레길 코스 A→B→C→D→테우리막사→E→F→정상 표지석→G→C→B→A순으로 트레킹

1번 코스는 30~40분, 2번 코스는 40~50분 소요

시간 제한 없음

운동화, 모자, 식수, 간식

오름 입구 화장실 이용, 인근 식당이나 편의점 없음

30~40분이면 전체 트레킹이 가능할 만큼 코스가 짧지만 구석구석 볼거리가 많아 여유 있게 트레킹
C지점에서 직진하여 안쪽으로 들어가면 궷물이 있는데, 아이들이랑 함께 관찰하며 놀기 좋음

혼자도 좋지만, 아이들과 함께 가거나 온 가족이 함께 소풍 가면 더 좋음

안개가 심해서 시야가 전혀 확보되지 않은 날에는 전망이 많이 아쉬움

1

+ 궷물샘과 테우리막사 궷물오름 입구에는 궷물과 백중제를 지낸 터가 있고, 중턱에는 테우리막사가 있다. '테우리'란 말과 소를 들에 풀어놓아 먹이는 일을 직업으로 하는 사람 또는 목동을 일컫는 제주말이다. 이러한 테우리의 거처를 우막집이라고 하는데, 비가 오거나 날씨가 추워질 경우 피난처로 이용했다. 또한 궷물오름 입구에 쉼터가 많아서 느긋하게 쉬어가기도 좋으니 궷물에 갈 때는 구석구석 살펴보고 여유 있게 머물러보자.

1 걸음걸음이 행복한 궷물오름의 아름다운 숲길 **2** 궷물오름 정상 노을 **3** 궷물오름 굼부리에 자리한 궷물샘

환상 숲길 트레킹

노꼬메 코스 궷물오름–족은노꼬메오름–큰노꼬메오름

애월읍 유수암리 산록서로 대로변에 자리한 매력 넘치는 세 개의 오름을 걷는 노꼬메 코스는 그 어떤 트레킹 코스보다 환상적인 숲을 체험할 수 있는 길로, 해발 600m 고지대의 울창한 숲과 전망 좋은 오름, 호젓한 상잣성길을 골고루 맛볼 수 있는 최고의 트레킹 코스다.
궷물, 족은노꼬메, 큰노꼬메 이 세 개 오름을 동시에 트레킹할 수 있는 길은 시작 지점을 어디에 두느냐에 따라 다양하므로, 본인이 선호하는 순서대로 또는 접근이 쉬운 방향에서부터 시작하면 된다. 다만 세 개의 오름 중 으뜸인 큰노꼬메를 가장 나중에 만나보는 것이 트레킹의 맛을 제대로 살릴 수 있기에 가능하면 체구가 가장 작은 궷물부터 워밍업하는 기분으로 시작하는 것을 추천한다. 세 개의 오름 트레킹을 모두 마치고 나오면 온 몸에서 숲의 기운이 가득 느껴져 그 어떤 때보다 행복함으로 충만해질 것이다.

START

궷물오름(30~40분)

족은노꼬메 상잣질
(20~25분)

고사리밭길(20~25분)

족은노꼬메오름
(50~70분)

큰노꼬메 상잣질
(30~40분)

큰노꼬메오름
(1시간~1시간 20분)

두 노꼬메 사이 계곡 숲길
(20~30분)

GOAL

궷물오름 쉼터
(10~15분)

소요시간
4시간~5시간 30분

Trekking Tip

🚌 없음. 가장 가까운 버스정류장은 궷물오름 아래 렛츠런파크 정류장으로 무려 4.4km 오르막을 걸어 올라야 하므로 승용차를 이용한다.

🚗 트레킹 시작도 마무리도 궷물오름에서 하기 때문에 궷물오름에 주차하고 마음껏 트레킹하고 돌아오면 된다.

Tip 1. 족은노꼬메 주차장에서 시작할 경우에는 3-4-8-1-5-6-7-2순서로 트레킹하는 것이 편하고, 큰노꼬메에서 시작할 경우에는 6-4-8-1-2-3-7-5순으로 트레킹하는 것이 좋다.
2. 세 오름 모두 주차장에 화장실이 있으나, 근처에 편의점이나 식당이 없으니 충분한 간식과 식수를 반드시 준비해야 한다.

1 Day Trekking

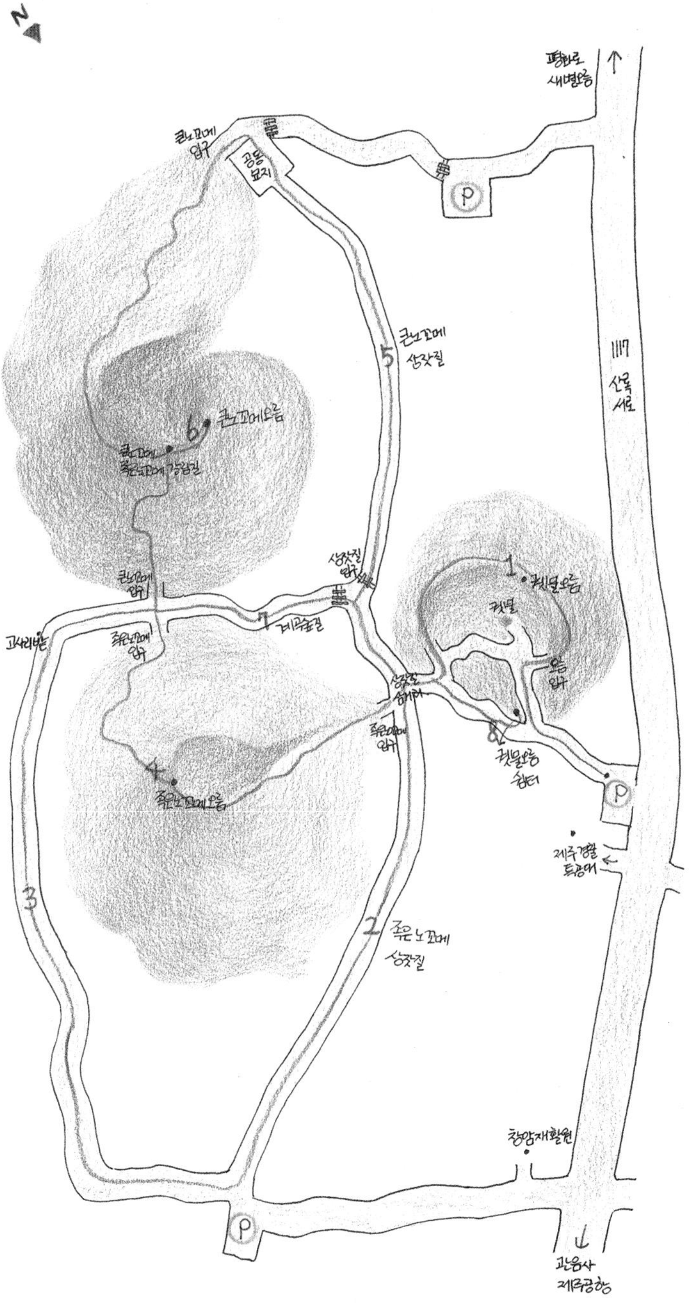

바리메가 뭐예요?

큰바리메오름

접근성 하
난이도 중
추천계절 사계절

정상 뷰 ★★★★
분화구 뷰 ★★★★
탐방로 상태 ★★★★

트레킹 포인트 전망, 분화구
함께 트레킹 족은바리메오름

주소 제주시 애월읍 어음리 산 1번지 일대
표고 763.4m
비고 213m

큰바리메는 첫 걸음부터 쉽지 않은 오름이다. 계속되는 오르막 탐방로에 서너 걸음 오르고 쉬고, 또 서너 걸음 오르고 쉬고, 초반부터 급경사 오르막의 매운맛을 톡톡히 보는데, 그렇게 5~6분쯤 오르면 제법 완만한 길이 이어진다. 방금 전 오르막의 투덜거림이 미안해질 정도로 어여쁜 나무들이 멋진 자태를 드러내고, 길섶의 앙증맞은 식물들이 반가운 인사를 건넨다. 너무 아름다워 연신 감탄사를 쏟아내며 걷다보면 어느새 능성이 갈림길에 도착한다. 왼쪽으로는 숲이 울창한 높은 봉우리가 있고 오른쪽으로는 시야가 탁 트인 낮은 봉우리가 있는데, 좀 더 쉬워 보이는 오른쪽 길을 선택하니 숲은 사라지고 완만한 능선이 이어지면서 풀밭 오름 특유의 정겨운 경치가 펼쳐진다. 보드랍게 뺨을 스치는 바람도 반갑고, 들꽃에 앉았다 날았다를 거듭하며 이리저리 바삐 날갯짓하는 나비도 반갑다.

그런데 왜 바리메라고 부를까? 제주 오름 이름을 나열해보면 한 번도 들어보지 못한 생소한 단어가 많은데, 흔히 마을이름을 붙여 부르기도 하고, 오름 생김새를 보고 비슷한 물건이나 동물의 이름을 붙여 부르기도 하고, 샘이 있으면 새미오름, 치성을 드리는 당이 있으면 당오름 등 알고 보면 참 편하게 붙인 이름이 많다. 바리메 또한 오름의 생김새를 보고 붙인 이름으로, 분화구 모습이 마치 바리때스님이 공양할 때 사용하는 나무그릇를 닮았다고 하여 '바리메'라 부르게 되었다.

능선을 따라 완만한 봉우리에 올라서니, 과연 굼부리 모양이 넉넉하게 팬 것이 무엇이라도 담아낼 것 같은 커다란 그릇 모양이다. 이것이 바리때라면 어마어마하게 큰 바리때인 셈이다. 이 바리때에 밥을 담으면 몇 천 명, 아니 수만 명도 거뜬히 먹을 수 있겠다. 보면 볼수록 굼부리 모양이 넉넉하면서도 푸근하며 마음까지 편안해진다.

산불초소 옆 쉼터에 앉으면 듬직하게 자리한 한라산부터 어승생악, 큰노꼬메오름, 새별오름, 이달오름, 금오름, 멀리 비양봉까지 서쪽 지역 오름이 나무랄 데 없이 멋지게 조망된다. 역시 힘들게 올라온 만큼 보여주는 경치도 훌륭하고 느긋하게 머물기도 좋다. 다시 걸음을 이어 반대편 봉우리로 올라서니 바리메오름 정상답게 전망이 시원하게 펼쳐지는데, 아쉽게도 바람이 너무 거세고 쉼터가 없어서 오래 머물 수가 없다. 다시 종종걸음으로 나머지 굼부리 둘레길을 돌아 내려오는데, 훤칠하게 잘생긴 나무가 자꾸만 걸음을 붙잡는다.

처음에 급경사 오르막 시작길이 힘들지만, 일단 올라오면 아름다운 숲과 멋진 조망, 그리고 신비로운 굼부리까지 모두 볼 수 있어 대단히 만족스러운 오름이다.

How to Go

내비게이션에 '바리메오름 주차장' 또는 '바리메 주차장' 입력

제주공항에서 21.4km 위치, 약 35분 소요, 큰바리메오름 주차장 이용

없음

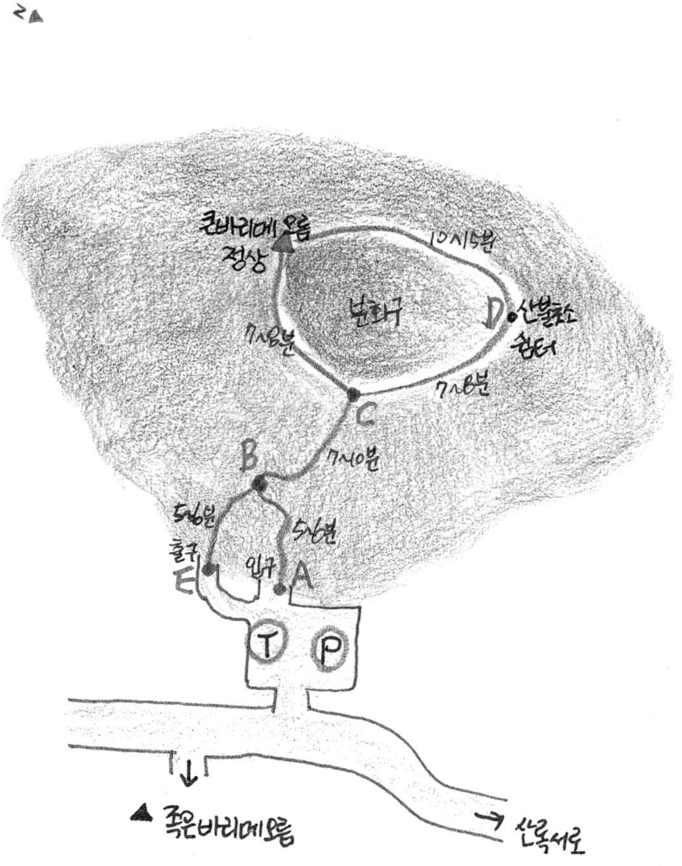

큰바리메오름 정상 및 분화구 둘레길 순환 코스

(A 오름 입구, B 출구, 정상 오르막 갈림길, C 분화구 둘레 순환로 갈림길, D 산불초소 옆 쉼터, E 오름 출구)

A→B→C→D→큰바리메오름 정상→C→B→E→주차장 순으로 트레킹

- 입구에서 능선 갈림길까지 20분, 둘레길 30~40분, 총 1시간~1시간 20분 소요
- 시간 제한 없음. 어두워지면 경사가 심한 숲길 위험
- 트레킹화, 스틱, 모자, 선글라스, 식수, 간식 / 겨울 잔설이 남아있을 때는 스틱 반드시 필요
- 오름 입구 화장실 이용, 인근 식당이나 편의점 없음
- 시작부터 급경사 오름 숲길이 시작되어 몹시 힘들지만, 능선이 가까워질수록 탐방로가 온순해져서 걷기 좋음
  정상 둘레길 순환 코스 절반은 탁 트인 풀밭으로 전망이 좋고, 특히 D지점 쉼터 머묾이 좋음
  최근 바리메오름 주변에 멧돼지가 종종 출현하고 있어서 주의 요망
- 반드시 동행과 함께 탐방
- 여름철 한낮, 비 오는 날

1

2

3

4

+ 새별오름 큰바리메오름 능선길은 초반의 울창한 숲길에 반해 깜짝 놀랄 만큼 시원한 전망을 내어준다. 온 사방이 트여있어 분화구도 한눈에 들여다볼 수 있고, 주변으로 보이는 풍경 또한 일품이다. 바로 앞 큰노꼬메오름은 물론 동쪽으로는 한라산이, 서남쪽으로는 옹기종기 앉아있는 오름 군락과 해안선이 시원하게 펼쳐진다. 특히 새별오름을 좋아하는 이라면 또 다른 모습의 새별오름을 만나는 기쁨을 누리게 될 것이다.

1 한라산 전망이 좋은 능선길 **2** 봄날 큰바리메 입구 **3** 큰바리메 능선에서 본 새별오름
4 겨울날 분화구 둘레 능선길 **5** 잔설이 남은 2월 큰바리메오름 탐방로

접근성 하
난이도 중
추천계절 사계절

정상 뷰 ★
분화구 뷰 ★★
탐방로 상태 ★★★

트레킹 포인트 숲길
함께 트레킹 큰바리메오름

첫눈에 반하다

족은바리메오름

주소 제주시 애월읍 상가리 산 124
표고 725.8m
비고 126m

큰바리메를 몇 번이나 찾을 동안 바로 옆 족은바리메에게는 쉽사리 발걸음을 내어 주지 못했다. 큰바리메를 본 것만으로도 이미 충분했고, 족은바리메는 울창한 숲으로 뒤덮여 속내를 쉽게 파악하기 힘들어 두려웠고, 이름도 같아 왠지 더 이상 특별함은 없을 것 같다는 섣부른 판단 때문이었다.

어느 날 큰바리메에 올랐다가 내려오는데, 한 무리의 탐방객이 족은바리메로 들어가기에 기회는 이때다 싶어 황급히 뒤를 따른다. 족은바리메 입구는 큰바리메와는 정 반대로 평평한 데크로 시작되어 첫 걸음부터 편안하다.

몇 걸음 들어서자 곧바로 갈림길이 나와 어느 쪽을 택해야 하나 망설인다. 정면으로 놓인 길은 데크로 계속 이어지고, 오른쪽 길은 고무매트가 깔려있는 꼬불꼬불한 오솔길이다. 취향대로 끌리는 오솔길을 택한다. 한 걸음, 두 걸음, 세 걸음, 네 걸음, 그리고 멈춰선 걸음. 갑자기 숨이 멎을 것 같은, 그야말로 환상적인 숲이 앞을 가로막는다. 너무 아름다운 숲 경치에 감동받아 심장이 콩닥콩닥하고, 놀라서 벌어진 입은 다물어지질 않고, 멈춰선 걸음은 움직일 줄 모른다. 첫눈에 반한다는 게 바로 이런 기분이겠지. 우거진 나뭇가지 사이로 햇살이 가득 스며드니 숲의 정취는 더욱 활기 넘치고 풍성해진다. 게다가 바람 소리와 새들의 지저귐까지 보태지니 10점 만점에 10점을 다 주어도 아깝지 않다. 아마도 전혀 기대하지 않은 걸음이라 그 만족감이 더욱 커진 듯하다. 숲길 탐방로를 따라 조금 더 들어서니 나무계단이 이어지고, 방긋방긋 들꽃의 미소가 구석구석 풍성하게 피어있다. 마치 보물을 발견한 것처럼 신나서 쪼그려 앉아 하나하나 인사를 건넨다. 그렇게 더딘 걸음은 계속 이어지고, 간만에 예쁜 숲을 발견한 것에 들떠서 콧노래를 흥얼거리며 걷다보니 어느새 출구에 이른다.

족은바리메오름은 네 개의 봉우리로 이루어져 있는데, 봉우리가 모두 등성이로 이어져 말굽형 분화구를 둘러싸고 있다. 분화구 안은 물론 오름 전체가 해송과 잡목으로 우거져 전망터를 제외한 다른 곳에서는 바깥 전망을 기대하기 어렵고, 굼부리 안쪽 또한 나무에 가려 전망이 아쉽다. 족은바리메는 전망보다는 숲길을 보고 찾는 오름이다. 봄에는 싱그러운 초록빛과 함께 온갖 야생화가 피어나고, 여름에는 짙푸른 초록잎으로 더욱 풍성해졌다가 가을에는 고운 단풍과 함께 낙엽이 우수수 떨어지고, 겨울에는 앙상한 나뭇가지를 드러낸다. 계절의 바뀜에 따라 민감하게 반응하는 족은바리메의 숲길, 어느 계절에 찾아도 그 계절만의 정취를 한껏 즐기기에 부족함이 없다.

How to Go

내비게이션에 '바리메오름 주차장' 또는 '바리메 주차장' 입력

제주공항에서 21.4km 위치. 약 35분 소요. 큰바리메오름 주차장에 주차하고, 바로 옆 족은바리메오름 입구까지 걸어서 이동

없음

Trekking Map & Tip

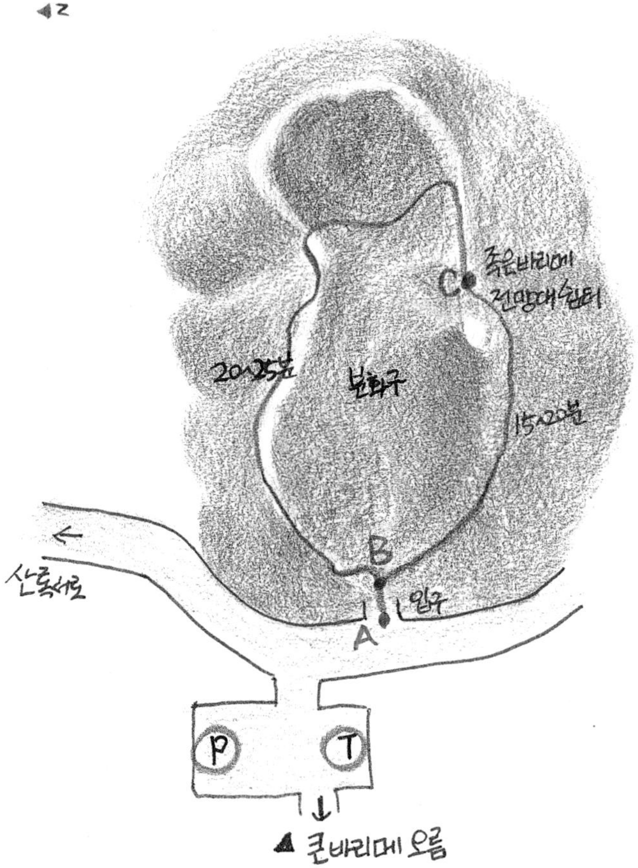

분화구 둘레길 순환 코스(A 오름 입구, B 순환 코스 갈림길, C 전망대 쉼터)

A→B→C→B→A순으로 트레킹

오른쪽 숲길이 좀 더 가파르면서 우거지고, 왼쪽 숲길이 조금 더 완만하고 편안하기 때문에 B지점 갈림길에서 오른쪽 길을 선택해 시계반대방향으로 트레킹하는 것이 좋음

- 입구에서 쉼터까지 20~25분, 둘레길 돌아 하산 25~30분, 총 45분~1시간 소요
- 시간 제한 없으나, 숲이 우거져서 어두우면 탐방하기 어려움
- 트레킹화, 스틱, 식수, 간식
- 큰바리메오름 입구 화장실 이용, 인근 식당이나 편의점 없음
- 전체적으로 숲길이 좀 거칠고 몹시 우거진 편으로 하늘 보기 쉽지 않음
  최근 족은바리메오름 탐방로 주변에 멧돼지와 들개가 종종 출현하고 있어서 각별히 주의 요망
  멧돼지 출몰 시 멧돼지를 자극하지 말고, 나무 뒤에 숨거나 조용히 뒷걸음질 쳐서 구조 요청
- 반드시 동행과 함께 탐방
- 비 오는 날은 탐방로가 미끄러우니 위험

1 가을날 단풍으로 물들어가는 족은바리메오름 탐방로 **2** 도로에서 보이는 족은바리메오름
3 겨울날 족은바리메 입구 **4** 전망대 쉼터

4

+ **전망대 쉼터** 족은바리메오름은 울창한 숲으로 둘러싸여 오름 입구로 몇 걸음만 들어서도 아름다운 숲 풍경에 매료되어 감탄사가 쏟아진다. 그러나 다른 오름처럼 쉽게 바깥 전망을 내어주지 않아 다소 답답하다. 다행히 전망대 쉼터에서는 비록 한쪽 방향만 보이기는 하지만, 한라산과 주변 전망이 펼쳐져 아쉬움을 달래준다. 쉼터에 그늘이 없어 살짝 아쉽지만, 앉아서 쉴 수 있는 유일한 쉼터다.

반전 매력

새별오름

접근성 상
난이도 중
추천계절 9월~5월

정상 뷰 ★★★★
분화구 뷰 ★★★★
탐방로 상태 ★★★

트레킹 포인트 전망, 분화구, 억새
함께 트레킹 이달봉, 이달이촛대봉

주소 제주시 애월읍 봉성리 산 59-8
표고 519.3m
비고 119m

제주공항에서 중문 갈 때 이용하는 평화로를 달리다보면 도로 가까이 엄청난 덩치로 시선을 사로잡는 오름이 있는데, 바로 새별오름이다. 조금 멀리서 보면 그냥 평범한 풀밭 오름 같아서 내어줄 것이라고는 탁 트인 전망밖에 없어 보이는데, 가까이 다가가보면 오름 전체가 억새로 뒤덮여 깜짝 놀란다. 어디를 둘러봐도 보이는 건 억새와 억새잔치에 초대받은 사람뿐이다. 억새를 보려면 왜 새별오름에 가라고 하는지 실감나는 순간이다.

하지만 새별오름의 탐방로는 결코 호락호락하지 않다. 오름 왼편의 오르막길로 들어서면 처음부터 가파름이 만만치 않은데, 아주 조금 올랐을 뿐인데도 호흡이 차면서 다리에 힘이 풀리고 저절로 허리가 굽는다. 거친 호흡을 진정시키며 주변을 살펴보면, 아낌없이 펼쳐진 시원한 전망에 눈호강이 시작된다. 오름 사면으로는 넘실넘실 억새물결이 파도치듯 밀려오는데, 마치 장난꾸러기 바람이 억새물결 위에서 파도타기를 즐기는 것 같다. 그 바람이 어찌나 시원한지 그늘 한 점 없는 가파른 경사로도 제법 오를 만하다.

오르막이 끝나고 완만한 능선으로 올라서면 편안한 길이 이어지는데, 억새물결 너머로 사방 어디든 내다볼 수 있어서 느긋한 걸음으로 주변 경치를 만끽한다. 제일 먼저 눈길을 끄는 건 두 개의 뾰족한 봉우리를 지닌 이달오름으로, 녹색 피라미드처럼 봉긋하게 솟아있는 봉우리가 호기심을 증폭시키고, 그 너머로 금오름이 살짝쿵 얼굴을 내민다. 맞은편 북돌아진오름도 반갑게 인사를 건네고, 멀리 큰바리메오름과 한라산까지 보여주니 그 어떤 전망대도 부럽지 않다.

그런데 새별오름의 진짜 매력은 풍성한 억새물결도 시원한 전망도 아닌, 뒤편에서 바라본 새별오름의 생김새다. 정상 표지석 뒤편 샛길을 따라 내려가면 새별오름의 숨겨진 반전 매력을 확인할 수 있다. 높은 봉우리가 둘, 중간 봉우리 하나, 낮은 봉우리 둘, 총 다섯 개의 봉우리가 등성이로 연결되어 널찍한 말굽형 굼부리를 만들어놓았는데, 나무가 없어 봉우리와 등성이의 부드러운 곡선이 그대로 드러나 참으로 곱고 아름답다. 주차장에서 올려다볼 때는 밋밋한 등성이만 보여 상상조차 못한 그림이라 그 감동이 배가된다.

새별오름의 '새별'은 저녁하늘에 샛별과 같이 외롭게 서있다 하여 '새별오름'이라는 견해도 있지만, 다섯 개의 봉우리가 별모양을 이룬다 하여 '새별오름'이라는 견해가 더 현실적으로 느껴진다. 새별오름의 별을 오롯이 관찰하려면 이웃한 이달오름에 올라야 하는데, 직접 보면 바로 인정할 수 있다. 현재 새별오름은 탐방객이 많이 몰려 훼손이 심각해 자연휴식년제 시행을 검토중이다. 새별오름을 향한 걸음을 조금만 자제하면 좋겠다.

How to Go

내비게이션에 '새별오름 주차장' 입력

제주공항에서 22.2km 위치, 약 30분 소요, 새별오름 주차장 이용

제주공항 1층 4번 게이트 – 대정, 화순, 일주서로 방면(4번) 정류장 이용

151, 152번 승차(27분) → 제주관광대학 정류장에서 251, 252, 253, 254, 282번으로 환승(16분) → 새별오름 정류장에서 하차 → 새별오름 입구까지 670m, 7~8분 이동

새별오름 정류장은 서귀포 방면만 있으니 제주시 방면 버스는 화전마을 정류장 이용

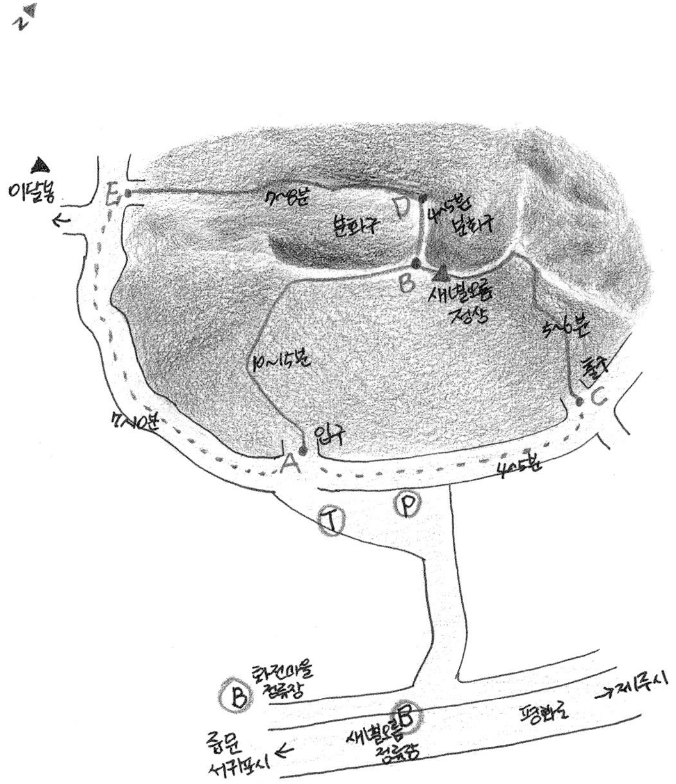

새별오름 정상 코스, 정상+분화구 능선 코스

(A 좌측 오름 입구, B 분화구 갈림길, C 우측 오름 출입로, D 뒤편 봉우리, E 이달봉 쪽 출입로)

1. 정상 코스 A→B→정상→C→A순으로 트레킹

2. 정상+분화구 능선 코스 A→B→정상→B→D→E→A 또는 A→B→D→B→정상→C→A순으로 트레킹

반전 매력의 새별오름을 오롯이 감상하려면 분화구 능선 쪽으로 내려가 관찰하는 것이 좋음

1번 코스는 30~40분, 2번 코스는 40~50분 소요

시간 제한 없음

운동화, 식수, 모자, 선글라스, 선크림 / D–E 코스를 택할 경우 반드시 긴바지 착용

새별오름 입구 화장실과 푸드 트럭 이용

전체적으로 풀밭으로 이루어진 오름으로, 전망은 좋지만 경사가 심하고 그늘이 없음

혼자서도 좋음

비 오는 날은 탐방로가 미끄러우니 위험, 한여름 낮에는 너무 뜨거움

1 새별오름 가을 능선 **2** 마른 억새의 울림이 가득한 한겨울 새별오름 **3** 새별오름 기슭의 말
4 새별오름의 부드러운 등성이와 탁 트인 분화구 **5** 제주들불축제가 열리는 새별오름 앞 광장
6 제주들불축제(새별오름 봉우리를 환하게 밝혀주는 불꽃놀이) **7** 제주들불축제(오름에 불 놓기)

+ 제주들불축제 제주에서는 1970년대까지만 하더라도 늦겨울부터 경칩에 이르는 기간 동안 해묵은 풀을 없애고 해충 구제를 위해 중산간 목야지대에 불을 놓았다. 제주들불축제는 이러한 제주전통목축문화(방애)를 재현한 축제로, 마을별 풍물대행진과 레이저쇼, 달집 태우기, 오름에 불놓기 등의 볼거리가 풍성하다. 매년 2~3월에 3~4일 일정으로 열리는 들불축제 기간에 맞춰 새별오름을 찾아보자. 화려한 불꽃놀이와 함께 활활 불타오르는 오름을 만나게 될 것이다.

멋진 친구들

이달오름

접근성 중
난이도 중
추천계절 사계절

정상 뷰 ★★★★
분화구 없음
탐방로 상태 ★★★

별칭 이달봉, 이달이촛대봉
트레킹 포인트 새별오름 뷰
함께 트레킹 새별오름

주소 제주시 애월읍 봉성리 산 71-1
이달봉 표고 488.7m **이달이촛대봉 표고** 456m
비고 119m **비고** 86m

이달오름은 두 개의 봉우리가 쌍둥이처럼 솟아있어 '이달'이라 부르는데, '이'는 '두 개'를 나타내고, '달'은 '높다' 또는 '산'을 뜻하는 고어로, '이달'은 '두 개의 산'이라는 뜻으로 풀이된다. 통칭하여 이달오름 또는 이달봉이라 부르는데, 두 개의 오름 모두 독립된 소화산체이기 때문에 남쪽 봉우리를 '이달봉' 북쪽 봉우리를 '이달이촛대봉'이라 부른다.

이달오름의 멋진 자태를 감상하려면 새별오름에 올라야 한다. 새별오름 능선에서 바라보면 진초록빛으로 덮인 꼭 닮은 두 개의 봉우리가 나란히 솟아있는데, 어찌나 이채롭고 아름다운지 그 누구도 흉내 낼 수 없는 자연의 걸작품에 감탄사가 쏟아진다.

먼저 이달봉 탐방로로 들어서면, 얼마나 숲이 울창한지 숲 터널에 들어선 것처럼 컴컴해 살짝 무서운데, 다행히 구간이 짧아서 터널을 빠져나올 때 쏟아지는 찬란한 햇살이 감동으로 더해진다. 숲을 빠져나오면 시야가 트인 오르막 능선이 이어지고, 등 뒤로 새별오름이 한눈에 쏙 들어온다. 새별오름의 흩어진 봉우리를 찾아 별을 그려본다. 정말 별을 닮았다. 반짝반짝 빛나는 새별을 보니 마음까지 환해져서 이달봉 정상까지 씩씩하게 올라간다.

그런데 표지석과 산불초소가 있는 이달봉 정상은 매우 비좁고 전망이 답답하다. 표지석 너머로 이달이촛대봉만 살짝 보여 실망이 이만저만이 아니다. 곧바로 내리막길로 내려오는데, 비탈진 탐방로는 솔잎이 수북하니 미끄러워서 금방이라도 넘어질 정도다. 새별로 달군 예쁜 마음은 온데간데없이 사라지고, 투덜투덜하며 발끝에 힘을 잔뜩 실어 내려간다. 다행히 내리막길이 금방 끝나고, 다시 환한 하늘이 열리면서 이달이촛대봉이 모습을 드러낸다. 이달봉에서 이달이촛대봉까지는 뻥 뚫린 풀밭 길이라 걷기도 편안하다.

이달이촛대봉 정상에 올라서니 주변 전망이 시원하게 펼쳐지고, 방금 지나온 이달봉이 두 팔을 벌리고 넉넉한 미소로 바라본다. 듬직한 친구 미소가 떠오른다. 아주 오래 전부터 한결같은 미소로 이렇게 가까이 서로를 바라보고 있었으리라. 이달오름은 호젓한 숲도 멋진 굼부리도 보여주지 않지만, 이웃한 오름을 아주 예쁘고 멋지게 보여준다. 새별오름, 이달봉, 이달이촛대봉, 서로를 바라보는 시선이 참 멋진 오름이다. 이렇게 멋진 친구가 마주보고 옹기종기 앉아있으니 평생 외롭지도 않겠다.

How to Go

새별오름 주차장에서 시작할 경우, 내비게이션에 '새별오름 주차장' 입력

제주공항에서 22.2km 위치, 약 30분 소요

새별오름 주차장에서 왼편 오름 입구 쪽 샛길을 이용해 이달봉 입구까지 이동 가능

이달이촛대봉 입구에서 시작할 경우, 내비게이션에 '이달이촛대봉' 입력

제주공항에서 이달봉까지는 25km, 약 30~35분 소요. 이달봉1교 옆 샛길 진입, C지점 주차

내비게이션에 따라 이달봉 1교 부근 또는 이달봉 표지석 입구 등 상이하게 안내하므로 지도 참조

새별오름 버스 정보 참조

새별오름 주차장 → 이달봉 입구까지 10분 더 이동

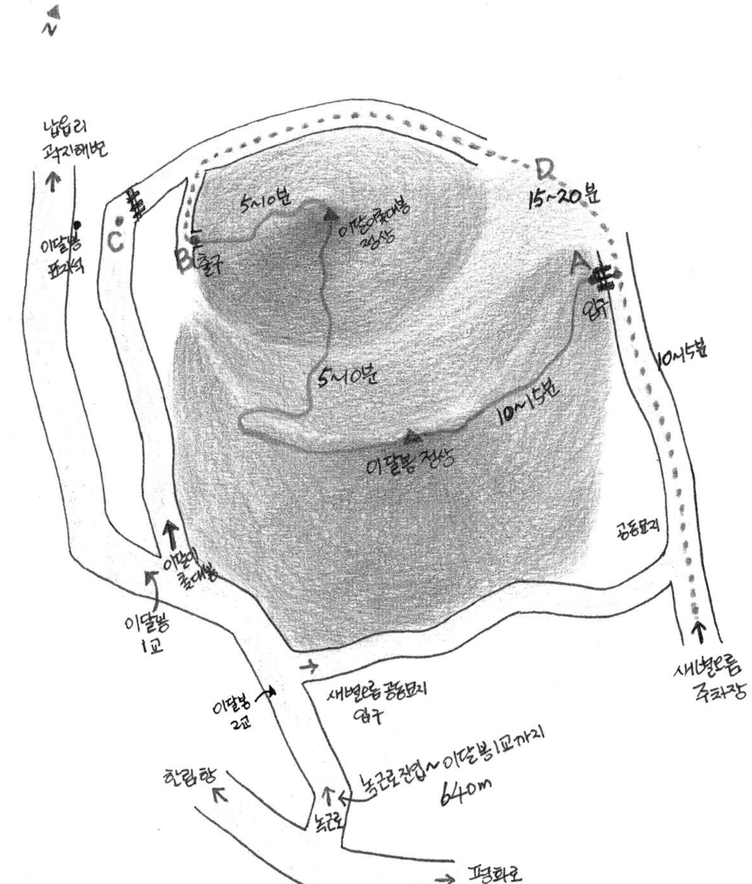

새별오름에서 이달오름 코스, 이달이촛대봉에서 이달오름 코스

(A 이달봉 입구, B 이달이촛대봉 출구, C 이달이촛대봉 진입로, D 이달과 샛별을 잇는 초지)

1. 새별오름에서 이달오름 코스 A→이달봉 정상→이달촛대봉 정상→B→D순으로 트레킹

2. 이달이촛대봉에서 이달오름 코스 C→B→이달이촛대봉 정상→이달봉 정상→A→D→C순으로 트레킹

새별오름 주차장에서 트레킹을 시작할 경우 1번 코스를, 이달이촛대봉 입구에서 시작할 경우 2번 코스를 선택

- 1번 코스는 50분~1시간 10분, 2번 코스는 40~50분 소요
- 시간 제한 없지만, 숲이 우거져서 어두우면 탐방하기 어려움
- 트레킹화, 긴바지, 스틱, 식수
- 새별오름 입구 화장실 이용. 인근 식당이나 편의점 없음
- 이달봉 능선과 이달이촛대봉 정상에서 새별오름을 전망해볼 수 있고, 이달봉보다는 이달이촛대봉 전망이 더 좋음
  숲길 탐방로는 제법 경사가 있어서 오르내릴 때 주의
- 여성 혼자서는 무서우니 동행 추천
- 비 오는 날은 탐방로가 미끄러우니 위험

+ 이달오름과 새별오름을 잇는 샛길 이달이촛대봉에서 내려와 처음 장소로 돌아올 때는 새별오름까지 이어진 샛길을 이용하면 좋은데, 자연 그대로의 흙과 풀밭을 맛볼 수 있는 정겨운 길이라 트레킹 재미가 배가된다. 또한 이달오름 기슭에는 고사리가 많이 자라는데, 고사리 철이 되면 오름 주변이 사람들로 북적거린다. 고사리는 4월에 가장 많이 꺾을 수 있으며, 5월 초까지도 채취할 수 있다. 고사리를 꺾으려면 진드기와 뱀을 대비해, 두터운 바지와 튼튼한 트레킹화, 장갑을 준비한다.

1 이달봉 능선에서 바라본 새별오름 **2** 이달이촛대봉 정상 **3** 이달오름 고사리
4 이달이촛대봉에서 새별오름으로 가는 길 **5** 이달봉 초입 울창한 삼나무숲길

서부 중산간의 반짝이는 별바라기

평화로 코스 새별오름–이달봉–이달이촛대봉

제주공항에서 서귀포로 가는 빠른 길 1135번 평화로를 따라 달리다보면 도로 옆에 범상치 않은 오름 하나가 눈에 들어온다. 풀밭으로 이루어져 시원시원한 생김새가 도저히 그냥 지나칠 수 없게 만드는 새별오름이다. 별 모양을 닮아 새별오름이라는데, 정작 새별오름에 올라보면 별이 보이지 않고, 바로 옆에 자리한 이달봉과 이달이촛대봉에 올라야 새별의 별을 볼 수 있다. 새별오름 별바라기를 하며 한꺼번에 세 개의 오름을 트레킹하다보면, 서부 중산간 지역의 광활한 들판을 조망하기가 아주 좋고, 옹기종기 앉아 마주보는 세 오름의 정취에 마음이 뿌듯해진다.

이 코스는 평화로를 달리다가 쉽게 접근이 가능하고, 2~3시간의 여유만 있으면 누구나 선뜻 트레킹할 수 있는 완만한 코스다. 새별오름에서 이달오름으로 이동할 때 새별의 뒤편 분화구 능선을 따라 곧바로 이달봉으로 가도 되고, 새별오름 주차장으로 다시 돌아와서 새별오름 입구 왼편의 좁은 도로를 따라 이달봉 입구까지 걸어가거나 승용차로 이동이 가능하다.

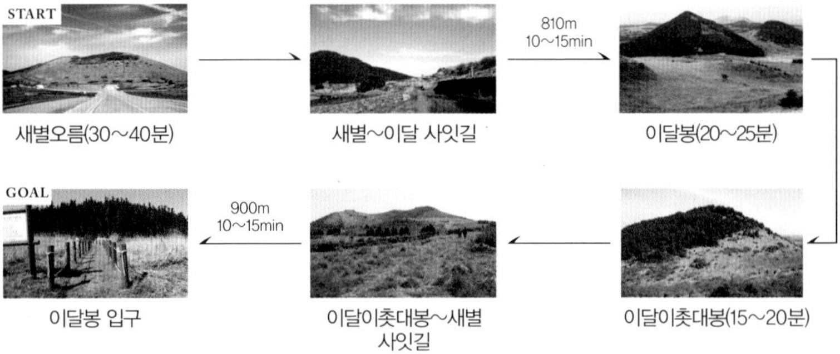

소요시간 2시간~2시간 30분

Trekking Tip

- 버스보다는 승용차를 이용하는 게 편리한 코스지만, 버스를 이용할 경우 새별오름 정류장에서 하차하여 새별오름 입구까지 670m, 7~8분 이동하여 트레킹을 시작한다.
- 새별오름 주차장에 주차하고 새별오름 트레킹 → 새별–이달 사잇길을 통해 이달봉 입구로 이동 주차 → 이달봉과 이달이촛대봉을 차례로 트레킹 → 이달이촛대봉–새별 사잇길을 이용하여 이달봉 입구로 돌아온다.

Tip 1. 새별오름 정상에서 오른쪽 출입로로 내려오지 않고, 뒤쪽 분화구 능선길을 통해 이달봉 입구까지 바로 내려가도 무방하지만, 5~9월에는 풀이 많이 자라있어 진드기와 뱀을 주의해야 한다.

2. 오름 주변에 화장실 외 편의시설이 없기 때문에 식수나 간식은 미리 충분히 준비한다.

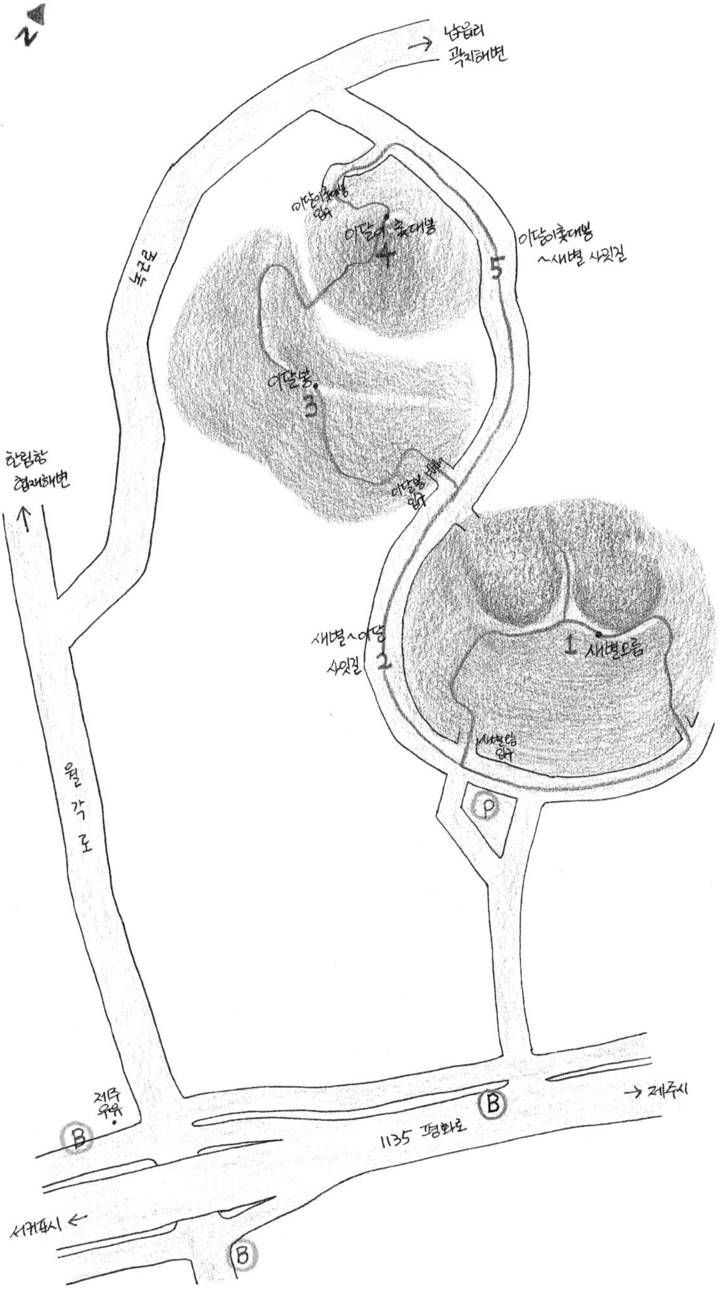

N
납읍리
곽지해변
이달이촛대봉 입구
이달이 촛대봉
4
이달이촛대봉 ~새별 사잇길
5
이달봉
3
이달봉 입구
한림항
협재해변
새별~이달 사잇길
2
1 새별오름
새별오름 입구
P
월각로
제주 우유
B
1135 평화로
제주시
서귀포시

두 팔 벌려 환영해

정물오름

접근성 중
난이도 하
추천계절 10월~5월
정상 뷰 ★★★★
분화구 뷰 ★★★★
탐방로 상태 ★★★★
트레킹 포인트 전망, 분화구
함께 트레킹 당오름

주소 제주시 한림읍 금악리 산 52-1
표고 466.1m
비고 151m

이시돌목장에 가면 결코 평범치 않은 모습으로 시선을 잡아끄는 오름이 있다. 등성이 곡선이 수려한 정물오름이 그 주인공인데, 오름의 형세를 쉽게 파악할 수 있는 풀밭 오름으로 활짝 열린 말굽형 굼부리가 두 팔을 벌리고 어서 와보라고 유혹하니 가보지 않고서는 못 배길 정도로 궁금해진다.

보통 오름 정상부에 원형 분화구가 있는 경우에는 정상에 올라서 봐야 분화구의 정체를 확인할 수 있는데, 바닥에서부터 한쪽 방향이 푹 팬 말굽형 분화구는 오히려 정상에 올라가 보는 것보다 오름에서 멀찍이 떨어져서 봐야 훨씬 더 잘 보인다. 말굽형 오름은 대부분 한쪽 등성이를 타고 올라가 정상에 들렀다가 반대편 등성이를 타고 내려오는 경우가 많은데, 숲이 무성한 오름이 대부분이라 정상에 오르면 분화구를 식별하기가 쉽지 않다. 그런데 정물오름은 보기 드물게 말굽형이면서도 풀밭 오름이라 멀리서 바라봐도 정상에 올라서 봐도 심지어는 양쪽 등성이를 타고 올라가면서 봐도 오름의 구석구석을 살펴볼 수 있고, 시야가 탁 트여 주변 경치를 감상하기에도 그만이다.

오름 기슭에 샘이 있어 이름이 '정물오름'이다. 또한 이곳은 명당자리라는 전설이 있는데 여느 오름 못지않게 굼부리 안쪽에 무덤이 많다. 제주에서 오름 트레킹을 하다보면 무덤을 자주 만난다. 반듯반듯한 돌담을 두른 묘지를 보면 처음에는 무서워 쳐다보기도 겁나지만, 자주 봐서 익숙해지면 오히려 친근해지고 그 편안한 쉼이 부럽기까지 하다.

입구에서 정물오름을 바라보면 두 팔 활짝 벌리고 환영해주는 것 같아서 초면인 경우에도 어색하지 않고 망설임 없이 성큼성큼 들어서게 된다. 탐방로로 들어서자마자 좌우 갈림길이 보인다. 먼저 완만한 풀밭으로 이어진 왼쪽 길을 따라 오르니 오솔길처럼 탐방로도 편안하고 오를수록 바람도 시원하고 전망도 좋다. 봉우리 정상에 가까워질수록 주변 전망은 더욱 좋아지는데, 멀리 한라산부터 해안까지 서쪽 들판에 자리한 오름이 한눈에 쏙 들어온다. 정상에 올라서면 이달오름과 새별오름이 가까이 보이고, 바로 옆에 앉은 당오름은 어서 건너오라고 무언의 메시지를 보낸다. 넉넉한 정상 쉼터에 앉아 평화로운 이시돌목장과 어우러진 주변 풍경을 감상하며 한없이 머물러도 좋다.

정물오름은 오름 초입 부분을 제외하고 전체가 풀밭이라 그늘이 없어서 한여름에 걷기는 무리지만, 다른 계절은 언제든 대환영이다. 특히 봄에는 온갖 들꽃이 반겨주고, 가을에는 억새가 춤을 추며 함께 놀자고 유혹하니 쉬엄쉬엄 오르며 정물이 안겨주는 무한 매력에 빠져보자.

How to Go

내비게이션에 '정물오름 주차장' 입력

제주공항에서 28km 위치, 약 35분 소요. 정물오름 주차장 이용

주차장으로 들어가는 오름 진입로 표지판이 작아서 잘 보이지 않아 지나치기 쉬움

제주공항 1층 4번 게이트 – 대정, 화순, 일주서로 방면(4번) 정류장 이용

151번 승차(45분) → 동광 환승정류장2(영어교육도시 방면)에서 하차 → 동광 환승정류장3(한림 방면)으로 이동하여 783-2번 승차(5분) → 이시돌하단지 정류장 하차 → 정물오름 입구까지 약 700m, 10분 이동

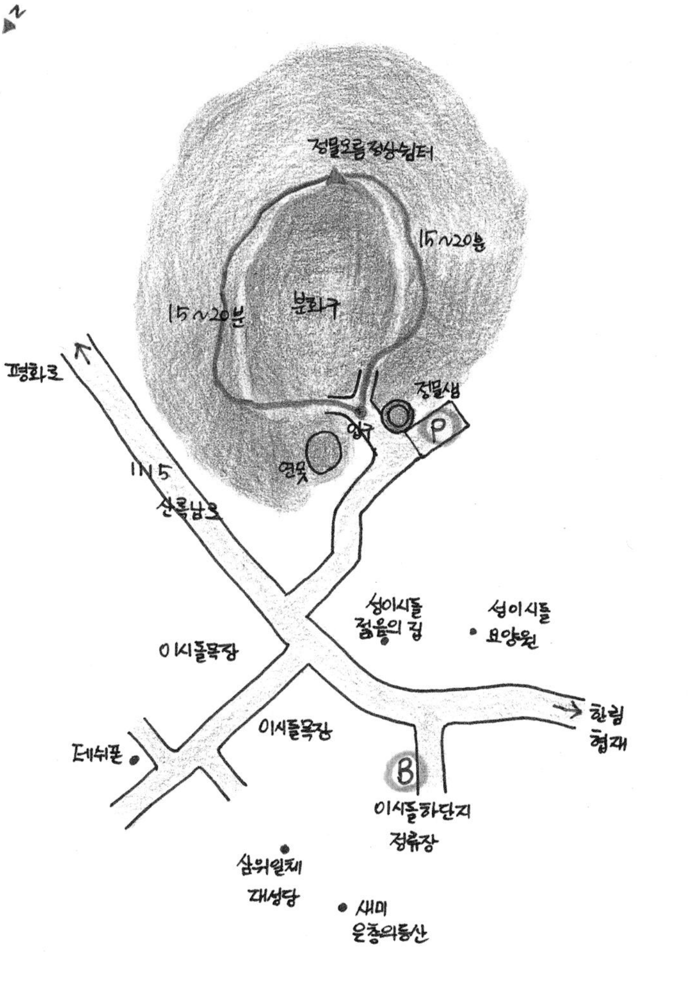

분화구 둘레 능선 코스

정물오름 입구에서 시작해 탐방로를 따라 정물오름 정상에 올랐다가 다시 입구로 내려옴

입구 갈림길에서 좌우 어느 쪽으로 올라도 상관 없음

40~50분 소요

시간 제한 없음

운동화, 모자, 선글라스, 식수, 선크림

화장실이 없으므로 주변 성이시돌목장이나 카페 화장실 이용

오른편 길은 경사진 계단 숲길이고, 왼편 길은 완만하고 탁 트인 풀밭길이므로 계단 숲길로 먼저 올랐다가 왼편 능선길을 따라 주변 경치 감상하며 천천히 내려오면 좋음

혼자서도 무섭지 않음

풀이 많이 자란 한여름, 햇빛 뜨거운 한낮

1 정물오름 입구 갈림길, 분화구를 바라보며 시작되는 좌우 탐방로 **2** 정물 가을 능선 **3** 정물 겨울 능선
4 가을날 좌측 억새 탐방로 **5** 봄날 우측 계단 탐방로 **6** 정상 쉼터 **7** 능선에서 본 한라산 전경 **8** 오름 입구 정물샘

6

7

8

+ 정물샘 정물오름 입구에 들어서면 제일 먼저 커다란 표지석과 주차장, 그리고 샘이 보인다. 샘을 유심히 살펴보면 커다란 샘 하나에 두 개의 수로가 연결되어 있고, 좌우 수로 끝에 작은 샘이 보이는데, 양쪽에 똑같은 샘이 있다 하여 쌍둥샘, 안경샘이라고 부른다. 오름 입구에 큰 샘과 또 다른 작은 샘이 있어 신기한데, 왼편 탐방로로 들어서면 수풀에 가려진 커다란 샘이 하나 더 있으니 궁금하다면 한번 찾아보자.

두근두근 콩닥콩닥

당오름

접근성 하
난이도 중
추천계절 10월~5월

정상 뷰 ★★★★
분화구 뷰 ★★★★
탐방로 상태 ★★

트레킹 포인트 전망, 분화구
함께 트레킹 정물오름

주소 서귀포시 안덕면 동광리 산 68-1
표고 473m
비고 118m

풀밭 오름과 울창한 숲 오름, 둘 다 좋지만 둘 중 하나를 선택해야 한다면 당연히 풀밭이다. 풀밭 오름은 사방이 탁 트여 주변 경치를 감상하는 데 최고의 전망대가 되어 줄 뿐 아니라 오름으로 불어오는 바람을 오롯이 느낄 수 있고, 오름 고유의 분화구와 생김새를 제대로 파악할 수 있기 때문이다.

당오름도 꽤나 멋진 풀밭 오름에 속한다. 그런데 인지도가 없는 오름이라 이정표가 없고, 도로에서 떨어져 있어 입구를 찾기도 쉽지 않다. 워낙 겁이 많다보니 탐방로도 없는 당오름을 처음 찾았을 때는 너무 두려워 심장이 두근거렸다. 다행히 사방이 풀밭이라 정상 봉우리가 훤히 보여서 쉽게 방향을 잡을 수 있었고, 어디든 딛고 올라서면 그곳이 바로 길이 되었다. 풀밭 등성이를 따라 위로 올라갈수록 근사한 전망이 펼쳐진다. 멀리 우뚝 솟은 한라산 봉우리도 멋지고, 중산간 들판에 옹기종기 들어앉은 오름도 멋지고, 하늘을 자유롭게 떠다니는 뭉게구름도 멋지다. 당오름 정상이 가까워질수록 두려웠던 걸음은 편안해지고, 조마조마한 마음보다는 새로운 풍경을 만날 생각에 설레어 가슴이 콩닥콩닥하다.

당오름 정상에 올라서니 꽁꽁 숨겨두었던 웅장한 굼부리가 모습을 드러낸다. 하늘을 향해 넉넉하게 열린 굼부리는 너무 깊지도 얕지도 않아 위협적이지도 않고 포근한 인상이다. 굼부리 아래쪽으로는 태평양전쟁 당시 일본군이 파놓은 진지동굴이 아직까지 남아있다. 작은 노루 한 마리가 동굴 주변을 서성거리다 탐방객을 의식했는지 잽싸게 달아난다. 온몸으로 바람을 느끼며 완만한 능선을 따라 당오름의 풍경으로 걸어가 본다. 휴식년제가 적용되어 깊은 잠에 빠진 길 건너 도너리오름에게도 눈인사를 건네고, 멀리 떨어진 산방산과 송악산에게도 아는 척을 해본다. 특히 해질 무렵에 올라 느긋하게 노을을 감상하기 좋은 당오름, 절대 소문내고 싶지 않지만 강력하게 추천하는 두근두근하고 콩닥콩닥한 멋진 오름이다.

제주의 당오름을 검색하면 송당, 와산, 고산에도 같은 이름을 지닌 오름이 있는데, 모두 오름에 신을 모시는 당堂이 있어서 '당오름'이라 불린다. 이곳 동광리 당오름은 당의 흔적조차 찾아볼 수 없지만, 본향당이 있는 송당의 당오름은 아직도 그 명맥을 유지하고 있다.

How to Go

내비게이션에 '당오름' 입력
당오름이 여럿이므로 서귀포시 안덕면에 위치한 당오름 선택
제주공항에서 29.6km 위치, 약 35~40분 소요
A지점 당오름 서문은 제주탐나라공화국에서 820m 거리에 위치하므로, 내비게이션이 정확한 지점으로 안내하지 않을 경우 참조하여 이동

당오름 근처로 이동하는 버스가 없어 자가용 이용이 편리
버스로 이동하려면, A지점은 이시돌삼거리 정류장, E지점은 이시돌하단지 정류장 이용
(정물오름 버스 정보 참조)

Trekking Map & Tip

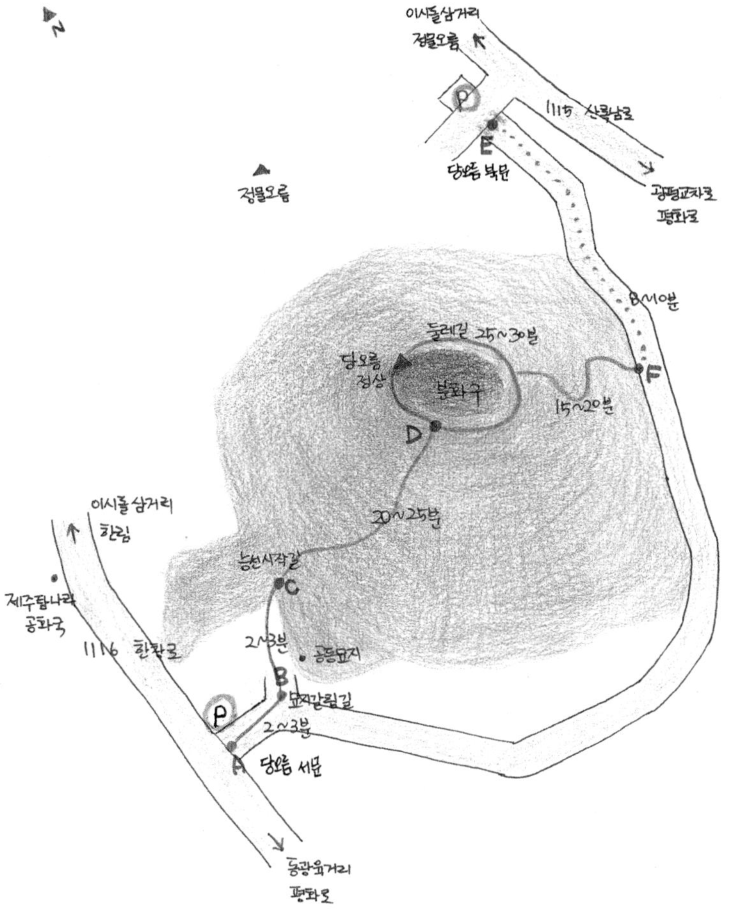

정상과 분화구 둘레 능선 코스

(A 당오름 출입로, B 묘지 앞 갈림길, C 정상 탐방로 입구, D 분화구 둘레 갈림길, E 목장 출입로, F 당오름 진입 지점)

A→B→C→D→당오름 정상→분화구 둘레길 한 바퀴→D→C→B→A순으로 트레킹

E지점은 목장에서 방목하는 시기에는 방역상 출입 금지될 수도 있고, F지점에서 철조망을 통과하여 능선으로 오름이 쉽지 않으므로 가능한 A지점 이용

- 1시간~1시간 30분 소요
- 시간 제한 없음
- 운동화, 모자, 선글라스, 식수, 선크림
- 화장실이 없으므로 주변 성이시돌목장이나 카페 화장실 이용
- 오름 능선이 풀밭이라 그늘이 전혀 없음, 해질녘 노을을 감상하며 트레킹하면 아주 좋음
  당오름은 금당목장조합의 사료생산 및 가축을 방목하는 사유지 오름으로, 당오름 정상 탐방은 자유롭게 이용 가능하지만, 둘레길 목장 탐방로는 자제 요망
- 혼자서도 무섭지 않음
- 풀이 많이 자란 한여름, 햇빛 뜨거운 한낮, 비가 많이 오는 날

+ 당오름에서 본 정물오름 당오름과 정물오름은 멀리서 보면 등을 맞대고 앉아있는 것처럼 가까워 보이는데, 두 오름 사이로 행정구역이 나뉘어 정물오름은 제주시에, 당오름은 서귀포시에 속한다. 두 오름은 정상에서의 전망이 비슷하지만, 당오름은 원형 분화구를, 정물오름은 말굽형 분화구를 가지고 있어서 함께 트레킹하면 오름 고유의 아름다움을 골고루 관찰할 수 있어 더욱 흥미진진하다.

1 겨울날 당오름 분화구와 주변 풍경 **2** 당오름에서 본 정물오름 **3** 5월의 싱그러운 능선

접근성 하
난이도 중
추천계절 사계절

정상 뷰 ★★★★
분화구 뷰 ★
탐방로 상태 ★★

별칭 서영아리, 영아리악
트레킹 포인트 전망, 쌍둥이바위, 습지
함께 트레킹 마보기오름

신비롭다

영아리오름

주소 서귀포시 안덕면 상천리 산 24

표고 693m

비고 93m

해발 600m 한라산 자락 끝에 울창한 숲으로 무장한 영아리오름은 거대한 바위와 습지가 있는 오름으로 유명하다. 영아리에 가려면 지금은 폐쇄된 안덕위생매립장에서 임도를 따라 오르는 길이 좋다. 좋은 사람과 이야기꽃을 피우며 걷는 길은 하늘에 두둥실 떠있는 구름처럼 여유롭고 편안하다.

울창한 오름 입구로 들어서면 한 사람이 겨우 걸어갈 정도로 비좁고 바닥은 붉은 송이가 그대로 드러난 흙길이다. 오르막 경사가 상당하고 미끄러워 쉬어가길 반복한다. 등 뒤로는 보기만 해도 함박웃음이 피어나는 듬직한 한라산이 보이고, 시원한 바람까지 살랑거리니 큰 불평 없이 등성이로 올라선다. 영아리오름은 깊은 산중에 있어 엄청 높아 보이기는 하나 순수 높이 93m의 꽤 아담한 오름으로, 능선까지 오르는 데 10여분이면 충분하다. 능선에 오르면 곧바로 좌우 갈림길인데, 오른쪽 길은 숲이 우거져서 전망이 제로인 최정상 북쪽 봉우리로, 왼쪽 길은 바위가 있는 완만한 남쪽 봉우리로 이어진다.

북쪽 정상으로 가는 길은 쓰러진 나무도 여럿이고, 삐죽한 나뭇가지로 위협하는 나무도 있고, 잡목이 심하게 우거져 전진하기가 쉽지 않다. 방해물을 피해 정신없이 걷다보면 정상을 알리는 삼각점 표지판이 나무 밑에 덩그러니 놓여있다. 하늘도 보이지 않는 빽빽한 숲에 둘러싸인 정상이라 허무하다. 반드시 정상을 확인하고 싶은 경우가 아니라면 그냥 남쪽 봉우리만 둘러보는 게 좋겠다. 정상을 확인했으니 이제 뒤돌아 남봉을 향해 전진한다. 남쪽 봉우리가 가까울수록 하늘 면적이 넓어지고 걷기도 수월하다. 드디어 붉은 송이가 훤히 드러난 남쪽 봉우리와 함께 생동감 넘치는 거대한 바위가 나타난다. 그 광경이 어찌나 생경하고 놀라운지 소름이 돋는다. 그 중 단연 시선을 압도하는 바위는 마주보고 선 한 쌍의 바위로, 둘이서 속닥속닥 이야기를 나누는 것 같은데, 금방이라도 고개를 돌려 내게도 말을 걸어올 것만 같다. 자연이 빚어낸 신비로운 걸작이다.

봉우리 쉼터의 넉넉한 바위에 걸터앉아 영아리의 고즈넉한 풍경에 취해본다. 변화무쌍한 구름은 쉴 새 없이 한라산 자락을 지나 흘러가고, 바람도 새소리도 평화롭기 그지없다. 영아리의 '아리'는 산山이라는 뜻의 만주어로, 영아리란 영산靈山, 신령스러운 산이라는 의미를 지니고 있다. 영아리는 과연 이름처럼 신비하고 초자연적인 기운이 느껴지는 오름이다.

How to Go

내비게이션에 '서귀포시 안덕면 산록남로 687' 입력

제주공항에서 34.4km 위치, 40~50분 소요, 안덕위생매립장 앞 공터에 주차하고, 산불초소가 보이는 임도를 따라 트레킹

없음

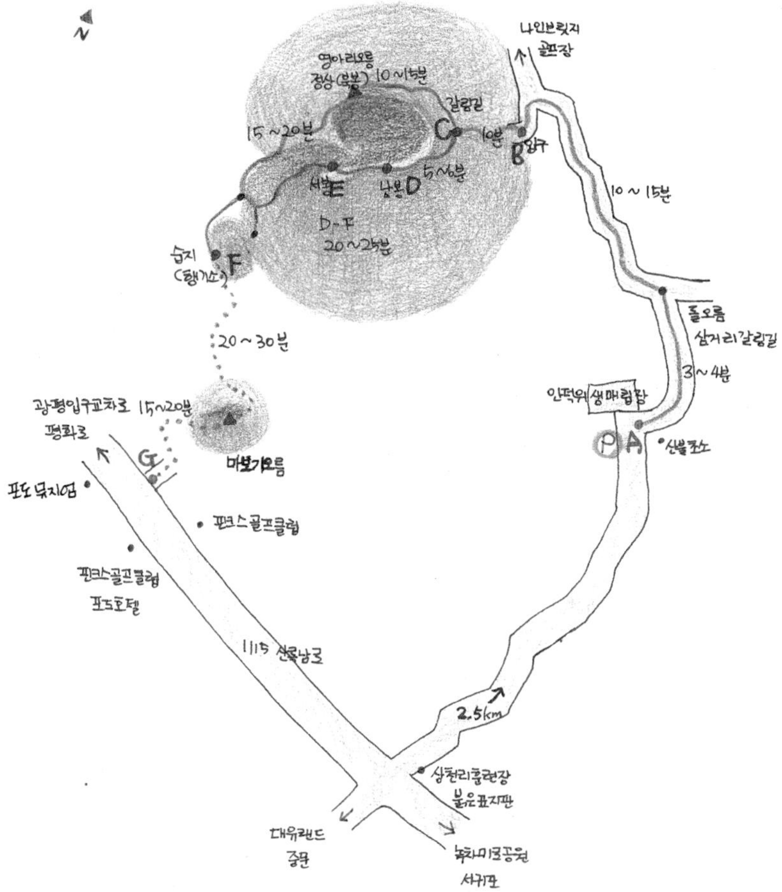

영아리오름 정상 코스, 오름 정상과 습지 코스

(A 안덕위생매립장 앞 영아리오름, 돌오름 출입로, B 영아리오름 입구, C 정상 탐방로 갈림길, D 남쪽 봉우리, E 서쪽 봉우리, F 습지, G 마보기오름 출입로)

1. 영아리오름 정상 코스 A→B→C→북봉(선택)→C→D→C→B→A순으로 트레킹

2. 오름 정상과 습지 코스 A→B→C→D→E→F→북봉→C→B→A순으로 트레킹

습지만 보고 싶다면 G지점 마보기오름 출입로를 이용하여 G→F→G순으로 트레킹

1번 코스는 1시간 10분~1시간 30분, 2번 코스는 1시간 40분~2시간 소요

시간 제한은 없지만, 해가 지면 위험하니 일몰 전에 트레킹을 마치는 것이 좋음

트레킹화, 스틱, 모자, 선글라스, 장갑, 식수, 간식

없음

A지점에서 B지점까지 임도(비포장길)를 따라 자동차로 출입 가능

5월~10월에는 수풀이 많이 우거져 있으므로 반드시 긴소매와 긴바지 착용

정상에서 습지로 내려가는 길은 몹시 험하고, 명확히 탐방로가 보이지 않으므로 나무 리본을 보고 이동

여럿이 함께 하면 더 좋음

풀이 무성한 한여름에는 뱀이 많으니 조심

1 신기한 영아리 남봉의 바위 **2** 영아리 남봉의 포토존 **3** 겨울날 영아리 남봉의 한라산 전경 **4** 영아리와 돌오름 갈림길
5 영아리로 가는 임도 **6** 우거진 북봉 탐방로 **7** 북봉의 수풀을 헤치며 습지로 내려가는 길
8 남봉 지나 서봉의 험난한 계곡을 따라 습지로 내려가는 길 **9** 신비로운 정취를 자아내는 영아리 습지, 행기소 **10** 마보기오름

6

7

8

9

10

+ 행기소와 마보기오름 영아리오름 밑자락에 자리한 영아리의 습지, 행기소는 영아리를 통해 갈 수도 있지만, 마보기오름을 통해서도 가능하다. 포도 뮤지엄 입구에서 핀크스 골프클럽 방향으로 250m, 걸어서 5분 거리에 마보기 입구가 있는데, 입구 오른편 이정표를 보고 들어간다. 마보기오름을 거쳐 행기소까지 나무에 줄이 쭉 연결되어 있어 길을 헤맬 염려는 없다. 억새가 가득한 마보기오름을 지나 행기소로 가는 길은 삼나무숲이 울창하다. (1시간 30분~2시간 소요)

비가 와도 좋아

저지오름

접근성 상
난이도 중
추천계절 사계절

정상 뷰 ★★★★
분화구 뷰 ★★★★
탐방로 상태 ★★★★

별칭 닥몰오름
트레킹 포인트 숲길
함께 트레킹 느지리오름, 올레13코스

주소 제주시 한경면 저지리 산 51
표고 239.3m
비고 104m

저지마을의 옛 이름은 닥나무楮가 많아서 '닥모루닥몰'라 불렸고, 이름도 '닥몰오름'이라 부르다가 마을이름이 '저지'로 불리면서 오름 이름 또한 저지오름楮旨岳이라 부르게 되었다. 둥근 산체를 지닌 오름 사면에는 해송과 잡목이 울창한 숲을 이루고 있고, 가파르게 팬 분화구 안에는 낙엽수림과 상록수림이 빽빽하다. 때문에 오름 탐방로에서 보는 바깥 전망은 다소 답답한 편인데, 다행히 정상에 전망대가 우뚝 솟아있어 멀리 한라산은 물론이고, 서쪽 중산간에 자리한 수많은 오름과 비양도까지 시원하게 조망된다.

저지오름에 갈 때마다 한결같이 드는 생각이 있는데, 숲길이 정말 환상적이라는 것이다. 대부분의 오름은 입구로 진입하자마자 정상을 향해 곧장 오르는데, 저지오름은 정상으로 가는 길이 저지마을의 반대편에 있어서 둘레길의 절반을 걸어야만 정상 오르막길에 서게 된다. 덕분에 누구나 저지오름에 들어서면 저지오름의 숲길을 두루 체험하게 되고, 자연스레 저지 숲의 정취에 흠뻑 빠지게 된다.

저지오름 입구로 들어서면 묵직한 돌계단 오르막길이 기다리는데, 미리 겁먹을 필요 없다. 오름 중턱의 둘레길로 올라서면 완만하고 편안한 길이 이어진다. 저지오름 둘레길은 조용히 홀로 산책하기에도 좋고, 누군가와 함께 도란도란 이야기를 나누며 걷기에도 좋다. 길을 잃어버릴 걱정 없이 그냥 편하게 한바퀴 걸으면 제자리다.

저지오름 정상에 오르면 중앙의 원형 분화구를 가운데 두고 분화구 둘레길을 한바퀴 돌아볼 수 있고, 분화구 안쪽 탐방로를 따라 분화구 전망대까지 내려가볼 수도 있다. 과거 수십년 전 분화구 밑에서 마을 사람들이 유채, 보리, 감자 등과 같은 작물을 재배하였다는데, 지금은 수백 종의 나무들이 뒤엉켜 신비스러움을 자아낸다. 저지오름은 어느 길을 선택하든지 숲 내음이 물씬하여 그 길 위에 서있는 것만으로도 힐링이 된다.

특히 비가 오는 날의 저지오름은 환상적인 숲 그 자체다. 비가 오면 숲속 나뭇잎도 이파리를 쫑긋 세우고 빗방울을 맞이하는데, 투두둑툭, 툭툭, 투두둑, 빗방울과 나뭇잎이 만들어내는 황홀한 하모니가 숲속 가득하고, 그 싱그러움과 상쾌함이 이루 말할 수 없이 좋다. 그렇게 흠뻑 비에 젖은 숲의 정취에 취하고 나면 비가 올 때마다 생각나고 찾아가는 오름이 된다. 물론 평범하게 맑은 날 또한 매력적이다. 햇살이 일렁이는 숲길은 몽환적인 분위기를 자아내고, 계절 감각을 상실케 하는 상록수림은 숲의 활기를 불어넣으니 그 숲길을 걷노라면 괜히 어깨가 들썩들썩하고 콧노래가 흘러나온다. 비가 와도 좋고, 사계절 언제라도 좋은 저지오름이다.

How to Go

내비게이션에 '저지오름' 입력

제주공항에서 37.5km 위치, 약 45~50분 소요, 내비게이션에 따라 상이하게 안내하니 지도 참조

A지점에서 시작할 경우 오름 진입로 주변 갓길 주차, D지점에서 시작할 경우 주차장 이용

제주공항 1층 4번 게이트 – 대정, 화순, 일주서로 방면(4번) 정류장 이용

151번 승차(47분) → 오설록 정류장에서 하차 → 제주오설록티뮤지엄 정류장까지 이동하여 784-1번 승차(10분) → 저지리 정류장에서 하차

152번 승차(42분) → 동광 환승정류장6(모슬포 방면)에서 하차 → 동광 환승정류장2(영어교육도시 방면)으로 이동해 784-1번 승차(19분) → 저지리 정류장에서 하차 → 저지리 정류장에서 올레13코스 역방향 길로 오름 입구까지 이동

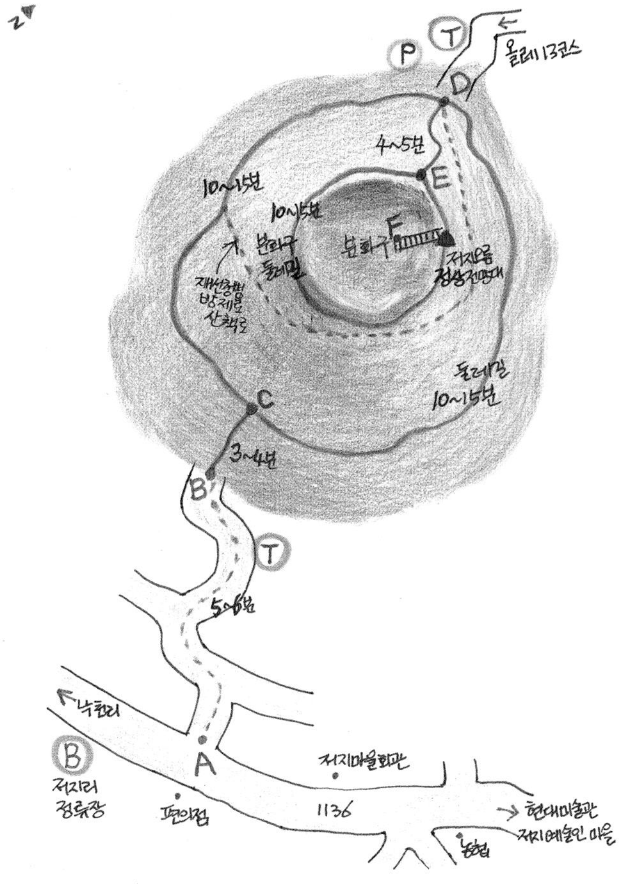

저지오름 정상 및 분화구 코스, 둘레길 코스

A 저지리 버스정류장 방면 오름 진입로, B 저지오름 입구, C 둘레 순환로 갈림길, D 둘레 순환로에서 정상 탐방로 갈림길, E 분화구 순환로 갈림길, F 분화구 안 전망대)

1. 정상 및 분화구 코스 A→B→C→오른쪽 둘레길 반 바퀴→D→E→F→정상 전망대→분화구 둘레 한 바퀴→E→D→왼쪽 둘레길 반 바퀴→C→B→A순으로 트레킹

2. 둘레길 코스 A→B→C→둘레길 한 바퀴→C→B→A순으로 트레킹

둘레길을 생략하고 오름 정상만 탐방하려면 D지점 아래 주차장에서 곧장 진입

- 1번 코스는 1시간~1시간 20분, 2번 코스는 35~40분 소요
- 시간 제한 없음
- 운동화, 식수
- 오름 입구 화장실 이용, 마을회관 주변 편의점 및 식당 이용
- 올레 13코스 및 올레 14코스를 연계하여 트레킹해도 좋음
- 혼자서도 좋음
- 6~7월 장마철 바람 없고 후텁지근한 날

1 저지오름 정상 전망대 **2** 한여름의 분화구 둘레길 **3** 비 오는 날에도 걷기 좋은 저지오름 둘레길
4 분화구 전망대로 내려가는 계단 **5** 분화구 전망대 **6** 한여름의 저지오름 숲길 **7** 한겨울의 분화구 둘레길

6

7

+ 숲 풍경이 아름다운 둘레길 저지오름은 숲길이 무척 아름다워 정상까지만 올랐다가 바로 내려오기가 아쉽다. 시간이 있다면, 정상 분화구 둘레길과 오름 중턱 둘레길을 모두 걸어보자. 중턱 둘레길은 둘이서 나란히 걸을 수 있을 만큼 넓고 편안하고, 분화구 둘레길은 비좁지만 숲의 기운을 가까이 느끼며 걸을 수 있어 좋다. 각 둘레길은 순환로이기 때문에 갈림길에서 좌우 어느 쪽을 먼저 선택해도 무방하다.

느리느릿 걸음으로

느지리오름

접근성 중
난이도 하
추천계절 사계절

정상 뷰 ★★★★
분화구 뷰 ★★
탐방로 상태 ★★★★

별칭 망오름
트레킹 포인트 숲길, 전망
함께 트레킹 저지오름, 금오름

주소 제주시 한림읍 상명리 산 5
표고 225m
비고 85m

느지리오름은 한림읍 상명리 북서쪽에 자리한 오름으로, 상명리 마을의 옛 이름 '느지리'를 따라 '느지리오름'이라 부르고, 오름 봉우리에 봉수대가 있어서 '망오름'이라고도 부른다.

느지리오름은 크고 작은 세 개의 봉우리로 에워싸여 있고, 중앙에 깔때기 모양의 큰 분화구가 움푹 파여있는데, 독특하게도 바로 그 옆에 작은 분화구가 하나 더 딸려있어 두 개의 원형 분화구를 가지고 있다. 태초의 오름 본연의 모습을 그대로 두었다면 오름의 형체를 오롯이 감상할 수 있을 텐데, 애석하게도 오름의 사면은 물론 분화구 안쪽까지 온통 나무가 우거져 분화구를 제대로 살펴보기가 쉽지 않다. 반면 그만큼 숲이 우거져 숲길 산책에는 아주 좋은 오름이기도 하다.

느지리오름 입구로 들어서면 말쑥한 포장길이 눈길을 끈다. 도심에 위치한 오름처럼 잘 포장된 길이라 오르기는 쉽지만, 흙 내음 폴폴 풍기는 길을 기대한 이에게는 투덜거림을 유발한다. 그런데 키다리 삼나무가 쭉쭉 뻗은 숲길 탐방로 바닥은 고무매트다. 그리고 또 얼마쯤 걸으면 다시 포장길이 나오고, 또 매트길이 나오는가 싶다가 갑자기 발바닥 지압길이 등장하고, 또 다시 매트길, 그리고 나무계단으로 갈아탄다. 많은 오름에 다녀봤어도 느지리오름처럼 일관성 없는 탐방로는 처음이라 재미있기도 하고, 지루하지가 않다. 느지리오름 전망대에 올라서면 멀리 한라산에서부터 시원하게 뻗어 내려온 서쪽 중산간 들판이 수많은 오름과 함께 그림처럼 펼쳐진다. 느지리오름은 다른 오름에 비해 해안 쪽에 홀로 떨어져 있다. 그렇다고 바다가 무척 가깝지도 않지만, 그럼에도 협재와 금능 해변 앞에 자리한 비양도가 동화처럼 예쁘게 보이고, 해질 무렵이면 서쪽 해안선을 물들이는 멋진 노을을 감상할 수 있어 좋다.

또한 커다란 원형 분화구를 한바퀴 돌 수 있는 분화구 둘레길은 안쪽 전망은 별로지만, 바깥쪽 전망은 꽤 좋은 편이다. 숲길 중간중간 트인 공간이 있어 주변을 조망해보기 좋고, 무엇보다 고무매트가 깔린 길은 흙과 낙엽으로 덮여있어 걷기가 아주 편안하다.

분화구가 두 개인 느지리오름은 산책로도 여러 곳이라 갈림길에 설 때마다 어느 길로 가야 하나 고민이 되는데, 모든 구간의 산책로가 짧아서 전체 구간을 걸어도 1시간이면 넉넉하다. 산책로 구석구석을 걷다가 어디든 마음에 드는 벤치가 있으면 걸터앉아 숲의 향기에 푹 취해도 좋겠다.

How to Go

내비게이션에 '느지리오름 주차장' 입력

제주공항에서 37km 위치, 약 45~50분 소요, 느지리오름 주차장 이용

제주공항 1층 4번 게이트 – 대정, 화순, 일주서로 방면(4번) 정류장 이용

151번 승차(43분) → 동광환승정류장2(영어교육도시방면) 하차 → 동광환승정류장3(한림방면)으로 130m, 1~2분 이동하여 783-1번 승차(19분) → 상명리동동 정류장 하차 → 느지리오름 주차장까지 1.1km, 8~10분 이동

152번 승차(43분) → 동광환승정류장6(모슬포방면) 하차 → 동광환승정류장3(한림방면)으로 140m, 2~3분 이동하여 783-1번 승차(19분) → 상명리동동 정류장 하차 → 느지리오름 주차장까지 1.1km, 8~10분 이동

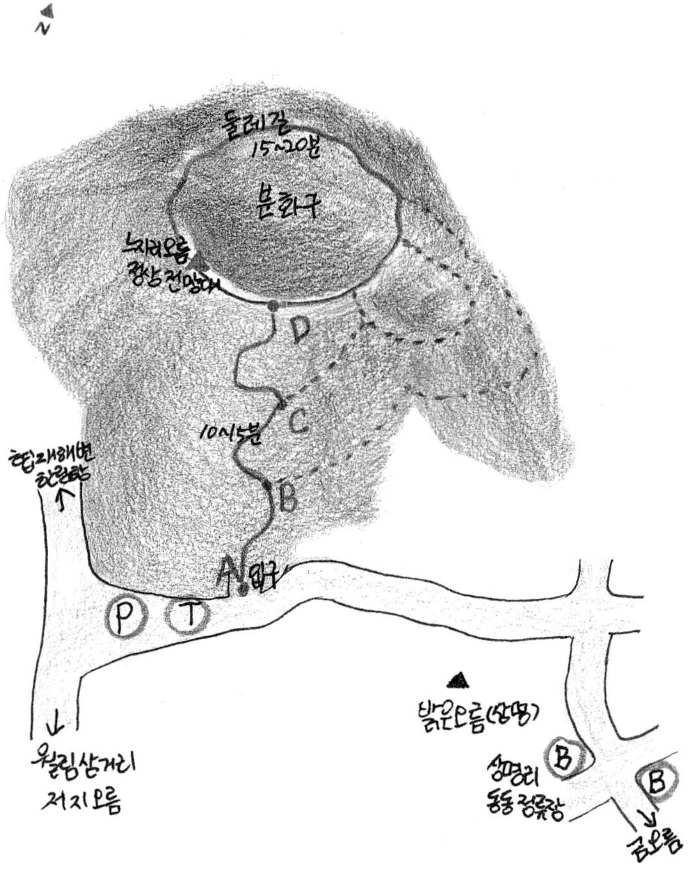

정상 전망대 및 분화구 둘레길 코스

(A 느지리오름 입구, B 정상 방향 탐방로, 둘레길 갈림길, C 정상 방향 탐방로 갈림길, D 분화구 순환로 갈림길)

A→B→C→D→정상 전망대→분화구 둘레길 한 바퀴→D→C→B→A순으로 트레킹

정상까지 곧장 올라가려면 갈림길마다 왼쪽 오르막 방향을 선택하여 오름

전체 탐방로 구간이 짧기 때문에 모두 돌아봐도 좋음

- 왕복 40~50분 소요
- 시간 제한 없음, 내려오는 길은 10분이면 가능하므로 노을 보고 여유 있게 내려올 수 있음
- 운동화, 식수
- 오름 입구 화장실 이용, 월림삼거리 편의점 이용
- 분화구 안까지 숲이 우거져 분화구 뷰는 아쉽지만, 전망대에서의 전망은 아주 좋음
- 혼자보다 함께가 좋고, 특히 아이들과 가도 좋음
- 6~7월 장마철 바람 없는 날, 비 오는 날

1

2

+ 느지리오름 노을 느지리오름은 숲길 산책도 좋지만, 정상에 올라 바라보는 주변 전망이 좋아서 멀리 한라산을 하염없이 바라봐도 좋고, 바다에 떠있는 그림 같은 비양도를 감상해도 좋다. 특히 해질 무렵이면 노을에 물든 한라산과 중산간 지역의 풍경이 무척 아름답다. 운이 좋은 날에는 서쪽 해안의 오메가 일몰을 담을 수도 있다. 정상 전망대에서 해가 지고 내려와도 주차장까지 10분 내로 갈 수 있어서 노을을 여유 있게 감상할 수 있다.

1 느지리오름 정상 전망대에서 바라본 노을 **2** 전망대에서 본 비양도 **3** 느지리오름 정상 **4** 느지리오름 숲길
5 서쪽 해안의 수월봉과 당산봉, 신창리 해안가를 물들이는 노을 **6** 분화구 둘레길

아름다운 산

고근산

접근성 중
난이도 중
추천계절 사계절

정상 뷰 ★★★★★
분화구 뷰 ★★★
탐방로 상태 ★★★★

별칭 호근산
트레킹 포인트 숲길, 전망
함께 트레킹 삼매봉, 올레7-1코스

주소 서귀포시 서호동 1286-1
표고 396.2m
비고 171m

고근산은 서귀포 신시가지를 감싸고 있는 오름으로, 근처에 산이 없어 외롭다는 데서 '고근산孤根山'이라 부르게 되었다. 남쪽 범섬이 가까이 보이는 마을이라 하여 '호근리虎近里'라 불리는 마을과 함께 '호근산'이라는 명칭도 전해지는데, 정확한 유래는 알 수 없지만, 서귀포시민이 즐겨 찾는 최고의 산책 코스인 것만은 틀림없다.

고근산 탐방로로 들어서면 제일 먼저 듬직한 나무계단이 반겨주는데, 얼마나 많은 이들이 오르내렸는지 닳고닳아 부분부분이 땅속에 묻히고 낙엽에 덮여 마치 처음부터 숲의 일부였던 것처럼 자연스럽고 멋스럽다. 한 걸음 한 걸음 올라설 때마다 흙 내음과 풀 내음이 폴폴 풍기고, 숲에 자리한 모든 것이 햇살에 반짝이며 오묘한 향기를 뿜어내니 이내 숲의 모든 것에 동화되어 콧노래를 흥얼거리며 계단을 오른다.

고근산 정상에는 아담한 원형 분화구가 있는데, 분화구 안쪽으로 직접 내려갈 수 있어 신기하다. 보통 다른 오름 분화구는 너무 깊어 내려다보기만 해도 아찔하거나, 잡목으로 우거져 분화구 안을 들여다보는 것조차 쉽지 않은데, 고근산 분화구는 깊이도 넓이도 아담하다. 그 분화구를 중앙에 두고 호젓한 둘레길이 감싸고 있는데, 둘레길 전망이 서귀포시 최고 전망대라 해도 손색이 없을 만큼 훌륭하다. 한라산은 손을 뻗으면 금방이라도 손에 잡힐 듯 가깝게 느껴지고, 서귀포 신시가지는 물론 남서쪽으로는 송악산과 산방산, 군산과 함께 날씨 좋은 날에는 마라도와 가파도까지 조망된다.

또한 고근산은 노을도 근사하고, 야경 또한 일품이라 야간 산행도 좋다. 특히 고근산에 밤이 내리면 무수히 많은 별이 밤하늘을 가득 수놓아 황홀하기 그지없다. 새벽녘이 되면 고근산 주변이 온통 푸른빛으로 감도는데, 정상 쉼터에 걸터앉아 느긋하게 일출을 감상해도 좋다. 서귀포 앞바다를 물들이는 일출도 장관이지만, 떠오르는 태양과 함께 서서히 잠에서 깨어나 그 위용을 드러내는 한라산은 최고의 감동을 선사한다.

이곳 고근산 굼부리에는 설문대할망 전설이 전해지는데, 설문대할망이 심심할 때면 한라산 정상을 베개 삼고, 고근산 굼부리에는 궁둥이를 얹어 앞바다 범섬에 다리를 걸치고 누워서 물장구를 쳤다고 한다. 한라산, 고근산, 범섬을 일직선에 놓고 보면 고근산이 딱 중간에 앉아있어 그 전설이 더욱 그럴싸하게 느껴지는데, 정말 그렇게 누워 물장구를 치면서 고근산에서 온종일 실컷 놀아도 좋겠다.

How to Go

내비게이션에 '고근산 주차장' 입력

제주공항에서 47km 위치, 약 1시간 소요, 고근산 주차장 이용
고근산 입구까지 오르막 150m, 1~2분 이동

제주공항 1층 4번 게이트 – 평화로 방면(5번) 정류장 이용

800, 800-1번 승차(1시간 2분) → 강창학종합경기장 정류장에서 643번으로 환승(10분) → 고근산 정류장 하차 → 길 건너 고근산 입구까지 약 1km, 15~20분 이동
서귀포 시외버스터미널에서 고근산까지 올레7-1코스가 이어지므로 올레길 따라 트레킹해도 좋은데, 엉또폭포까지 1시간 소요, 고근산 정상까지 약 2시간 소요

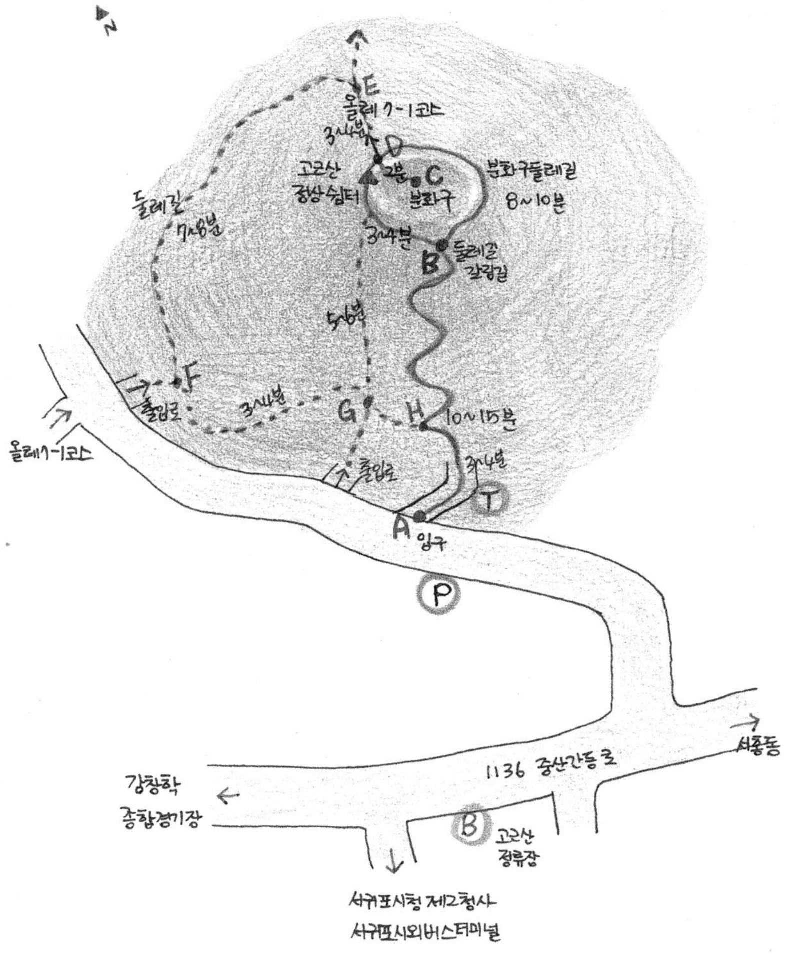

고근산 정상 및 분화구 코스, 고근산 전체(정상, 둘레길, 분화구) 코스

(A 고근산 입구, B 정상 분화구 둘레 갈림길, C 분화구, D 올레7-1코스 갈림길, E 고근산 둘레길에서 정상 탐방로 합류 지점, F 올레7-1코스 고근산 진입 지점, G 둘레길과 정상 탐방로 교차 지점, H 정상 탐방로에서 둘레길 시작 지점)

1. 고근산 정상 및 분화구 코스 A→H→B→고근산 정상→D→C→D→B→H→A순으로 트레킹

2. 고근산 전체 코스 A→H→G→F→E→D→고근산 정상→D→C→D→B→H→A순으로 트레킹

- 1번 코스는 40~50분, 2번 코스는 50분~1시간 소요
- 시간 제한 없음, 탐방로에 야간 가로등 점등
- 운동화, 식수
- 오름 입구 화장실 이용, 편의점이나 음식점은 중산간동로 이용
- 올레7-1코스 이어서 트레킹 가능. 날씨가 좋으면 둘레길 전망대 노을 추천
- 혼자서도 좋음
- 6~7월 장마철 바람 없는 날, 비 오는 날

+ 올레7-1코스 올레7-1코스로 이어진 엉또폭포와 하논 분화구를 연계해 트레킹하자. 고근산에서 엉또폭포를 향해 역방향으로 걸어도 좋고, 고근산 정상에서 올레길을 따라 하논까지 걸어도 좋다. 하논 분화구는 동양 최대의 마르형 분화구다. 하논은 논이 '하(하영=많다)'라는 뜻의 제주말로 큰 논(한 논, 넓은 논)의 의미로, 수만 년 동안의 생물 기록이 고스란히 담긴 '살아있는 생태박물관'이다. 분화구에서 용천수가 솟아 제주에서는 드물게 논농사를 짓는 곳으로 유명하다.

1 고근산 입구 오르막 계단 **2** 철쭉꽃 활짝 핀 4월의 분화구 둘레길 **3** 사계절 푸르른 소나무숲길 **4** 울창한 탐방로
5 털머위가 반겨주는 오르막 탐방로 **6** 올레7-1코스와 합류되어 이어지는 고근산 **7** 고근산 정상에서 바라본 한라산

한라수목원의 산림욕장

광이오름

접근성 상
난이도 하
추천계절 사계절

정상 뷰 ★★★
분화구 뷰 ★
탐방로 상태 ★★★★★

별칭 괭이오름
트레킹 포인트 숲길, 한라수목원
함께 트레킹 도두봉, 삼의오름

주소 제주시 연동 산 62
표고 266.8m
비고 77m

광이오름은 제주시 최대 번화가인 연동 뒤편에 위치한 오름으로, 한라수목원의 산림욕장으로 편입되어 있다. 광이오름 탐방로는 한라수목원 산책로와 특별한 경계가 없이 연결되어 있어서 광이오름을 곧 한라수목원으로 봐도 무방하다.

광이오름은 비고가 77m밖에 안 되는 아담한 오름으로, 등성마루가 평평하고 남동쪽으로 벌어진 말굽형 분화구를 가지고 있다. 오름 형세가 광이괭이 모양이라 하여 '광이오름'이라 부른다.

워낙 낮은 오름이라 오름 입구에서 7~8분 이내면 정상에 도착할 수 있고, 산책로가 여러 갈래로 나뉘지만 어느 길을 선택하더라도 오래 걸리지 않고 수목원으로 돌아나올 수 있어서 잠시 길을 잃고 마음껏 헤매고 다녀도 좋다.

한라수목원은 도심에 위치한 자연공원이라 제주도민도 많고 관광객도 많다. 유치원생 견학 장소로도 인기가 많아서 아이들 웃음소리도 끊이지 않는 곳이다. 특히 광이오름을 한눈에 조망할 수 있고 마음껏 뛰놀 수 있는 잔디광장은 아이에게나 어른에게나 인기가 많다.

사람 많은 곳을 싫어하는 이들에게는 한라수목원이 답답하게 느껴질 수도 있는데, 수목원을 벗어나 광이오름에 올라가면 산책중인 주민만 몇 보이고 한적하다. 광이오름 숲길은 과하지도 부족하지도 않을 만큼 적당히 울창해서 햇살과 바람도 적당히 들어와 여름에는 시원하고 겨울에는 따뜻하다. 덕분에 사계절 언제라도 여유로운 산책을 즐기며 초록에너지를 실컷 충전할 수 있다.

특히 비가 내리는 날에도 인적이 끊이지 않아 혼자서도 서두르지 않고 느긋한 마음으로 비에 젖은 광이오름의 촉촉한 숲길을 걸을 수 있어 좋다.

광이오름 정상에 오르면 지붕이 있는 쉼터가 있는데, 일행과 함께라면 잠시 누워서 단잠을 청해도 좋을 만큼 상쾌하고 편안하다. 쉼터에 앉아 내려다보면 제주 신시가지 풍경과 함께 해안 쪽으로는 도두봉과 공항활주로가 조망된다. 잠시 복잡한 도심에서 빠져나와 아름다운 자연에서 여유롭게 쉴 수 있는 광이오름. 제주여행을 왔다가 공항 주변에서 자투리 시간이 생긴다면 잠시 들르기에 최적의 오름이다.

How to Go

내비게이션에 '한라수목원 공영주차장' 입력

제주공항에서 5.6km 위치, 약 10~15분 소요, 한라수목원 주차장 이용(유료)

한라수목원 산책로를 따라 광이오름 입구까지 이동

제주공항 1층 5번 게이트 – 노형, 연동 방면(6번) 정류장 이용

332번(24분), 331번(29분), 465번(32분), 466번(32분) 승차 → 한라수목원 정류장 하차 → 수목원 입구까지 888m, 10~15분 이동

무료 입장(한라수목원 탐방안내문의 : 064-710-7575)

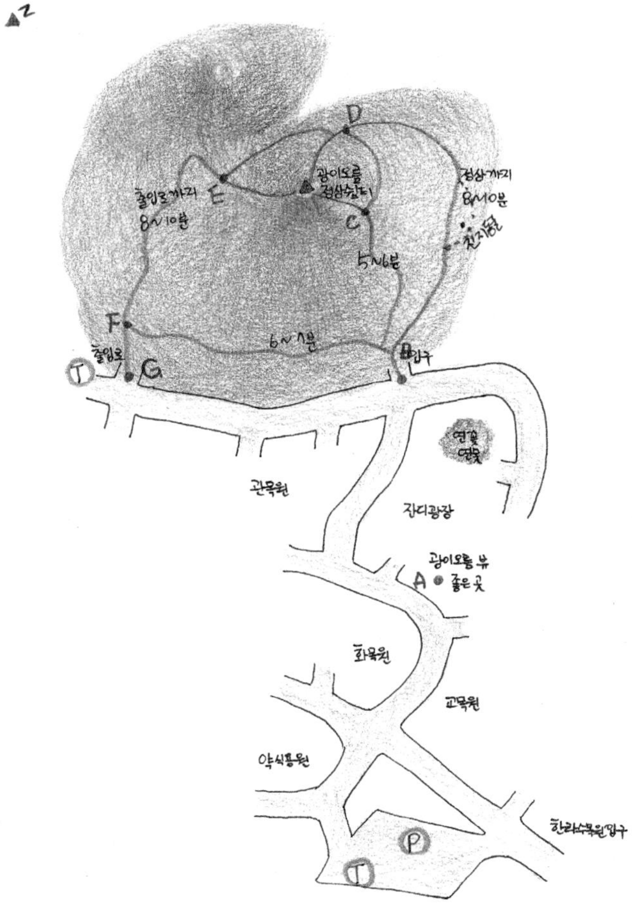

광이오름 정상 및 둘레길 코스

(A 광이오름 뷰가 좋은 잔디광장, B 광이오름 우측 출입로, C 광이오름 정상 방향 탐방로 갈림길, D 광이오름 정상 탐방로, 둘레 탐방로 갈림길, E 체력단련장 및 쉼터, F 광이오름 정상 탐방로, 둘레 탐방로 갈림길, G 광이오름 좌측 출입로)

A→B→진지동굴→D→E→광이오름 정상 쉼터→C→B→F→G 또는

G→F→E→광이오름 정상 쉼터→D→진지동굴→B→F→G순으로 트레킹

탐방로가 워낙 여러 갈래라 복잡해 보이지만, 구간이 짧고 모두 연결되어 있음

- 광이오름 산책만 한다면 30~40분, 한라수목원까지 모두 둘러본다면 1시간~2시간 소요
- 시간 제한은 없으나, 가로등 점등시간이 일몰 후 오후 11시까지라 이후에는 탐방 어려움
- 운동화, 식수
- 한라수목원 입구 화장실 이용, 주차장 옆 편의점 및 카페 이용
- 제주공항과 가깝고 시내버스로도 오갈 수 있기 때문에 공항 주변에서 2~3시간 자투리 시간이 생긴다면 한라수목원과 함께 들러보면 좋음
- 혼자서도 좋음
- 한여름 한낮

1

2

3

+ 한라수목원 광이오름 트레킹을 마치고, 여유 있게 한라수목원을 둘러보자. 한라수목원은 사계절 온갖 꽃과 나무 등 볼거리가 풍성한데, 특히 제주에서만 볼 수 있는 제주도 자생수종과 아열대식물이 많아서 식물과 숲을 좋아하는 이라면 흡족한 걸음이 될 것이다. 또한 봄날에는 수목원 입구부터 벚꽃이 만개하여 벚꽃 나들이하기에 제격이다.

4

5

6

7

1 비 오는 날 한라수목원 **2** 한라수목원(제주 희귀식물 전시실) **3** 한라수목원(연꽃 연못)
4 한라수목원 잔디광장 입구 설치물 **5** 사계절 푸르른 광이오름 둘레길 **6** 벚꽃 활짝 핀 봄날 한라수목원
7 광이오름 정상 쉼터

한라산이 보고플 때

어승생악

접근성 중
난이도 상
추천계절 사계절

정상 뷰 ★★★★★
분화구 뷰 ★★★★
탐방로 상태 ★★★★

별칭 어승생오름, 어승생이
트레킹 포인트 숲길, 전망
함께 트레킹 윗세오름 어리목 코스

주소 제주시 해안동 산 218
표고 1,169m
비고 350m

한라산이 보고픈데 한라산에 올라갈 시간은 없고 조금이라도 가까이서 보고 싶을 때는 어승생악이 제일 먼저 생각난다. 어승생악은 한라산국립공원 탐방로 중 한 곳으로, 오름이면서도 등산로가 한라산과 비슷해 마치 한라산을 등산하는 기분이 들고, 날씨만 좋다면 정상에 올라 한라산을 실컷 보고 내려올 수 있어 좋다. 한라산에 오르려면 아침 일찍 서둘러야 하지만, 어승생악은 한낮에 찾아가도 시간에 쫓기지 않아 느긋하다. 또한 해발 1,169m의 높이를 자랑하는 어승생악이지만, 어리목 입구까지 차로 올라가서 트레킹이 시작되므로 30~40분이면 정상에 오를 수 있다.

오름 초입 조릿대로 빼곡한 탐방로로 들어서면 가끔 조릿대가 심하게 흔들리며 노루가 쑥 고개를 내미는데, 반갑게 환영인사를 해주는 것 같아서 기분 좋은 걸음이 더해진다. 정상까지 오르는 길은 울창한 숲길인데, 오르막이 계속 이어지므로 쉬엄쉬엄 오르는 것이 좋다. 때죽나무, 참빗살나무, 고로쇠나무, 개서어나무, 왕쥐똥나무 등 이름표를 달고 있는 나무와 눈맞춤도 해주고, 고개를 뒤로 젖혀 파란 하늘도 찐하게 바라보면 어느새 숲의 기운이 온몸으로 가득 스며들어 상쾌해진다. 봄여름에는 싱그럽고 풍성한 초록잎과 야생화가, 가을에는 단풍이, 겨울에는 하얀 눈이 숲길을 단장하고 반갑게 맞아주니 어느 계절에 올라도 다채로운 숲 기운에 에너지가 충만해진다.

울창한 숲길을 벗어나면 시야가 트이면서 한라산이 모습을 드러낸다. 종종 심술쟁이 구름에 가려 한라산이 보이지 않을 때도 있지만, 운이 좋다면 한라산 봉우리부터 윗세오름, 만세동산, 사제비동산, Y계곡, 어리목계곡까지 멋진 능선과 함께 한라산의 구석구석을 샅샅이 살펴볼 수 있다.

어승생악 정상에서는 한라산뿐만 아니라 제주시내를 내려다보기도 좋다. 넉넉한 정상 쉼터 데크는 어느 귀퉁이에 걸터앉아도 훌륭한 경치를 선사한다. 상쾌한 바람을 만끽하며 분화구를 들여다봐도 좋고, 어승생악 주변의 수많은 오름을 둘러봐도 좋다. 역시 높이 올라온 만큼 바람도 전망도 그 클래스가 다르다.

어승생악의 원형 분화구는 백록담처럼 신비로운 호수를 품고 있는데, 어찌나 물이 맑은지 푸른 하늘까지도 고스란히 담긴다. 호수 주변이 울창한 숲으로 둘러싸여 노루랑 수많은 산짐승의 정겨운 놀이터가 되어줄 듯하다.

어승생악御乘生岳은 오승생오름이라고도 부르는데, 조선후기에 이 오름 아래에서 임금이 타는 말이 태어났다고 하여 그렇게 불린다는 기록이 전해진다.

How to Go

내비게이션에 '한라산 어리목탐방안내소' 입력

제주공항에서 17.7km 위치, 약 35분 소요, 어리목 주차장 이용(유료)

제주공항 1층 4번 게이트 – 대정, 화순, 일주서로 방면(4번) 정류장 이용

102, 151, 152번(버스터미널 방면) 승차(4~5분) → 제주버스터미널(종점) 정류장 하차 → 제주버스터미널 정류장으로 이동하여 240번 승차(41분) → 어리목 입구 정류장에서 하차 → 어승생악 입구까지 1.1km, 10~15분 이동

탐방안내문의 : 064–713–9950~1

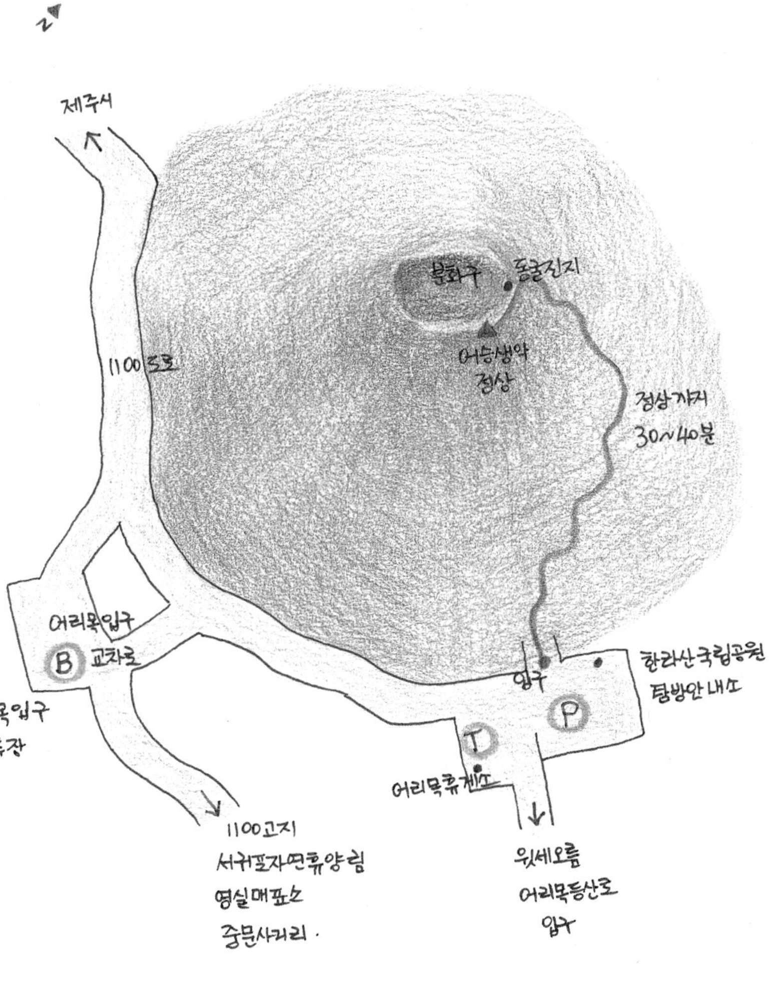

어승생악 정상 코스

어승생악 입구에서 시작해 정상까지 올라갔다가 올라온 길로 다시 내려옴

- 정상까지 편도 1.3km, 빠른 걸음으로 편도 30분, 보통 걸음으로 왕복 1시간 30분 소요
- 춘추절기(3월~4월, 9월~10월) 오후 5시부터, 동절기(11월~2월) 오후 4시부터, 하절기(5월~8월) 오후 6시부터 탐방로 입구에서 입산 통제
- 편안한 운동화, 식수 / 동절기 눈길 산행 시에는 트레킹화, 스틱, 아이젠, 장갑 필수
- 어리목 휴게소(식수, 커피, 스낵, 비옷)와 화장실 이용
- 관광객이 많은 편이지만, 혼잡 시간대 피하면 괜찮음
- 혼자서도 좋음
- 호우, 태풍, 대설 주의보 및 경보 시 탐방 통제
  동절기에는 1100도로 자체가 통제될 때가 많으므로 반드시 출발 전에 국립공원에 탐방 가능 유무를 확인하고 출발

+ 동굴진지와 한라산국립공원 탐방안내소 어승생악 정상에는 일제강점기 때 이곳을 전략적 요충지로 활용하기 위해 만들어놓은 동굴진지가 있다. 강제노역으로 제주인의 피와 땀이 얼룩진 한 맺힌 군사진지 내부는 아직도 견고하여 5~6명이 설 수 있는 구조로 남아있다. 한라산에 대해 좀 더 알고 싶다면 한라산국립공원 탐방안내소에 들러보자. 백록담의 형성과 지질이 설명되어 있고, 백록담, 윗세오름, 어승생악, 1100도로, 왕관릉 동영상을 실시간 볼 수 있다.

1 어승생악 정상에서 보이는 한라산과 어리목계곡 **2** 한라산국립공원 탐방안내소 **3** 정상 쉼터
4 봄날 싱그러운 탐방로 **5** 어승생악 정상 동굴진지 **6** 어승생악 분화구

접근성 하
난이도 최상
추천계절 사계절

정상 뷰 ★★★★
분화구 뷰 ★★★★
탐방로 상태 ★★

트레킹 포인트 산정호수와 전망
함께 트레킹 한라산 백록담

한라산 중턱의 산정호수

사라오름

주소 서귀포시 남원읍 신례리 산 2-1

표고 1,324.7m

비고 150m

산정호수를 가진 사라오름은 한라산 중턱에 자리한 오름으로, 한라산 등산로를 통해 올라야 하는데, 오르는 데만 2시간이 훨씬 넘게 걸릴 정도로 만만치 않은 오름이다. 특히 위치가 한라산 정상 가는 길 중간 지점에 있어 사라오름만 보고 내려오기에는 올라간 걸음이 너무 아까우므로 백록담까지 연계해 트레킹하는 것이 좋다.

사라오름에 올라갈 때는 성판악 등산로를 이용하는데, 성판악은 한라산 등산로 중에서 가장 지루하고 힘든 길로, 유난히 크고 작은 돌이 무질서하게 많이 깔려있어 발바닥 마사지를 제대로 하면서 걷게 된다. 악 소리가 절로 튀어나오고, 가다 멈추고, 또 가다 멈추기를 수십 차례. 발바닥은 점점 둔해지고 다리는 후들거리고 얼굴은 빨갛게 달아올라 뜨끈뜨끈하고 심장은 쿵쾅쿵쾅 요동친다.

그래도 위안이 되는 건 숲길이 정말 아름답다는 것이다. 물론 사라오름 전망대까지 가는 동안에 보이는 것이라고는 온통 숲뿐이라 시간이 흐를수록 지치는 건 어쩔 수 없는 일이다.

출발한 지 1시간 30분쯤 지나면 속밭대피소가 보이는데, 잠시 쉼터에 앉아 물도 마시고 발바닥 마사지도 해주는 것이 좋다. 그리고 20분쯤 더 오르면 시원한 물을 마실 수 있는 샘터가 보이고, 다시 20분을 더 오르면 비로소 사라오름 입구에 당도한다.

'사라'라는 이름은 제주해안에 자리한 사라봉과 같은데, '사라'는 우리나라 산 이름에 표기되는 '술'에서 파생되었고, 신성한 산이나 지역을 의미한다는 견해가 있지만, 그 어원이 분명치 않다.

사라오름 산정호수는 비가 많이 내리는 봄여름에는 탐방로를 덮을 만큼 물이 넘실거리고, 반대로 가물 때는 호수 바닥까지 훤히 드러낼 정도로 메말라 있다. 또한 가을에는 호수 주변 숲이 단풍으로 물들어 환상적인 경치를 선보이고, 겨울에는 호수 전체가 얼어붙어 거대한 스케이트장처럼 변하여 호수를 둘러싼 설경이 일품이다. 분화구 둘레 숲길에는 노루가 많이 서식하는데, 종종 호수를 뛰어다니거나 물을 마시는 모습도 볼 수 있다. 호수 둘레길을 따라 전망대에 오르면 서귀포시는 물론 한라산 봉우리와 함께 넉넉한 등성이가 멋지게 조망된다.

올라온 길은 몹시도 힘들고 험준하지만, 보람과 기쁨을 몇 배로 돌려주는 오름이라 사랑할 수밖에 없다.

How to Go

내비게이션에 '성판악 휴게소' 입력

제주공항에서 22km 위치, 약 35~40분 소요, 성판악 주차장 이용(유료)

제주공항 1층 2번 게이트 – 일주동로, 516로 방면(2번) 정류장 이용

181번(43분) 승차 → 성판악 정류장 하차 → 탐방로를 따라 트레킹 시작

탐방안내문의 : 064-725-9950

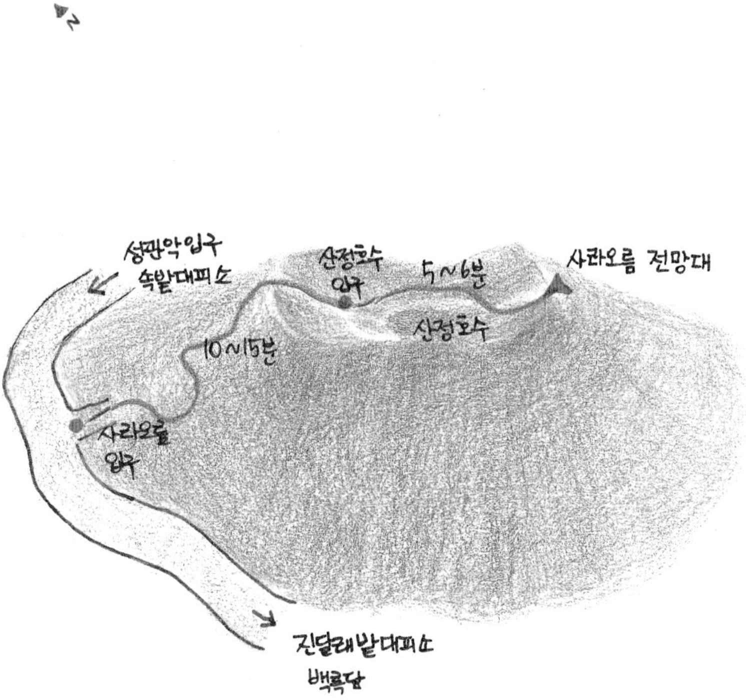

사라오름 산정호수 및 전망대 코스

한라산 성판악 입구에서 시작해 사라오름 전망대까지 올라갔다가 올라온 길로 다시 내려오기

편도 2시간 20분, 왕복 4시간 30분

성판악 탐방 안내소	4.1km → 1시간 20분	속밭 대피소	1.7km → 40분	사라오름 입구	0.6km → 20분	사라오름 전망대

- 춘추절기(3월~4월, 9월~10월) 오후 3시 30분부터, 동절기(11월~2월) 오후 3시부터, 하절기(5월~8월) 오후 4시부터 사라오름 탐방로 입구에서 입산 통제
- 트레킹화, 스틱, 식수, 간식 / 동절기 눈길 산행 시에는 아이젠과 장갑 필수
- 한라산 탐방로에 매점이 없으니 충분한 물과 간식 준비/탐방 전 성판악 휴게소 이용
- 한라산국립공원 사전 예약 필수, 탐방월 기준 전월 1일 09시부터 한라산탐방예약시스템에서 예약(탐방예약 후 취소 없이 탐방하지 않을 경우, 1회는 3개월, 2회는 1년 탐방예약 불가능)
  사라오름은 한라산 중턱에 위치하여 한라산 성판악 코스와 함께 연계하여 트레킹 가능
- 혼자도 좋음
- 호우, 태풍, 대설 주의보 및 경보 시 탐방 통제
  동절기에는 516도로 자체가 통제될 때가 많으므로 반드시 출발 전에 국립공원에 탐방 가능 유무를 확인하고 출발

1 한라산 성판악 탐방로 **2** 봄이 늦게 찾아오는 5월 사라오름 탐방로 **3** 한겨울 눈 내린 산정호수
4 한여름의 산정호수 **5, 6** 사라오름 전망대

5

6

+ 전망대 사라오름은 산정호수도 멋지지만 전망대 전망도 훌륭하다. 산정호수 탐방로를 따라 전망대에 오르면 웅장한 한라산 봉우리는 물론 시원하게 펼쳐진 한라산 자락을 한눈에 감상해볼 수 있다. 또한 쉼터도 넉넉하고 멀리 서귀포시까지 내려다보여 느긋하게 풍경을 감상하며 쉬어가기 좋다. 산정호수에서 전망대까지 5~6분이면 올라갈 수 있으므로, 날씨가 화창하고 시야가 좋은 날에는 꼭 전망대까지 들러보자.

사계절 언제라도 좋아

윗세오름

접근성 중
난이도 최상
추천계절 사계절

정상 뷰 ★★★★★
분화구 없음
탐방로 상태 ★★★★

별칭 붉은오름, 누운오름, 족은오름
트레킹 포인트 한라산 등산, 한라산 봉우리 남벽

붉은오름	**주소** 서귀포시 서호동 산 183-1	**표고** 1,740m	**비고** 75m
누운오름	서귀포시 영남동 산 1-1	1,711.2m	71m
족은오름	제주시 애월읍 광령리 산 183-6	1,698.9m	64m

윗세오름은 한라산 봉우리 바로 아래 자리한 세 개의 오름으로, 크기순대로 붉은오름큰오름, 누운오름샛오름, 족은오름새끼오름이라 부른다. 이 세 오름을 윗세오름이라 부른 연유는, 한라산 1100고지 부근에도 세오름삼형제오름이라 부르는 세 개의 오름이 나란히 앉아있는데, 그 세 오름에 비해 위쪽에 있다고 하여 윗세오름웃세오름이라 부르게 되었다.

한라산 등산로는 총 다섯 개가 있는데, 그 중 성판악과 관음사는 정상 백록담까지 오를 수 있고, 나머지 어리목, 영실, 돈내코는 남벽분기점까지만 오를 수 있다. 바로 이 세 개의 등산로가 합류하는 지점이 윗세오름 광장대피소이다. 그렇기 때문에 윗세오름에 가려면 어리목, 영실, 돈내코 등산로 중 하나로 올라야 하고, 윗세오름으로 가는 길이 곧 한라산을 오르는 길이 된다. 각 등산로는 윗세오름까지 오르는 동안 경치가 각각 다르고, 분위기 또한 달라 모두 탐방해보는 것이 좋지만, 좀 더 쉽고 빠르게 오르려면 돈내코보다는 영실이나 어리목 코스가 좋다. 영실은 영실기암과 병풍바위 등 주변 경관이 빼어나고 전망이 좋아 초반부터 지루하지 않게 오를 수 있고, 어리목은 초반부터 이어지는 경사진 등산로가 꽤 힘겹지만 만세동산부터 맛보는 거대한 평원 경치와 우뚝 솟은 한라산 봉우리, 그 옆으로 나란히 앉아있는 윗세오름을 눈맞춤하며 느긋하게 걸을 수 있다.

윗세오름 중 붉은오름과 누운오름은 등산금지구역이고, 족은오름만 유일하게 정상까지 오를 수 있다. 족은오름 정상에는 전망대가 설치되어 있는데, 한라산 최고 전망대라고 해도 손색없을 만큼 훌륭하다. 특히 한라산의 웅장한 암벽 봉우리는 윗세오름 최고 경관이다. 전망대에 올라서면 봉우리 외벽이 더욱 선명하게 보이고, 남쪽으로는 범섬이랑 서귀포시내가 가까이 내려다보인다. 서쪽으로는 산방산, 송악산, 형제섬까지 한눈에 들어오고, 북쪽으로는 서부 중산간 오름이 파노라마처럼 펼쳐진다. 특히 윗세오름 주변으로 펼쳐지는 고산평원 경치가 예술이다. 진달래와 철쭉 피는 시기에는 주변이 온통 분홍빛으로 물들어 장관을 이루고, 겨울에는 설경이 기가 막히게 아름답다. 한 가지 흠이라면 전망대 바람이 어마어마하다는 것. 여름에는 시원해서 좋지만, 한겨울에는 그대로 급속 냉동될 것처럼 춥다. 윗세오름에 오를 때는 언제 날씨가 돌변할지 모르니 바람막이, 장갑, 모자, 비옷 등을 반드시 준비하는 것이 좋겠다.

How to Go

내비게이션에 '어리목휴게소'나 '영실휴게소' 또는 '돈내코주차장' 입력

제주공항에서 어리목휴게소까지 17.6km 약 35분 소요, 영실휴게소까지 30.5km 55분 소요
돈내코 주차장까지 38km 55분 소요. 어리목, 영실 주차장 유료(돈내코 주차장 무료)

어리목, 영실 코스 : 제주공항 1층 4번 게이트 – 대정, 화순, 일주서로 방면(4번) 정류장 이용

102, 151, 152번(버스터미널 방면) 승차 → 제주버스터미널(종점) 하차(7분) → 제주버스터미널 정류장으로 이동 240번 승차 → 1) 어리목코스는 어리목입구 정류장에서 하차(41분) → 어리목휴게소까지 1km, 10~15분 이동 / 2) 영실코스는 영실매표소 정류장에서 하차(57분) → 영실휴게소까지 2.7km, 40분 이동

돈내코 코스 : 제주공항 1층 2번 게이트 – 일주동로, 516로 방면(2번) 정류장 이용

181번 승차(1시간) → 서귀포산업과학고등학교 정류장 하차 → 길 건너 서귀포산업과학고등학교 정류장에서 611, 612번 승차(9분) → 충혼묘지광장 정류장 하차 → 돈내코 입구까지 1.5km, 20분 이동
탐방안내문의 : 어리목 064-713-9950 / 영실 747-9950 / 돈내코 710-6921

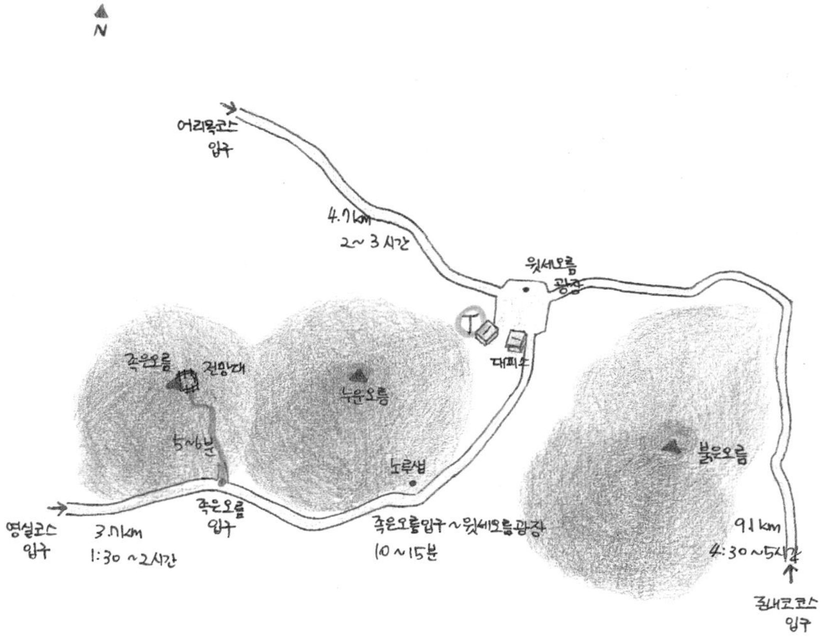

영실 코스, 어리목 코스, 돈내코 코스

각 코스에서 올라와 윗세오름 광장에서 합류, 하산 시 어느 길로 내려가도 무방

영실 탐방안내소	2.4km → 40분	영실 휴게소	1.5km → 50분	병풍 바위	2.2km → 40분	윗세오름 광장
어리목 탐방안내소	2.4km → 1시간	사제비 동산	0.8km → 30분	만세 동산	1.5km → 30분	윗세오름 광장
돈내코 탐방안내소	5.3km → 2시간 50분	평궤 대피소	1.7km → 40분	남벽 분기점	2.1km → 1시간	윗세오름 광장

- 각 코스에서 윗세오름 광장까지 영실코스(영실휴게소부터)는 편도 3.7km 1시간 30분 소요, 어리목코스는 편도 4.7km 2시간 30분 소요, 돈내코코스는 편도 9.1km 4시간 40분 소요
- 춘추절기(3월~4월, 9월~10월) 오후 2시부터, 동절기(11월~2월) 12시부터, 하절기(5월~8월) 오후 3시부터 어리목, 영실휴게소 입구에서 입산 통제 / 돈내코 탐방로 입구에서는 오전 10시 30분(춘추절기), 오전 10시(동절기), 오전 11시(하절기)부터 통제
- 트레킹화, 스틱, 식수, 간식, 바람막이 필수 / 동절기 눈길 산행 시에는 아이젠, 방한모자, 장갑 필수
- 한라산 탐방로에 매점이 없으니 충분한 물과 간식 준비 / 휴게소와 윗세오름 대피소 화장실 이용
- 날씨 변화가 심하므로 비상식량과 여벌 옷, 바람막이는 꼭 준비
- 혼자서도 좋음
- 호우, 태풍, 대설 주의보 및 경보 시 탐방 통제. 동절기에는 산간지역 도로 통제구간이 많기 때문에 하루 전날이나 당일에 반드시 탐방안내소에 탐방 가능 유무를 확인하고 출발

+ 윗 세 오 름　한라산 영실, 어리목, 돈내코 탐방로를 통해 윗세오름까지 오르다보면, 각 탐방로에서 윗세붉은오름, 윗세족은오름, 윗세누운오름이 보이는데, 서있는 위치에 따라 생김새가 달리 보인다.

1 윗세오름 광장 **2** 윗세붉은오름(큰오름) **3** 윗세누운오름(샛오름) **4** 윗세족은오름(새끼오름)
5 윗세오름 중 유일하게 정상까지 오를 수 있는 윗세족은오름 전망대

+ 영실 코스

6 가을빛에 물든 병풍바위 **7** 한겨울 영실 탐방로

\+ 어리목 코스

8 멀리 백록담의 볼록한 봉우리가 보이는 가을날의 어리목 탐방로

+ 돈내코 코스

9 봄날 돈내코 탐방로에서 본 한라산 봉우리 **10** 겨울날 돈내코 탐방로 남벽 일대

매혹적인 푸른 향기

한라산 백록담

접근성 상
난이도 최상
추천계절 사계절

정상 뷰 ★★★★
분화구 뷰 ★★★★★
탐방로 상태 ★★★

트레킹 포인트 시시각각 변하는 백록담
함께 트레킹 사라오름

주소 서귀포시 토평동 산 15-1
표고 1,950m
백록담 깊이 108m

1,950m 높이의 한라산은 보고 싶다고 언제든 쉽게 오를 수 있는 산이 아니다. 오르는 길 또한 험준해서 힘들게 올라간 만큼 백록담에 대한 집착이 강해지는데, 그래서인지 오르기 전부터 심하게 날씨 눈치를 살피게 된다. 그러나 한라산 날씨는 대단히 변화무쌍하기 때문에 날씨가 좋다고 너무 기뻐해서도 안 되고, 날씨가 흐리다고 낙담할 필요도 없다. 정상까지 올라가는 동안 하늘빛이 몇 번이나 변하고, 맑은 날에 올라가서도 운이 나쁘면 백록담을 보지 못하고 내려오는 경우가 허다하다.

백록담은 한라산의 산정호수로 흰 사슴이 놀면서 물을 마셨다고 하여 백록담白鹿潭이라는 전설이 전해진다. 예전에는 1년 내내 수심 5~10m의 물이 고여 있었다고 하는데, 지금은 자주 가물어 바닥을 훤히 드러낼 때가 많다. 그러나 물이 차있을 때나 메말라 있을 때나 백록담은 볼 때마다 신비롭고 감동이다.

백록담은 분화구 둘레 총길이가 무려 3km, 동서길이 600m, 남북길이 500m나 되는 어마어마한 크기의 타원형 화구다. 그 깊이는 또 얼마나 깊은지, 백록담을 들여다보고 있으면 신비로운 하얀 구름이 끊임없이 백록담을 스쳐 지나가고, 그 푸른 향기가 이루 말할 수 없이 황홀하다. 봄 여름 가을 겨울 계절마다 분위기가 다르고, 같은 계절에 올라도 볼 때마다 그 느낌이 달라서 백록담을 마주할 때면 늘 처음 본 것처럼 새롭고, 사랑하는 애인을 만나는 것처럼 콩닥콩닥 가슴이 설렌다. 어렵게 한라산 정상에 올라온 만큼 백록담과 만나는 그 순간의 그 강렬한 느낌은 영원히 잊을 수 없을 만큼 특별하다.

백록담까지 오르는 길은 성판악과 관음사 두 개 등산로가 있는데, 각각 장단점이 있다. 성판악 코스는 관음사에 비해 짧은 시간에 정상에 설 수 있지만, 처음부터 끝까지 오로지 오르막길만 걸어야 하고, 입구부터 3시간 이상을 숲과 계단만 쳐다보며 올라야 할 정도로 시야가 답답하다. 게다가 거친 돌길 구간도 많아 다리 피로감이 엄청 심하다.

반면 관음사 코스는 성판악보다 훨씬 긴 시간을 올라야 하지만, 오르막과 내리막길이 번갈아 있고, 주변 볼거리가 풍성하며, 등산로 또한 성판악에 비해 양호한 편이라 오르는 즐거움이 상당하다. 승용차로 이동할 경우 반대편 등산로로 내려가면 차를 가지러 가야 하는 불편함이 따르지만, 가능하다면 성판악으로 올랐다가 관음사로 내려오거나 또는 관음사로 올랐다가 성판악으로 내려오는 것이 지루하지 않으면서도 마지막까지 즐거운 트레킹을 이어갈 수 있다.

How to Go

먼저 코스를 선택한 다음, 내비게이션에 '성판악 휴게소' 또는 '관음사 주차장' 입력

제주공항에서 성판악 휴게소까지 22km, 약 35~40분 소요, 관음사 휴게소까지 11.6km, 약 20~30분 소요(성판악, 관음사 주차장 유료) 주차장이 협소하므로 가능한 한 대중교통 이용

제주공항 1층 2번 게이트 – 일주동로, 516로 방면(2번) 정류장 이용

성판악 이용 시 181번 승차(43분) → 성판악 정류장 하차

관음사 이용 시 181번 승차(27분) → 제주대학교 입구 정류장에서 하차 → 제대마을 정류장까지 440m, 5~6분 이동하여 475번 승차(10분) → 관음사 등산로 입구 정류장에서 하차

탐방안내문의 : 성판악 064-725-9950 / 관음사 756-9950

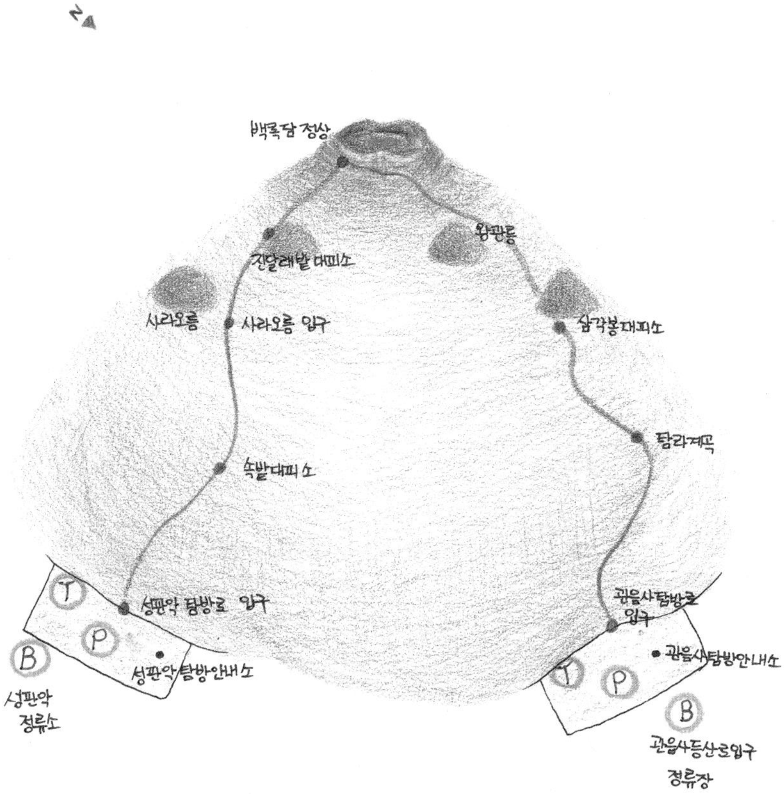

성판악 코스, 관음사 코스

성판악 탐방안내소	4.1km → 1:20분	속밭 대피소	1.7km → 40분	사라오름 입구	1.5km → 1시간	진달래밭	2.3km → 1:30분	백록담 정상
관음사 지구 야영장	3.2km → 1시간	탐라 계곡	1.7km → 1:30분	개미등	1.1km → 50분	삼각봉 대피소	2.7km → 1:40분	백록담 정상

- **성판악 코스** 왕복 19.2km, 8~9시간 소요(사라오름 포함 9~10시간)
  관음사 코스 왕복 17.4km, 9~10시간 소요
- 춘추절기(3월~4월, 9월~10월) 12시 30분부터, 동절기(11월~2월) 12시부터, 하절기(5월~8월) 오후 1시부터 성판악은 진달래밭 대피소, 관음사는 삼각봉 대피소에서 입산 통제. 등반시간을 감안하면 입구에서 오전 8시 이전에는 출발
- 트레킹화, 스틱, 식수, 간식, 바람막이 필수 / 동절기 눈길 산행 시에는 아이젠, 방한모자, 장갑 필수
- 한라산 탐방로에 매점이 없으니 충분한 물과 간식 준비
- 한라산국립공원 사전 예약 필수, 탐방월 기준 전월 1일 09시부터 한라산탐방예약시스템에서 예약(탐방예약 후 취소 없이 탐방하지 않을 경우, 1회는 3개월, 2회는 1년 탐방예약 불가능)
  성판악 탐방로는 울퉁불퉁 돌이 많아서 등산화 착용 필수
- 혼자서도 좋음
- 호우, 태풍, 대설 주의보 및 경보 시 탐방 통제. 동절기에는 산간지역 도로 통제구간이 많기 때문에 하루 전날이나 당일에 반드시 탐방안내소에 탐방 가능 유무를 확인하고 출발

+ 백록담의 사계절

1 백록담의 봄 **2** 백록담의 여름 **3** 백록담의 가을 **4** 백록담의 겨울

+ 성판악 코스

1 가을날 성판악 동능 탐방로 **2** 성판악 탐방로에서 새해 일출을 맞이하는 사람들

+ 관음사 코스

3 한여름의 삼각봉 **4** 용진각 현수교와 왕관릉의 설경

가을 한라산 정상, 백록담을 구경하는 사람들

INDEX

Theme Index

특정한 날씨, 특정한 시간, 특정한 분위기 등 주제에 따라 가장 매력적인 오름을 따로 골랐다.
여행 시기와 내 감성에 맞는 최고의 오름을 찾아가보자.

Plus 오름&숲

본문에 소개한 오름 외에 추가로 더 트레킹할 수 있는 오름과 주변 숲을 모았다.
트레킹 일정을 짜는 데 활용해보자.

오름 목록

오름을 지역 단위로 묶은 차례와 달리 오름 이름의 ㄱㄴㄷ순으로 정리했다.
위치를 모르고 이름만 아는 오름도 바로 찾을 수 있다.

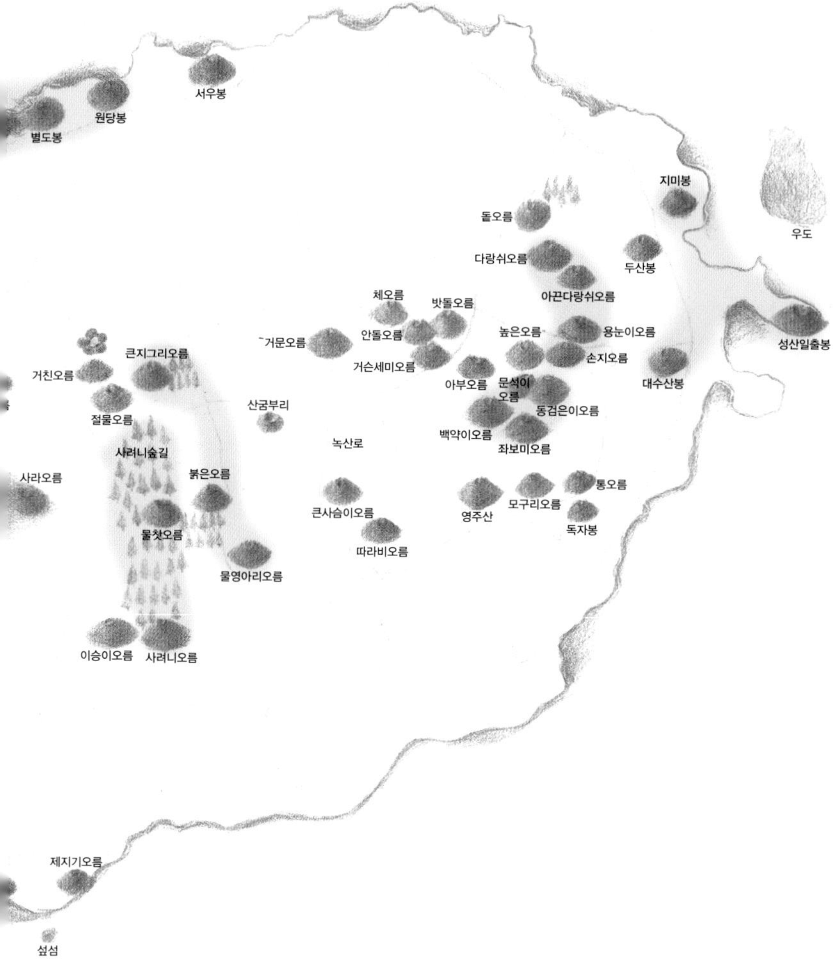
서우봉
원당봉
별도봉
지미봉
우도
돌오름
다랑쉬오름
두산봉
아끈다랑쉬오름
체오름
밧돌오름
안돌오름
거문오름
높은오름
용눈이오름
성산일출봉
큰지그리오름
거친오름
거슨세미오름
손지오름
아부오름
문석이
오름
대수산봉
산굼부리
절물오름
동검은이오름
백약이오름
녹산로
사려니숲길
좌보미오름
붉은오름
사라오름
통오름
큰사슴이오름
영주산
모구리오름
물찻오름
독자봉
따라비오름
물영아리오름
이승이오름
사려니오름
제지기오름
섶섬

01 숲길이 아름다운 오름

제주 오름은 숲이 울창한 곳이 많아 몇 걸음만 들어가도 숲의 정취에 흠뻑 취할 수 있다. 특히 날씨가 흐려 시야가 좋지 않은 날에는 전망보다는 숲길이 좋은 오름을 찾아보자. 봄에는 싱그러운 초록잎의 기운을, 여름에는 넉넉한 그늘과 시원한 바람을, 가을에는 다채로운 빛깔을, 겨울에는 따스하고 아늑한 숲길을 선사해주기 때문에 어느 계절에 찾아가도 좋다.

이승이오름 p.274

사려니오름 p.266

고근산 p.358

02 노을이 고운 오름

날씨만 좋다면 제주 오름 어디서든 아름다운 노을빛을 어렵지 않게 감상할 수 있다. 일몰 1시간 전부터 일몰 후 사그라지는 여운까지 느긋하게 감상하려면 접근도 쉽고 오르내림이 쉬운 오름이 좋다. 중산간에 위치한 오름보다는 해안가에 자리잡은 오름이 접근하기에 용이한데, 특히 오름 주변으로 펼쳐지는 멋진 경치와 함께 노을빛으로 물든 바다 풍경까지 더해져 노을 감상에 더할 나위 없이 좋다.

서우봉 p.034

수월봉 p.098

군산 p.078

03 억새가 예쁜 오름

가을이 되면 제주는 산간에서부터 해안까지 온통 억새 물결로 출렁인다. 그 몸짓이 어찌나 고운지 억새 물결 속으로 들어가보지 않고서는 도저히 그냥 지나칠 수가 없다. 풍성한 억새를 여유롭게 감상하려면 오름이 제격인데, 제주 오름 어디서든 쉽게 억새를 만날 수 있다. 그 중 특히 억새가 예쁜 곳은 따라비오름, 손지오름, 아끈다랑쉬오름, 새별오름, 산굼부리 등이 있다.

따라비오름 p.236

손지오름 p.144

아끈다랑쉬오름 p.132

04 한라산 전망이 좋은 오름

한라산은 제주 중심부에 위치해 있어 대부분의 오름에서 한라산을 어렵지 않게 조망할 수 있다. 다만 오름 위치에 따라 한라산의 생김새가 달리 보이고, 거리 차이가 생긴다. 한라산을 좀 더 가까이에서 보려면 한라산국립공원과 가까운 중산간 이상의 오름이 좋은데, 특히 한라산은 물론 주변 경치까지 함께 감상할 수 있는 오름이라면 더더욱 좋다.

어승생악 p.370

큰노꼬메오름 p.282

큰지그리오름 p.210

05 분화구가 멋진 오름

제주 오름이 육지의 산과 다른 점은 화산폭발로 인한 '분화구'가 있다는 것이다. 오름 트레킹의 가장 큰 매력은 신비한 분화구를 가까이에서 볼 수 있다는 점인데, 각 오름마다 분화구의 크기나 생김새가 달라서 서로 비교해보는 재미가 쏠쏠하다. 그 중 원형 분화구를 지닌 오름은 둘레길을 따라 한바퀴 걸으며 분화구의 안쪽과 바깥 경치를 감상하는 즐거움이 상당하다.

다랑쉬오름 p.126

아부오름 p.152

백약이오름 p.164

06 아이들과 함께 오르기 좋은 오름

어린 자녀와 함께 오름을 오르려면 탐방로가 잘 정비되어 있어 걸음이 편하고, 화장실이나 쉼터가 갖춰진 곳이 좋다. 또한 오름을 오르면서 아이가 흥미를 가질만한 요소가 있거나 정상에 올라 마음껏 뛰어놀 수 있는 공간이 있는 오름이라면 더더욱 좋겠다.

도두봉 p.118

사라봉 p.014

삼매봉 p.072

07 비 오는 날 분위기 좋은 오름

모처럼 제주여행을 왔는데, 비가 내리면 어디로 가야 할지 망설여지고 난감할 수 있다. 그럴 때 비가 와도 좋은 오름을 찾아보자. 특히 싱그러운 숲의 정취를 한껏 느낄 수 있는 오름이라면 더더욱 좋다. 비가 내리는 날에는 경사가 완만하고 탐방로가 잘 정비된 오름이 안전하고, 너무 외진 오름보다는 비 오는 날에도 인적이 끊이지 않는 오름이 좋다.

광이오름 p.364

물영아리오름 p.222

저지오름 p.346

08 너무 아름다워 혼자 보기 아까운 오름

오름을 오르다보면 환상적인 경치를 마주하게 될 때가 있다. 그럴 때마다 혼자 보기에는 너무 아까워서 나중에 꼭 사랑하는 사람이랑 함께 올라와야겠다는 생각이 든다. 물론 대부분의 오름에서 그런 생각이 들지만, 특히 이 세 오름에 갈 때는 좋아하는 사람이랑 꼭 함께 가자.

안돌오름, 밧돌오름 p.196

동검은이오름 p.176

바굼지오름 p.084

독자봉 표고 159.3m, 비고 79m T+ 동부중산간, 동부해안

울창한 소나무숲길과 어여쁜 들꽃이 반겨주는 아름다운 오름으로, 너무 예뻐서 한번 오르면 내려가는 길이 아까울 정도다. 통오름과 길 하나를 사이에 두고 마주보고 있어 함께 트레킹해도 좋다 이웃한 통오름까지 올레3코스로 연결되어 있다.

통오름 표고 143.1m, 비고 43m T+ 동부중산간, 동부해안

다른 오름에 비하면 오름 높이는 상당히 낮은 편이지만, 굉장히 알찬 오름이다. 둥글고 낮은 5개의 봉우리가 깊게 팬 분화구를 에워싸고 있고, 한없이 머무르고 싶을 만큼 능선길이 아름답고 전망 또한 훌륭하다. 올레3코스를 따라 독자봉까지 함께 트레킹할 수 있다.

낭끼오름 표고 185.1m, 비고 40m T+ 동부중산간, 동부해안

낭끼의 '낭'은 나무, '끼'는 어떤 변두리를 뜻하는 말로 '낭끼'는 나무들이 서있는 변두리라는 뜻의 오름으로, 작지만 대단히 울창한 숲을 이루고 있는 아름다운 오름이다. 높이는 매우 낮지만, 오름 정상의 전망이 막힘 없이 시원하게 펼쳐진다.

유건에오름 표고 190.2m, 비고 75m T+ 동부중산간, 동부해안

오름의 모양이 선비들이 쓰는 유건처럼 생겨 붙여진 이름이라고 한다. 3개의 봉우리와 원형 분화구를 가진 오름으로 숲이 매우 울창하여 전망은 살짝 아쉽지만, 편백나무숲이 아름다워 숲길 산책하기 좋다. 워낙 인적이 드문 오름으로, 혼자보다는 동행과 함께 걸으면 좋겠다.

시오름 표고 757.8m, 비고 118m T+ 남부중산간, 남부해안

서귀포 치유의 숲길 중 〈놀멍 치유숲길〉을 선택하면 시오름 정상까지 오를 수 있다. 맑은 날씨에는 정상에서 한라산을 볼 수 있어 좋지만, 전망이 다소 답답한 편이라 전망보다는 울창한 숲길 트레킹이 좋은 곳이다. 한라산 둘레길과도 연계되어 있다.

거친오름 표고 618.5m, 비고 154m T+ 동부중산간

탐방로 숲길이 울창해지는 5월~11월에 트레킹하기 좋고, 날씨 맑은 날에는 정상에서의 전망도 좋다. 트레킹하는 데 50분~1시간 정도 소요되고, 노루생태관찰원을 통해 이용 가능하다. (이용 시간은 노루생태관찰원과 동일)

삼의오름 표고 574.3m, 비고 139m T+ 북부중산간, 동부중산간

제주대학교를 지나 516도로를 따라 올라가다가 오른편에 경찰교육센터로 들어가는 샛길로 진입하면 삼의오름 입구가 나온다. 제주시내는 물론 한라산 전망이 좋고, 노을과 야경도 좋다. 정상까지 왕복 40~50분 소요. 오름 입구 말 조심, 야간이나 빗길, 눈길 계단 조심

금오름 표고 427.5m, 비고 178m T+ 서부중산간

금오름은 서부 중산간 지역의 대표적인 오름 중 하나로 산정부에 대형의 원형 분화구와 산정화구호를 가진 신비스러운 오름으로, 비가 많이 내린 후 화구를 채운 연못이 장관이다. 특히 풀밭으로 이루어진 능선에서 보는 전망이 매우 훌륭하고, 노을이 아름답다.

산굼부리 T+ 동부중산간

산굼부리는 다른 오름에 비해 굉장히 특이한 형태를 지닌 오름으로, 보통의 오름은 봉우리가 하늘 위로 솟아 있는데, 산굼부리는 드넓은 들판 한가운데 분화구가 약 100m가량 푹 꺼져 들어가 있고, 산체에 비해 엄청난 대형 화구를 지닌 오름이다. 가을에 억새가 볼만하다.

삼성혈三姓穴 T+ 북부해안

제주의 역사를 말해주는 탐라국의 뿌리가 시작되는 곳으로, 높은 담장 너머 하늘을 찌를 듯 쭉쭉 뻗은 고목이 가득한 숲으로 사계절 푸르름을 자랑하며 어느 계절에 가도 멋지고 아름답다.
관람시간 09:00~18:00(매표마감 17:30분) / 연중무휴

금산공원 T+ 서부중산간, 서부해안

금산공원은 평지에 남아있는 보기 드문 상록수림 지대로 천연기념물로 지정된 곳이다. 온난한 기후대에서 자생하는 식물과 나무들이 한데 모여 한겨울에도 울창한 숲을 이루고 있다. 숲 안쪽에는 납읍리 마을에서 제를 지내는 포제단이 있다. 10~15분 정도면 산책 가능

박수기정 T+ 서남부해안

대평포구 옆에 자리한 병풍처럼 깎아지른 듯한 절벽으로, 포구에서 바라보는 것도 멋지지만, 올레9코스를 따라 박수기정 위로 올라가 대평마을과 바다 풍경을 내려다보는 것도 좋다. 또한 군산에 올라 박수기정의 또 다른 모습을 감상해봐도 좋다.

곶자왈도립공원 T+ 서부중산간

오찬이길, 빌레길, 한수기길, 테우리길, 가시낭길, 총 5개의 탐방로가 있는데, 코스마다 특징과 소요시간이 다르므로 취향에 따라 선택한다. 짧게는 40분, 길게는 2시간 30분 가량 트레킹할 수 있다. 약 15m 높이에서 곶자왈과 주변 경관을 조망할 수 있는 전망대는 꼭 올라보자.

서귀포자연휴양림 T+ 서부중산간, 한라산

1950년대 조성된 휴양림으로, 탐방로 주변에는 하늘이 보이지 않을 만큼 나무가 울창하다. 봄에는 철쭉, 여름에는 시원한 개울물과 숲, 가을에는 단풍, 겨울에는 설경 등 뚜렷한 계절 감각을 느낄 수 있다.
버스를 이용한다면 서귀포자연휴양림 정류장에서 하차한다.

서귀포 치유의 숲 T+ 남부중산간

총 10개의 테마 숲길이 조성되어 있고, 〈가멍오멍 숲길〉을 제외하고는 대부분 경사지고 울퉁불퉁한 자연 그대로의 숲길이라 어린 유아와 함께 걷기는 힘들다. 비나 눈이 오는 날에는 안전을 위해 스틱과 트레킹화가 필요하다.

1100고지 습지 T+ 서부중산간, 한라산

1100고지는 제주시와 서귀포시를 잇는 1100도로의 가장 높은 곳에 자리하고 있다. 한라산의 또 다른 모습을 감상할 수 있고, 습지 생태계를 관찰할 수도 있다. 전 구간이 데크로 되어 있어서 편안하게 산책할 수 있다. 버스를 이용한다면 1100고지 휴게소 정류장에서 하차한다.

오름 목록

참고문헌

김종철 지음, 《오름나그네》, 높은오름

유홍준 지음, 《나의 문화유산답사기 7》, 창비

《제주의 오름》, 제주도

《오름은 마을을 품고 마을은 올레를 열고》, 제주특별자치도

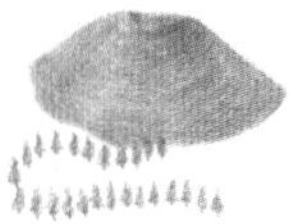